普 通 高 等 教 育 规 划 教 材

清洁生产

渠开跃　吴鹏飞　吕　芳　编

李建锁　主审

第二版

QINGJIE
SHEN

化学工业出版社

·北京·

全书共六章，内容包括清洁生产概述、清洁生产审核、清洁生产管理、制药工业清洁生产、钢铁工业清洁生产、钢铁企业清洁生产审核案例等内容。书中重点地介绍了钢铁企业清洁生产审核案例，介绍了清洁生产概念及其对可持续发展战略的重要意义，并着重展现了清洁生产审核的工作过程。还附有《中华人民共和国清洁生产促进法》、《清洁生产审核办法》及部分行业清洁生产标准。

该教材作为高等院校环境类专业的《清洁生产审核》等必修课教材，还可作为相关专业（钢铁冶金、化工、制药）选修课教材，也可用于环保、钢铁、化工、制药等行业的科研人员及管理人员参考。

图书在版编目（CIP）数据

清洁生产/渠开跃，吴鹏飞，吕芳编 . —2 版 . —北京：化学
工业出版社，2017.9（2023.2 重印）
普通高等教育规划教材
ISBN 978-7-122-30153-6

Ⅰ.①清… Ⅱ.①渠…②吴…③吕… Ⅲ.①无污染工艺-高
等学校-教材 Ⅳ.①X383

中国版本图书馆 CIP 数据核字（2017）第 163190 号

责任编辑：张双进 装帧设计：王晓宇
责任校对：宋 夏

出版发行：化学工业出版社（北京市东城区青年湖南街 13 号 邮政编码 100011）
印 装：天津盛通数码科技有限公司
787mm×1092mm 1/16 印张 15½ 字数 379 千字 2023 年 2 月北京第 2 版第 4 次印刷

购书咨询：010-64518888 售后服务：010-64518899
网 址：http://www.cip.com.cn
凡购买本书，如有缺损质量问题，本社销售中心负责调换。

定 价：46.00 元

前言

经过近半个世纪的理论研究和实践操作，清洁生产已成为国际公认的行之有效的预防污染的战略之一。清洁生产审核已经成为政府对企业进行环境管理的一项重要内容。

本书通过详细展现清洁生产审核过程，典型行业清洁生产审核案例分析，为从事清洁生产审核工作人员提供学习和参考资料；还可以通过介绍清洁生产的概念、原理及清洁生产审核的程序，提高企业对清洁生产的认识和理解，为更好地在企业推行清洁生产，实现循环经济奠定良好的社会氛围。

本书共分六章，第一章为清洁生产概述，叙述了清洁生产的定义、目的及意义等概念知识。第二章为清洁生产审核，讲述了清洁生产审核目的及方法，并举例说明了审核的简要过程。第三章为清洁生产管理，介绍了清洁生产管理的相关政策及实施方案。第四章为制药工业清洁生产审核。第五章为钢铁工业清洁生产。第六章为钢铁企业清洁生产审核案例。附录中包含《中华人民共和国清洁生产促进法》、《清洁生产审核办法》及部分行业清洁生产标准。在编写过程中力求多采用先进的和实用型的清洁生产技术，以符合科学技术进步的要求。

本书由渠开跃、吴鹏飞、吕芳编写，李建锁主审。河北省清洁生产中心、河北丽安评价技术咨询有限公司等单位提供了许多帮助和支持。该书作为环境类专业、其他工程类专业教材。也可作为环保、钢铁冶金、化工、制药等行业的科研人员、管理人员和清洁生产审核人员参考书。

本书部分章节是在 2005 版郭斌、刘恩志等编著的《清洁生产概论》基础上修订的。在此特向该书编者表示敬意。

由于编者水平有限，书中一定会有一些不妥之处，恳请读者批评指正。

编者
2017 年 5 月

第一版　前言

在全球范围内，清洁生产已经被越来越多的国家认为是一预防污染的最佳战略，因而得到人们的普遍重视。环境保护工作亦由过去的单一末端治理转向为以清洁生产及综合利用为主的预防治理战略。为配合《清洁生产促进法》的执行和清洁生产的教育及宣传，加强清洁生产工艺的推广应用而编写此书。

编写本书的主要目的一是介绍清洁生产的概念、原则及清洁生产审计的程序，提高人们对清洁生产重要性的认识，从而更好的贯彻执行《清洁生产促进法》，促进循环经济的发展；二是通过一些典型工业的清洁生产技术和方法，提供一种实行清洁生产的新的思维，即必须从了解现有工艺入手，通过审计确定清洁生产目标。因此，在本书中简述了典型工业的基本原理和工艺，指出在执行清洁生产过程中首先应从改变原材料考虑，将有毒有害的原材料变为无毒少害的替代材料。其次从改变、改革工艺路线考虑，开发新的先进的生产工艺以减少或不产生污染物。三是加强污染物的末端治理，对已产生的污染进行治理减少污染物的排放，以更好的实现清洁生产。

本书共分五章，第一章为清洁生产概述，叙述了清洁生产的定义、目的及意义等概念知识（郭斌编）。第二章为清洁生产审计，讲述了清洁生产的审计目的及方法，并举例说明了审计的简要过程（李建锁编）。第三章为清洁生产管理，介绍了清洁生产管理的相关政策及实施方案（庄源益编）。第四章为制药工业清洁生产（任爱玲编）。第五章为钢铁工业清洁生产（刘恩志编）。在编写过程中力求多采用先进的和实用型的清洁工艺技术，以符合科学技术进步的要求。

本书由郭斌、刘恩志任主编，李建锁、任爱玲任副主编。该书适用于环境类专业基础课，也可作为其他工程类专业选修课以及清洁生产培训的宣传教材，也可用于化工、制药、冶金、环保等行业的科研人员及管理人员的参考书。

本书在编写过程中得到了俞磊、崔宁等同志的大力帮助，在此一并表示感谢。由于编者水平有限，查阅资料及接触行业不够，书中会有一些缺点和不足，恳请有关同仁批评指正。

编者

2005 年 6 月

目录

第 三 章　　清洁生产管理

第 四 章　　制药工业清洁生产

第 五 章　钢铁工业清洁生产

第 六 章　钢铁企业清洁生产审核案例

附 录

参考文献

第一章
清洁生产概述

第一节　清洁生产的定义及主要内容

一、　清洁生产的提出

清洁生产的概念由联合国环境规划署（UNEP）于 1989 年 5 月首次提出，但其基本思想最早出现于 1974 年美国 3M 公司曾经推行的实行污染预防有回报"3P（Pollution Prevention Pays）"计划中。UNEP 于 1990 年 10 月正式提出清洁生产计划，希望摆脱传统的末端控制技术，超越废物最小化，使整个工业界走向清洁生产。1992 年 6 月在联合国环境与发展大会上，正式将清洁生产定为实现可持续发展的先决条件，同时也是工业界达到改善和保持竞争力及可盈利性的核心手段之一，并将清洁生产纳入《二十一世纪议程》中。随后根据环境与发展大会的精神，联合国环境规划署调整了清洁生产计划，建立示范项目及国家清洁生产中心，以加强各地区的清洁生产能力。1994 年 5 月，可持续发展委员会再次认定清洁生产是可持续发展的基本条件。自从清洁生产提出以来，每两年举行一次研讨会，研究和实施清洁生产，为未来的工业化指明了发展方向。

中国对清洁生产也进行了大量有益的探索和实践。早在 20 世纪 70 年代初就提出了"预防为主，防治结合"，"综合利用，化害为利"的环境保护方针，该方针充分体现和概括了清洁生产的基本内容。并从 20 世纪 80 年起开始推行少废和无废的清洁生产过程。在 20 世纪 90 年代提出的《中国环境与发展十大对策》中强调了清洁生产，1993 年 10 月第二次全国工业污染防治会议将大力推行清洁生产，实现经济持续发展作为实现工业污染防治的重要任务。2003 年 1 月 1 日，中国开始实施《中华人民共和国清洁生产促进法》，这进一步表明清洁生产已成为中国工业污染防治工作战略转变的重要内容，成为中国实现可持续发展战略的重要措施和手段。

二、　清洁生产的定义

清洁生产是一项实现与环境协调发展的环境策略，其定义为："清洁生产是一种新的创造性的思想"。该思想将整体预防的环境战略持续应用于生产过程、产品和服务中，以增加生态效率和减少人类及环境的风险。

① 对生产过程，要求节约原材料和能源。淘汰有毒原材料，减少所有废物的数量和降低毒性；

② 对产品，要求减少从原材料提炼到产品最终处置的全生命周期的不利影响；

③ 对服务，要求将环境因素纳入设计和所提供的服务中。

从上述定义可以看出，实行清洁生产包括清洁生产过程、清洁产品和服务三个方面，对生产过程而言，它要求采用清洁工艺和清洁产生技术，提高能源、资源利用率以及通过源削减和废物回收利用来减少和降低所有废物的数量和毒性。

对产品和服务而言，实行清洁生产要求对产品的全生命周期实行全过程管理控制，不仅要考虑产品的生产工艺、生产的操作管理、有毒原材料替代、节约能源资源，还要考虑产品的配方设计、包装与消费方式，直至废弃后的资源回收利用等环节，并且要将环境因素纳入到设计和所提供的服务中，从而实现经济与环境协调发展。

在《中华人民共和国清洁生产促进法》中也明确规定，所谓清洁生产，是指不断采取改进设计，使用清洁的能源和原料，采用先进的工艺技术与设备，改善管理、综合利用，从源头削减污染，提高资源利用效率，减少或者避免生产、服务和使用过程中污染物的产生和排放，以减轻或者消除对人类健康和环境的危害，并对清洁生产的管理和措施进行了明确的规定。

三、 清洁生产的主要内容

清洁生产要求实现可持续的经济发展，即经济发展要考虑自然生态环境的长期承受能力，使环境与资源既能满足经济发展要求的需要，又能满足人民生活的现实需要和后代人的潜在需求。同时，环境保护也要充分考虑到一定经济发展阶段下的经济支持能力，采取积极可行的环境政策，配合与推进经济发展进程。

这种新环境策略要求改变传统的环境管理方式，实行预防污染的政策，从污染后被动治理变为主动进行预防规划，走经济与环境可持续发展的道路。

据此，清洁生产应包括如下主要内容：

① 政策和管理研究；

② 企业审计；

③ 宣传教育；

④ 信息交换；

⑤ 清洁技术转让推广；

⑥ 清洁生产技术研究、开发和示范。

清洁生产强调的是解决问题的战略，而实现清洁生产的基本保证是清洁生产技术的研究和开发。因此清洁生产也具有一定的时段性，随着清洁生产技术的不断研究和发展，清洁生产水平也将逐步提高。

从清洁生产的概念来看，清洁生产的基本途径为清洁生产工艺和清洁产品。清洁生产工艺是既能提高经济效益，又能减少环境问题的工艺技术。它要求在提高生产效率的同时必须兼顾削减或消除危险废物及其他有毒化学品用量。关键是改善劳动条件，减少对人体健康的威胁，并能生产安全的、与环境兼容的产品，是技术改造和创新的目标。清洁产品则是从产品的可回收利用性、可处置性和可重新加工性等方面考虑，要求产品设计者本着产品促进污染预防的宗旨设计产品。

根据清洁生产的不同侧重点，形成了清洁生产的多种战略与方法，主要有污染预防，减少有毒品使用，为环境而设计。

1. 污染预防（Pollution Prevention）

通过源削减和就地再循环避免和减少废物的产生和排放（数量或毒性）。污染预防可降低生产的物料、能源的输入强度和废物的排放强度。

源削减的主要途径如下。

① 产品改进：即改变产品的特性如形状或原材料组成。延长产品的寿命期，使产品更易于维修或产品制造过程的污染排放更小；包装的改变也可看作是产品改进的一部分。

② 投入替代：在保证产品较长服务期的同时，采用低污染原材料和辅助材料。

③ 技术革新：工艺自动化，生产过程优化，设备重设计和工艺替代。

④ 内部管理优化：废物产生和排放的管理，如工艺指南和培训等。

原材料的就地再利用是在企业工艺过程中循环利用其本身产品的废物或副产品。近年来，污染预防的内涵也在扩展，逐步包括了"资源的多级利用"和"生命周期设计"等一些新的概念。

2. 削减有毒品使用（Toxic Use Reduction，TUR）

削减有毒品使用是清洁生产发展初期的主要活动，也是目前清洁生产中很重要的一部分，而且在实践上削减有毒品使用常常与污染预防很相似，TUR与污染预防最大的区别在于所关注的原材料的范围不同。TUR一般以有毒化学品名录为依据和目标，尽可能使用有毒化学品名录以外的化学品。而污染预防的范围则要宽得多。TUR通常有以下技术。

① 产品重配方：重新设计产品使得产品中的有毒品尽可能少。

② 原料替代：用无毒或低毒的物质和原材料替代生产工艺中的有毒或危险品。

③ 改变或重新设计生产工艺单元。

④ 改善工艺现代化：利用新的技术和设备更新现有工艺和设备。

⑤ 改善工艺过程和管理维护：通过改善现有管理和方法，高效处理有毒品。

⑥ 工艺再循环：通过设计，采用一定方法再循环，重新利用和扩展利用有毒品。

3. 为环境而设计（Design for Environment， DfE）

为环境而设计的核心是在不影响产品性能和寿命的前提下，尽可能体现环境目标。相近的概念有："可持续的产品开发"、"生命周期设计"、"绿色产品设计"等。目前DfE主要涉及以下几种。

① 消费服务方式替代设计：如利用电子函件替代普通邮件。

② 延长产品寿命期设计：包括长效使用，提高产品质量，利于维修和维护。

③ 原材料使用最小化和选择与环境相容的原材料：降低单位产品的原材料消耗，尽可能使用无危险、可更新或次生原材料。

④ 物料闭路循环设计。

⑤ 节能设计：降低生产和使用阶段的能耗。

⑥ 清洁生产工艺设计。

⑦ 包装销售设计。

上述清洁生产的主要类型在实践上常常互相有交叉，主要是因为它们的侧重点不同。主要可以归纳为面向产品、面向工艺和面向产品寿命期的战略。可以用图1-1来阐明它们之间的相互关系。

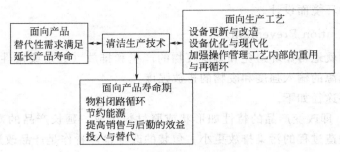

图 1-1   清洁生产技术系统框架

第二节   清洁生产的意义及发展

一、   清洁生产的意义

　　长期以来，中国经济发展一直沿用以大量消耗资源、粗放经营为特征的传统发展模式，通过高投入、高消耗、高污染，来实现较高的经济增长。据估计，20 世纪 50～70 年代国民生产总值年均增长率为 5.7%，而主要投入，包括能源、原材料、资金和运转的投入，平均每年的增长率比国民生产总值增长率高 1 倍左右。从 20 世纪 80 年代开始，才强调提高经济效益，从粗放增长向效益增长转变。在 1981～1988 年期间，国民生产总值平均增长率为 10%，主要投入平均增长率比国民生产总值年平均增产率低 1/2 左右。特别是 20 世纪 90 年代以来，随着改革开放不断深化，中国经济得到了迅猛发展，经济效益也有了很大提高，但从总体上看，中国工业生产的经济技术指标仍大大落后于发达国家。传统的生产模式导致资源利用不合理，大量资源和能源变成"三废"排入环境，造成严重污染。20 世纪 70 年代以来，虽然中国明确提出了"预防为主，防治结合"的工业污染防治方针，强调通过合理布局调整产品结构、调整原材料结构和能源结构、加强技术改造、开发资源和"三废"综合利用、强化环境管理等手段防治工业污染，但是这一"预防为主"的方针并没有形成完整的法规与制度，而且预防的侧重点也有偏差，不是侧重于"源头削减"，而是侧重于末端治理，环境管理也侧重在末端控制，即侧重在污染物产生后如何处理达标上。这种末端处理的措施很多，如"三同时"、"限期治理"、"污染集中控制制度"、"浓度达标排放"等，都是以末端治理为依据的。

　　尽管 30 多年来中国在环境保护方面做了巨大的努力，使得工业污染物排放总量未与经济发展同步增长，甚至某些污染物排放量还有所降低，但中国总体环境状况仍趋向恶化。在中国的环境污染中，工业污染占全国负荷的 70% 以上。每年由工厂排出 1.6×10^7 t SO_2 使中国酸雨面积不断扩大，工业废水每年排放量达 231×10^8 t，固体废物 10×10^8 t。每年由于环境污染造成的经济损失达 1000 亿元。如此惊人的数字，达到使社会难以承受的程度。环境和资源所承受的压力，反过来对社会经济的发展产生了严重的制约作用。这种经济发展与环境保护之间的不协调现象，已经越来越明显，不容继续存在。

　　纵观环境保护问题，它已不再仅仅是环境污染与控制的问题，实质上它是一个国家国民经济的整体实力与素质的综合反映，是关系到经济发展、社会稳定、国际政治与贸易以及人民生活水平的大事。因此，树立科学发展观，改变传统发展模式，实施循环经济，推行可持续发展战略与清洁生产，实现经济与环境协调发展的历史任务已经摆在我们面前。

以化学工业为例，它是中国国民经济的重要基础工业，其生产的化工产品已达45000多种，对中国工农业生产的发展和国防现代化具有重要作用。由于化工产品种类繁多，而且中小型化工企业占绝大多数，加之长期以来采用高消耗、低效益、粗放型的生产模式，使中国化学工业在不断发展的同时，也对环境造成了严重污染。化学工业排放的废水、废气、废渣分别占全国工业排放总量的20%～23%、5%～7%和8%～10%。在工业部门中，化学工业排放的废水量居第二位，废气量居第三位，废渣量居第四位，排放的汞、铬、酚、砷、氟、氰、氨、氮等污染物居第一位。从行业来讲，氮肥行业是化学工业的用水和排放污染物大户，其废水排放量占化学工业排放量的60%，小氮肥废水排放量又占氮肥行业废水排放量的70%，每年全行业流失到环境的氨氮达100×10^4t以上。染料行业工艺落后，收率低，每年排放工艺废水1.57×10^8t，废气257×10^8m³、废渣28×10^4t。染料废水COD浓度高，色度深，难生物降解，缺少有效的治理技术。农药生产目前主要以有机磷农药为主要品种，全行业每年排放废水上亿吨；这类废水含有机磷和难生物降解物质。目前还没有较为成熟的处理方法。染料与农药生产对环境的污染非常严重，已成为制约这两个行业生产发展的重要因素。铬盐行业每年约排（13～14）$\times 10^4$t铬渣，全国历年堆存的铬渣已达200×10^4t，流失到环境中的六价铬每年也达1000t以上，对地下水水质造成很大的威胁。磷肥行业主要的污染物是氟和磷石膏，每年排入大气中的氟（1～2）$\times 10^4$t、磷石膏约100×10^4t，不仅占用了大量土地，也污染了地下水。有机化工行业排放的废水、废气的数量虽然较小，但含有毒有害物质浓度高，成分复杂，使工厂职工和周围居民深受其害。

化学工业是中国工业污染大户，化工生产造成的严重环境污染，已成为制约化学工业持续发展的关键因素之一。中国化学工业距中等发达国家水平仍有很大距离。由氯乙烯、乙苯等八种产品国内外同类装置的排污系数比较见表1-1，可以看出国内装置排污系数是国外同类装置排污系数的几十到几十万倍，因此清洁生产的推广对环境保护和经济的发展起着重要的作用。

表1-1　国内与国外同类装置排污系数比较

产品	生产工艺	排污系数/[kg/t(产品)]					
		废气		废水		固体废物	
		国外	国内	国外	国内	国外	国内
氯乙烯	氧氯化法	4.9～12	113～220	0.33～4.35	837	0.05～4.0	211
乙苯	烷基化法	0.29～1.7	4.8	1.9～21.5	2867	—	—
丙烯腈	氨氧化法	0.017～200	5882	0.002～34.1	2592	—	—
环氧丙烷	氧醇法氧化法	0.005～8.5	178～560				
环氧乙烷	氧化法	0.25～47.5	630				
丙烯酸乙酯	酯化法	0.265～265	22.7				
乙醛	氧化法	—		0.6～13.9	10800～40000		
对苯二甲酸二甲酯	酯化法	—		微量～54	1170		

清洁生产与过去的环境政策不同，过去的环境政策强调末端治理，即当污染产生后在排污口和烟囱口通过处理和处置进行污染控制。这种方法具有严重的经济与环境上的弊端。

第一，污染控制方法通常以单一环境介质（如空气、水和土壤）为目标对污染物进行控制，这种方法鼓励污染向未控制的介质中转移，例如，在解决空气污染和水污染过程中，可能产生粉尘和污泥的土壤污染问题。

　　第二，污染控制方法通常只集中在控制大型污染源，但是未受控制的小污染源可能超过受控制的大污染源。

　　第三，这种方法按照固定要求（排放标准）接近污染物的排放标准，未能鼓励排污者将污染减少到最小量排放。

　　第四，污染控制方法鼓励企业花费巨额环境投资用于污染控制技术，而不是用于改进生产方式、改变原料、加强设备维护等花钱省、效益高的污染预防技术。

　　这就面临着一个相互矛盾的环境问题，一方面，花费大量资金与资源处理污染，而处理的结果又有新废物产生，又需要资源来处理它；另一方面，环境质量只得到局部改善，而更严重的全球性环境问题，如臭氧层破坏、温室效应等对人类与环境造成新的威胁。因而，只有实行污染预防的办法，预防废物（污染物）的产生才能解决上述矛盾。

　　由表 1-1 可以看出，中国在清洁生产方面与发达国家相比有着较大的距离，尤其体现在原材料的消耗、"三废"的产生及清洁生产的管理等方面。化学工业如此，其他产业如冶金工业、煤炭工业、建材工业、电力工业等同样如此。因此在中国提倡和发展清洁生产方面有较大的空间，将对中国社会主义建设和可持续发展具有重大而深远的意义。

二、　清洁生产的发展

　　清洁生产已被认为是工业界实现环境改善，同时保持竞争性和可盈利性的核心手段之一，正受到越来越多的国家和国际组织的重视。例如，1990 年秋季美国国会通过了污染预防法案。法案中明确宣告，美国环境政策是必须在污染的产生源预防和削减污染的产生；无法预防的污染物应当以环境安全的方式再生利用；污染物的处置或向环境中排放只能作为最后的手段，并且应当以环境安全的方式进行。

　　在欧洲，欧洲联盟委员会从 1991 年起开始实施第五环境行动纲领和走向可持续性文件并发布了综合污染预防指令。荷兰、丹麦、英国和比利时还开展了清洁工艺和清洁产品的示范项目。例如，荷兰在技术评价组织（NOTA）的倡导和组织下，主持开展了荷兰工业公司预防工业排放物和废物产生示范项目，取得了较大成功。示范项目证实了把预防污染付诸实践不仅大大减少污染物的排放，而且会给公司带来很大经济效益。丹麦政府和环保局部颁布了环境法对促进清洁生产提出具体规定，并制定了环境和发展行动计划。

　　现在联合国环境署、开发组织和世界银行等国际组织都在大力倡导清洁生产，把这看成是防治工业污染，保护环境的根本出路。

　　1989 年 5 月联合国环境署理事会会议决定在世界范围内推进清洁生产。1992 年 6 月在巴西举行的联合国环境与发展大会已将清洁生产纳入了大会主要文件《二十一世纪议程》。1994 年 10 月在华沙召开了第三次清洁生产高级研讨会，联合国环境署工业与环境规划活动中心还制定了清洁生产计划，主要包括以下五项内容：

　　① 建立国际清洁生产信息交换中心（ICPIC）；

　　② 出版"清洁生产简讯"等有关刊物；

　　③ 成立若干工业行业工作组，致力于废物减量化的清洁生产审计，编写清洁生产技术指南；

　　④ 进行教育和培训；

⑤ 开展清洁生产技术援助，帮助发展中国家和向市场经济转轨国家建立国家清洁生产中心等。

中国从 20 世纪 80 年代就开始研究推广清洁生产工艺，如冶金工业推行的"一火成材"工艺；化学工业推行的硫酸工业水洗流程改为酸洗流程，一转一吸改为两转两吸，减少了酸性废水及 SO_2 废气的排放。又如氯乙烯生产中由乙炔法改为乙烯氧氯化法避免了废汞催化剂的污染等，陆续研究开发了许多清洁生产技术，为清洁生产的实施打下了基础。

中国对清洁生产的管理也日益受到重视，专门成立了中国国家清洁生产中心，以及部委、行业清洁生产中心及部分省市的清洁生产指导中心，逐步建立和健全了企业清洁生产审计制度，在联合国环境规划署的帮助下进行了数十家企业的清洁生产审计，取得良好效果。建设（改扩）项目的环境影响评价工作，以此为立项审批的重要依据。随着科学技术和国民经济的发展，中国的清洁生产水平将会不断地提高。

第三节　清洁生产与可持续发展

一、　可持续发展含义及其提出

20 世纪 80 年代末，在世界经济陷入持续滞胀的窘迫态势下，人们认识到人类生存环境开始出现危机，生态环境恶化、全球性环境问题等的出现，迫使人们重新审视自己的经济社会行为，如何实现社会的、自然的协调发展，使人类社会进入一个更高的境界，成为迫在眉睫的问题。在全面总结了自然发展的历程之后，人们提出了一种新的发展观和发展战略——可持续发展战略。决策者制定的政策，必须建立在保护生态环境不被破坏的基础上，只有这样才能保持其长期的增长，这一点已成为世界各国的共识。

可持续发展作为一种新的发展观，人们对其有不同的理解，普遍接受的是 1987 年联合国世界环境与发展委员会（WECO）通过的"可持续发展"定义：所谓可持续发展，就是指既满足当代人需要，又不对后代满足其需要的能力构成危害的发展。1995 年，中国在山西运城召开了"全国资源环境与经济发展研讨会"，会上将可持续发展定义为：可持续发展的根本点就是经济社会的发展与资源环境相协调，其核心在于生态与经济相协调。而另一种观点则认为：可持续发展即谋求在经济发展、环境保护和生活质量的提高之间实现有机平衡的一种发展。

无论何种对可持续发展的表述，其基本理论大致都包含了以下 4 方面内容：
① 可持续发展并不否定经济增长（尤其是经济落后国家的经济增长），但需要重新审视经济增长方式；
② 可持续发展以自然资源为基础，同环境承载能力相协调；
③ 可持续发展以提高人民生活水平为目标；
④ 可持续发展承认并要体现出环境资源的价值。

可持续发展的关键是处理好经济发展与资源环境的关系，经济发展与资源环境二者相互促进而又彼此制约。一方面，资源环境是经济发展的前提，只有保持资源环境不被破坏，才能保证经济的持续快速发展；另一方面，持续快速的经济发展又为资源环境的保护提供技术保证和物质基础。可持续发展战略总的要求如下：
① 人类以人与自然相和谐的方式去生产；

② 从把环境与发展作为一个相容整体出发，制定出社会、经济可持续发展的政策；

③ 发展社会科学技术、改革生产力方式和能源结构；

④ 以不损害环境为前提，控制适度的消费和工业发展的生态规模；

⑤ 从环境与发展最佳相容性出发确定其管理目标和优先次序；

⑥ 加强和发展资源环境保护的管理；

⑦ 发展绿色文明和生态文化。

可持续发展总体战略实际的内容如图 1-2 所示。

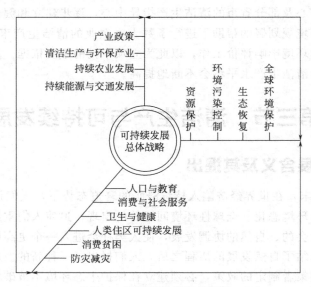

图 1-2　可持续发展总体战略

二、 中国可持续发展所面临的问题

"先污染，后治理"是西方发达国家在环境治理方面经历过的一种模式，由于其存在许多弊端，现已逐步淘汰，在中国这种问题却依然存在。

长期以来，企业的污染防治一般采用末端控制，即把污染物全部集中在尾部进行处理。其主要缺点如下。

① 一次性投资和运行费用高，由于污染物量大，处置负荷高，特别是对分散的污染源，规模效益和综合效益差。

② 不利于原材料的节约，末端控制只注意末端净化，不考虑全过程控制，只重视污染物排放量，不考虑资源、能源最大限度的利用和减少污染物的产生量，资源能源浪费严重。

③ 受技术、经济等条件的制约易造成二次污染。在很大程度上，末端控制是污染物在介质间的转移，特别是有毒、有害物质往往转化为新的污染物，形成治标不治本的恶性循环，不能从根本上消除污染。如：净化污水，产生污泥；净化废气产生废水；焚烧固体废物可造成大气污染；填埋有害废物又有可能造成土壤和地下水的污染。

这种主要侧重于对企业的末端污染治理，忽视对生产全过程的控制的环境治理方式已远远不能适应社会发展的要求。中国作为发展中国家，要从根本上解决环境问题，就必须吸取西方发达国家的教训，在环境治理方面寻求新思路，走"预防为主、防治结合、综合利用、化害为利"的道路。这也就提出了清洁生产的发展方向，使其尽量将污染消除在生产工艺过程之中以满足人类社会发展的需求。

三、 推行清洁生产是实现可持续发展的内在要求

清洁生产是一种新的创造性思想，该思想是从生态经济系统的整体优化出发，将整体预防的环境战略应用于生产过程、产品和服务中，以提高物料和能源利用，降低对能源的过度使用，以减少人类和环境自身的风险。这与可持续发展的基本要求，资源的永久利用和环境容量的持续承载能力是相符合的，这也是实现资源环境和经济发展双赢的唯一途径。

可持续发展的基本要素如图1-3所示。

清洁生产主要体现在以下三个方面：一是对生产过程，要求节约原材料和能源，淘汰有毒原材料，减低所有废物的数量和毒性；二是对产品，要求减少从原材料产品最终处置的全过程生命周期的不利影响；三是对服务，要

图1-3　可持续发展的基本要素

求将环境因素纳入设计和所提供的服务中。清洁生产在不同的发展阶段和不同的国家有不同的叫法，如："源消减"、"低废"、"无废工艺"、"污染预防"、"废物减量化"及"清洁工艺"等，其基本内涵是一致的，就是要从病因入手，从根本上解决问题。所以说，推行清洁生产是实现可持续发展的内在要求。

中国已在各行业推广清洁生产工艺，并已取得了初步成效。例如某啤酒厂通过清洁生产审计，测算物料平衡，摸清原辅料及废物产量确定重点部位：发酵工序耗水问题、原辅料储存与运输等，确定出削减方案筛选见表1-2，其效果见表1-3。

表1-2　削减方案

内容	项目	预计污染物削减比例/%
原材料管理	储存、运输、损失降低能耗	10
	加强验瓶岗位，降低空瓶损失	2
	专人保管投加润滑剂，控制用量	1.2
	利用自动添加剂控制器，定量洗涤液	1.5
	研究啤酒原料的替代品，生化合成	
	开发贴标胶水品种	
内部管理	将酒损排污负荷纳入经济责任制考核	15
	控制装瓶酒液量减少损失	0.5
	杜绝长流水，考核车间用水选择	13
	增加设备润滑、停机率、考核制度	5
	减少物料流失，回收酒头、酒尾	25
	减少物料流失，回收酒头、酒尾	0.5
	减少物料流失，回收酒头、酒尾	1.3
	采用计算机管理系统控制投入、产出	2
技术改造	回收热凝固物	21
	改造发酵过滤设备，酵母离心机，精滤	40
	酵母压榨回收酒精和酵母	16
	麦糟挤压回收麦汁，干式排糟	7.5
	洗瓶水、逆流漂洗	3
	使用高压喷射冲洗糖化、发酵设备	0.1
	增加废商标低压榨烘干机	4
	增加硅藻土调节定量和回收装置	2
	表计冷却水回收利用	

表 1-3　方案实施效果

项目	效果	COD 排污量削减/t
调整产品结构	比上年增加 320t,加利润 366 万元	35.2
加强原材料控制,降低原材料损耗	增利 103.3 万元	20.5
强化管理,降低啤酒损失	由原 10.55% 降至 8.47% 减少酒损 765t,增收 54 万元	19.94
技术改造,引进国外先进工艺设备,降低吨酒耗水	年增利 103 万元,吨酒耗水从 16.3t 降至 12.1t	COD 削减量 40%

　　由此可见,节约原材料的同时也削减了废水和废物。节约能源与减少污染两目标在清洁生产中是相统一的,且投资少,有一定的经济效益。由于节约资源、能源,提高生产率和削减污染等带来一定的经济效益,再次证明清洁生产这一新兴的环境模式,无疑是环境与经济协调发展的最佳选择,它将保护环境与发展经济有机结合起来,使环境经济协调稳定发展,也是实施可持续发展不可缺少的有效措施。

第四节　循环经济与清洁生产

一、循环经济的含义

　　从资源流程和经济增长对资源、环境影响的角度来看,增长方式存在着两种模式。

　　一种是传统增长模式,该种模式以越来越高的强度把地球上的物质和能源开发出来,在生产加工和消费过程中,又把产生污染和废物大量地排放到环境中去,对资源的利用常常是粗放的和一次性的,通过把资源持续不断地变成废物来获取经济的数量型增长。这种由"资源-产品-污染排放"所构成的物质单向流动的传统经济,导致了许多自然资源的短缺与枯竭,并酿成了灾难性环境污染后果。

　　另一种与此不同,循环经济(Recycling Economy)模式以生态学规律来指导人类社会的经济活动,要求把经济活动按照自然生态系统的模式,构建成一个"资源-产品-再生资源"的物质反复循环流动的过程,倡导一种建立在物质不断循环利用基础上的经济发展模式。循环经济认为只有放错了地方的资源,而没有真正的废物,它使得整个经济系统以及生产和消费的过程基本上不产生或者只产生很少的废物,其特征是低开采,高利用,低排放,从而根本上消解长期以来环境与发展之间的尖锐冲突。

　　循环经济遵循三大原则:

　　① 减量化原则(Reduce),针对产业链的输入端,要求在生产和消费过程中减少物质和能源的消耗;

　　② 再利用原则(Reuse),针对产业链的中间环节,即尽可能多次或以多种方式使用产品,避免产品过早地成为垃圾;

　　③ 资源化原则(Recycle),针对产业链的输出端,旨在把废物再次变成资源以减少最终处置量。

二、循环经济的三个层面

　　循环经济的具体活动主要集中在 3 个层面,即:企业层面、工业园区层面和社会整体面。

1. 企业层面的循环经济

清洁生产是确保企业开展循环经济最有力的手段：一是通过资源的综合利用、短缺资源的代用、二次资料的利用以及节能、省料、节水，合理利用自然资源，减缓自然资源的耗竭；二是减少废料和污染物的生产和排放，促进工业产品的生产、消费过程与环境相容，降低整个工业活动对人类和环境的风险。

2. 企业之间的循环经济

生态工业园区是依据循环经济理念和工业生态学原理而设计建立的一种新型工业组织形态。即在工业区建设的过程中，以某种产业为主导，在配置一些以该产业排放物为原料或将排放物作为主导产业的原料的共生企业，将上游企业的废物用作为下游企业的原材料和能源，以构建区域循环经济的运行体系。

在形成生态工业的"食物链"和"食物网"中首先要减降上游企业的废物，尤其是有害物质。同样，下游企业也不能因为还有下游企业可利用其废物而不必要地多排污；相反，它必须在其生产的全过程进行源削减。换言之，系统中每一环都要进行源削减，做到清洁生产。即生态工业系统中生产者的生产量、消费者的消费量和分解者的分解量是可变的，而且是应该按照清洁生产的原则进行变化的。

生态工业园区已经成为循环经济一个重要发展形态，加拿大、美国等国家从 20 世纪 90 年代开始规划建设生态工业示范园区。丹麦卡伦堡生态工业区是目前国际上最成功的一个生态工业园区。这个生态工业园区的具体做法有：一是燃煤电厂位于这个工业生态系统的中心，对热能进行了多级使用，对副产品和废物进行了综合利用；电厂向炼油厂和制药厂供应发电过程中产生的蒸汽，使炼油厂和制药厂获得了生产所需的热能；通过地下管道向卡伦堡全镇居民供热，由此关闭了镇上 3500 座燃烧油渣的炉子，减少了大量的烟尘排放；将除尘脱硫的副产品工业石膏，全部供应给附近的一家石膏生产厂作为原料；同时，还将粉煤灰出售供筑路和生产水泥之用。

3. 社会整体循环

大力发展绿色消费市场和资源回收产业，在整个社会范围内，完成"自然资源—产品和用品—再生资源"的闭合回路。循环模式需要环境无害化技术作为操作平台，这种技术包括：污染治理技术、废物利用技术和清洁生产技术。

当前主要是实施生活垃圾的无害化、减量化和资源化，即在消费过程和消费过程后实施物质和能源的循环。

三、 循环经济与清洁生产的关系

循环经济和清洁生产两者之间究竟有什么关系呢？对这个问题如果没有清楚的认识，就会造成概念的混乱，实践的错位，既冲击清洁生产的实施，也不利于循环经济的健康展开。

清洁生产是循环经济的基石，循环经济是清洁生产的扩展。在理念上，它们有共同的时代背景和理论基础；在实践中，它们有相通的实施途径，应相互结合。

1. 两个概念的提出都基于相同的时代要求

工业社会由于以指数增长方式无情地剥夺自然，已经造成全球环境恶化，资源日趋耗竭。在可持续发展战略思想的指导下，1989 年联合国环境规划署制定了《清洁生产计划》，在全世界推行清洁生产。1996 年德国颁布了《循环经济与废物管理法》，提倡在资源循环利用的基础上发展经济。二者都是为了协调经济发展和环境资源之间的矛盾应运而生的。

中国的生态脆弱性更甚。由于人口趋向高峰、耕地减少、用水紧张、粮食缺口、能源短缺、大气污染加剧、矿产资源不足等不可持续因素造成的压力将进一步增加，其中有些因素将逼近极限值。面对名副其实的生存威胁，推行清洁生产和循环经济是克服中国可持续发展"瓶颈"的唯一选择。

2. 均以工业生态学作为理论基础

工业生态学为经济-生态的一体化提供了思路和工具，循环经济和清洁生产同属于工业生态学大框架中的主要组成部分。工业生态学又可译为产业生态学，以生态学的理论观点研究工业活动与生态环境的相互关系，考察人类社会从取自环境到返回环境的物质转化全过程，探索实现工业生态化的途径。经济系统不单受社会规律的支配，更要受自然生态规律的制约。为了谋求社会和自然的和谐共存、技术圈和生物圈的兼容，唯一的解决途径，就是使经济活动在一定程度上仿效生态系统的结构原则和运行规律，最终实现经济的生态化，亦即构架生态经济。

3. 均有共同的目标和实现途径

虽然清洁生产在产生初始时，着重的是预防污染，但在其内涵中业已包括了实现不同层次上的物料再循环，还包括减少有毒有害原材料的使用、削减废料及污染物的生成和排放以及节约能源、能源脱碳等要求，这与循环经济主要着眼于实现自然资源，特别是不可再生资源的再循环的目标是完全一致的。

从实现途径来看，循环经济和清洁生产也有很多相通之处。循环经济强调"减量、再用、循环"，但三者的重要性不一样，三者的顺序也不能随意变动。循环经济的根本目标是要求在经济过程中系统地避免和减少废物，再用和循环都应建立在对经济过程进行了充分的源削减的基础之上。

4. 清洁生产与循环经济的区别和联系

两者最大的区别是在实施的层次上。在企业层次实施清洁生产是小循环的循环经济，一个产品，一台装置，一条生产线都可采用清洁生产的方案。在园区、行业或城市的层次上，同样可以实施清洁生产。而广义的循环经济是需要相当大的范围和区域的，甚至大到整个社会，如日本称为建设"循环型社会"。推行循环经济由于覆盖的范围较大，链接的部门较广，涉及的因素较多，见效的周期较长，不论是哪个单独的部门恐怕都难以担当这项筹划和组织的工作。

就实际运作而言，在推行循环经济过程中，需要解决一系列技术问题，清洁生产为此提供了必要的技术基础。特别应该指出的是，推行循环经济技术上的前提是产品的生态设计，没有产品的生态设计，循环经济只能是一个口号，而无法变成现实。

第五节　清洁生产的实施

清洁生产的实施可以从加强内部管理、改进生产工艺、废物回收利用、替换原材料等方面入手，分步实施。

现以化工企业为例，其清洁生产的实施可分为以下几个部分。即对在清洁生产审计中发现的各企业废物产生的原因进行分析，论证后，制定其相应的清洁生产方案如表 1-4 所示。

表 1-4　废物产生原因及清洁生产实施方案

废物产生原因	清洁生产机会和方案
原材料储运管理 　1. 原料质量不稳定,杂质多,造成物料消耗高,催化剂中毒副产物多 　2. 原料储运管理不当,物料损失率高 　3. 设备备品备件质量差,阀门内漏,压盖不严,造成泄漏 　4. 使用有毒物料,工作环境差,废物污染严重	原材料改变 　1. 加强原料质量控制,实行精料政策,进行原料提纯加工,提高原材料品质 　2. 加强原料进出厂计量和储运管理,将原料在厂内加工,改进包装运输方式,储槽加溢流报警装置,减少原料流失 　3. 加强备件质量检验和改进采购程序,杜绝不合格备品进厂,定期进行检查维修 　4. 改变产品配方,替代有毒原材料,加强员工健康监护
工艺技术设备和操作 　1. 生产工艺落后,流程过长,能耗高、收率低,废物产生量大 　2. 设备器材陈旧,造成物料泄漏和事故停车 　3. 仪表系统老化,计量不准,工艺指标不能及时调控,造成原料浪费和产品不合格 　4. 设备管线布局不合理,管路控制阀门少,无法消除局部泄漏 　5. 设备选型不当,大马拉小车,设备热效率低,能源浪费严重 　6. 催化剂使用多年,活性下降,产品收率低,副产物多 　7. 水、电、汽公用工程供应不稳定,夏季制冷系统达不到工艺要求,造成事故停车和废物产生 　8. 工艺靠手工控制,自动监控不及时,工艺参数温度、压力、流量等不能控制在最佳状况下 　9. 市场需求变化造成产品品种变,增加设备清洗次数,增大废水、废溶剂产生量	工艺技术改进和优化操作 　1. 改革生产工艺,采用无废/低废工艺,局部改进工艺技术,使用高效反应器,分离精制技术等 　2. 更新设备,定期进行预防性维修保养 　3. 仪表改造与更新,加强仪表设备管线维修保养,及时校正 　4. 适当调整管线布局,使之有序化,增添必要的控制仪表和阀门,提高自控水平 　5. 改换设备,节电降耗或安装变频器,降低能耗,进行余热回收提高热效率 　6. 更换或采用新型高效催化剂提高反应收率 　7. 改造制冷系统,增加制冷设备,加强调度,保证水、电、汽供应,消除废物产生 　8. 增加必要仪器仪表,实现生产自动控制,优化工艺条件 　9. 合理安排生产,改进清洗程序,减少设备清洗次数
生产管理与维护 　1. 员工不重视安全环保,清洁生产意识差,不注意节水节能 　2. 工人不按要求操作,工艺条件控制不稳,物料称量不准确,劳动纪律松懈 　3. 设备管线跑、冒、滴、漏严重,生产生活用水长流水,浪费大 　4. 工人违章操作,安全意识差,事故发生频繁	加强内部管理 　1. 加强清洁生产教育,提高责任心 　2. 严格工艺控制和操作条件,按操作规程操作,加强岗位责任制和培训 　3. 严格巡回检查和设备维护,及时消除跑、冒、滴、漏 　4. 将生产经济指标、能源、资源消耗与个人奖金挂钩,定期进行员工技术培训,提高员工素质
废物回收利用 　1. 工艺冷却水和蒸汽冷凝液直接排放 　2. 冷凝系统不凝气,真空系统安全排放,设备挥发性有机物释放,工艺粉尘无组织排放 　3. 固体废物和蒸馏残液存放处置不当	废物厂内回收利用 　1. 实行清污分流,间接冷却水循环使用 　2. 采取吸收吸附措施,回收有用物质循环利用;采用专用集尘装置,分别收集粉尘回用于生产 　3. 采取防渗、防扬散措施,厂内进行再资源化

一、强化内部管理

在实施过程中强化内部管理是十分重要的,对生产过程、原料储存、设备维修和废物处置的各个环节都可以强化管理,这是一种花钱少,容易实施的做法。

1. 物料装卸、储存与库存管理

检查评估原料、中间体和产品及废物的储存和转运设施,采用适当程序可以避免化学品的泄漏、火灾、爆炸和废物的生产，这些程序包括：

① 对使用各种运输工具（铲车、拖车、运输机械等）的操作工人进行培训，使他们了解器械的操作方式，生产能力和性能；

② 在每排储料桶之间留有适当、清晰空间，以便直观检查其腐蚀和泄漏情况；

③ 包装袋和容器的堆积应尽量减少翻倒、撕裂、戳破和破裂的机会；

④ 将料桶抬离地面，防止由于泄漏或混凝土"出汗"引起的腐蚀；

⑤ 不同化学物料储存应保持适当间隔，以防止交叉污染或者万一泄漏时发生化学反应；

⑥ 除转移物料时，应保持容器处于密闭状态；

⑦ 保证储料区的适当照明。

实施库存管理，适当控制原材料、中间产品、成品以及相关的废物流正被工业部门看成是重要的废物削减技术，在很多情况下，废物就是过期的、不合规划的、玷污了的或不需要的原料，泄漏残渣或损坏的制成品。这些废料的处置费用不仅包括实际处置费，而且包括原料或产品损失，这可能给任何公司都会造成很大的经济负担。

控制库存的方法可以从简单改变订货程序直到实施及时制造技术，这些技术的大部分都为企业所熟悉，但是，人们尚未认为它们是非常有用的废物削减技术。许多公司通过压缩现行的库存控制计划，帮助削减废物的生产量，这种方法将显著影响到三种主要的由于库存控制不当生产的废物源：即过量的、过期的和不再使用的原材料。

例如，国外一家聚氯乙烯的生产厂家通过库存控制，减少了过期的和不合规格原材料产生量 50％以上。采用的技术包括：购买容器盛装的原料而不是散装原料；减少购买量；可能情况下分离和重复使用过剩的原料。这项计划以很小的费用实施 6 个月后，每年可节省 5 万美元的原材料和废物管理费用。

在许多生产装置中，一个普遍忽视或没有适当注意的地方是物料控制，包括原料、产品和工艺废物的储存及其在工艺和装置附近的输送。适当的物料控制程序将保证原料避免泄漏或受到玷污进入生产工艺中，以保证原料在生产过程中有效使用，防止残次品及废物的产生。

2. 改进操作方式，合理安排操作次序

用间歇（分批）方式生产产品对废物的生产有重要影响，而批量生产的量和周期对废物的产生也有重要影响。例如，设备清洗废物与清洗次数直接相关，要减少设备清洗次数，应尽量加大每批配料的数量或者一批接一批地配制相同的产品，避免两批配制之间的清洗。

这种办法可能需要调整安排生产操作次序和计划，因而会影响到原料、成品库存和装运。

3. 改进设备设计和维护，预防泄漏的发生

化学品的泄漏会产生废物，冲洗和用墩布墩抹也会额外产生废物，减少泄漏的最好办法是预防其发生，结合设备的设计和操作维护制定预防泄漏计划。

预防泄漏计划的内容主要有：

① 在装置设计时和试车以后，进行危险性评价研究，以便对操作和设备设计提出改进意见，减少泄漏的可能性；

② 对容器、储槽、泵、压缩机和工艺设备以及管线适当进行设计并保持经常性维护保养；

③ 在储槽上安装溢流报警器和自动停泵装置，定期检查溢流报警器；

④ 保持储槽和容器外形完好无损；

⑤ 对现有装料、卸料和运输作业制定安全操作规程；

⑥ 铺砌收容泄漏物的护堤；

⑦ 安装联锁装置，阻止物料流向已装满的储槽或发生泄漏的装置；

⑧ 增强操作人员对泄漏严重后果的认识。

4. 废物分流

在生产源进行清污分流可减少危险废物处置量。

① 将危险废物与非危险废物分开。当将非危险废物与危险废物混在一起时，它们将都成为危险废物，因而不应使两者混合在一起，以便减少需处置的危险废物量，并大大节省费用。

② 按废物中所含污染物，将危险废物分离开，避免相互混合。

③ 将液体废物和固体废物分开。

将液体废物和固体废物分开，可减少废物体积并简化废水处理，例如含有较多固体物的废液可经过过滤，将滤液送去废水处理厂，滤饼可再生利用或填埋处置。

④ 清污分流。将接触过物料的污水与未接触物料的废水，如间接冷却水分开，清水可循环利用，仅将污水进行处理。

5. 提高员工素质与建立激励机制等人事管理措施

（1）制定废物减量计划

企业的废物减量计划应说明全部危险废物的生产量和种类、产生源、管理方法及费用以及企业对废物减量的政策目标、废物减量措施、实施日期、实施减量后预期结果等。

（2）职工培训计划

有效的废物减量计划必须与职工培训计划相结合，通过培训使职工了解如何监测泄漏和物料流失，对工艺操作工和维修人员应当给予如何减少废物方法的培训。

（3）实行奖励制度，鼓励职工减废积极性和主动性

建立奖励制度，鼓励职工提出合理化建议，根据实施后的效益，给予精神和物质奖励。

（4）财务管理策略

实行费用分摊将废物处理处置费用分摊给产生废物的车间和部门，而不是由全公司（全厂）一般管理费用中列支，从而使废物产生部门清楚认识到废物处理费用对其车间成本的影响，刺激他们减少废物量。

二、工艺技术改革

改革工艺技术是预防废物产生的最有效方法之一，通过工艺改革可以预防废物产生，增加产品产量和收率，提高产品质量，减少原材料和能源消耗，但是工艺技术改革通常比强化内部管理需要投入更多人力和资金，因而实施起来时间较长，通常只有在加强内部管理之后才进行研究。

工艺技术改革主要采取以下几种方式。

1. 生产工艺改革

改革生产工艺，减少废物生产，指开发和采用低废和无废生产工艺和设备来替代落后的老工艺，提高反应收率和原料利用率，消除或减少废物。例如采用流化床催化加氢法代替铁粉还原法旧工艺生产苯胺，可消除铁泥渣的产生，废渣量由 2500kg/t（产品）减少到 5kg/t（产品），并降低原料和动力消耗，每吨苯胺产品蒸汽消耗可由 35t 降为 1t，电耗由 220kW·h

降为 130kW·h，苯胺收率达到 99%。

采用高效催化剂提高选择性和产品收率，也可提高产量，减少副产物生成和污染物排放量。例如，某合成橡胶厂丁二烯生产的丁烯氧化脱氢装置，原采用钼系催化剂，由于转化率、选择性低，污染严重，后改用铁系 B-02 催化剂，选择性由 70% 提高到 92%，丁二烯收率达到 60%，因而大大地削减污染物排放量，见表 1-5、表 1-6。

表 1-5   丁烯氧化脱氢废水排放对比①

催化剂名称	废水量/(t/t)	COD/(kg/t)	—C=O 含量/(kg/t)	COOH 含量/(kg/t)	pH
铁系 B-02 催化剂	19.5	180	12.6	1.78	6.32
钼系催化剂	23	220	39.6	30.6	2~3

① 以生产 1t 丁二烯计。

表 1-6   丁烯氧化脱氢废气排放对比①

催化剂名称	废气排放量/(m³/h)	CO 量/(m³/h)	CO₂ 含量/(m³/t)	烃类/(m³/h)	有机氧化物/(kg/h)
铁系 B-02 催化剂	1974	12.83	268.71	12.37	0.04
钼系催化剂	4500	319	669	54.5	139.7

① 以生产 1t 丁二烯计。

在工艺技术改造中应尽量采用先进技术和大型装置，以期提高原材料利用率，发挥规模效益并降低产品的排污系数。以乙烯生产为例，乙烯装置的废水排放量与装置的规模、工艺设备类型以及原料种类有密切关系。从发展方面来看，乙烯生产装置趋向于大型化，某些技术落后的小型石油化工装置必须进行改造，方能降低单位乙烯产品的污染物排放量，不同规模和不同原料的乙烯装置废液排放数据比较见表 1-7。

表 1-7   不同规模和不同原料的乙烯装置的废液排放数据比较

生产规模/(×10⁴t/a)	裂解炉类型	原料	工艺废水/(t/t)	废碱液/(t/t)	其他废水/(t/t)
30	管式炉	轻柴油	0.23~0.28	0.01~0.02	含硫废水 0.1~0.15
11.5	管式炉	轻柴油	3.48	0.173	—
7.2	砂子炉	原油闪蒸油	2.22	0.11	排砂废水 22.4
0.6	蓄热炉	重油	4.0	1.5~2.5	—

需要强调的是废物的源削减应与工艺开发活动充分结合起来，从产品研究开发阶段起，就应考虑到减少废物量，这一点的经济效益可从以下实例得到证实。1991 年美国一家大型化工厂改进了其烯烃生产工艺，不仅消除了对甲醇的需求，而且每年可削减苯和甲醇的排放量 68.1t。该厂重新设计了生产装置，并且将裂解炉气干燥器的位置调整到预冷却器的前方。这一工艺改革措施消除了在预冷器中加入甲醇以防止水合物的形成，并且使未受甲醇污染的苯可返回到生产工艺中使用。该项目投资 700 万美元，每年仅节省甲醇费用 25 万美元。按照这种投资偿还率，如果不考虑减少苯对员工和社区的污染危害很难加以实施。但是，如果将这一方案结合到新装置设计中，则只需要很少的投资，每年就可省 25 万美元。

2. 工艺设备改进

通过工艺设备改造或重新设计生产设备来提高生产效率，减少废物量。例如，某石油化工厂乙二醇生产中的环氧乙烷精制塔原设计采用直接蒸汽加热，使废水中 COD 负荷大幅度增加，后来该厂对设备进行了改造，由直接蒸汽加热改为间接蒸汽加热，不但减少了废水量和 COD 负荷，而且还降低了产品的单位能耗，提高了产品的收率，经济环境效益十分显著。经过设备改造之后，该厂废水量削减 3.2×10⁴t/a，COD 负荷削减 470t/a，每年可减少污水处理费 20.8 万元。此外，因提高产品收率，每年多回收产品 384t，价值 123.84 万元，并且年节约物料消耗 31.17 万元。

3. 工艺控制过程的优化

在不改变生产工艺或设备条件下，进行操作参数的调整，优化操作条件常常是最容易而且便宜的减废方法。

大多数工艺设备都是使用最佳工艺参数（如温度、压力和加料量）设计的，以取得最高的操作效率。因而，在最佳工艺参数下操作，避免生产控制条件波动和非正常停车可大大减少废物量。

以乙烯生产为例，在正常情况下排放的污染物主要是含酚、硫废水、废碱液。废气是火炬排放气，这些污染物的排放量和组成随工艺控制水平的高低有较大差异。由于装置管理不好，或者公用工程（水、电、蒸汽）可靠性差以及各种设备、仪器仪表性能不佳等原因，装置运转就会出现不稳定，甚至局部或全部停车。一旦停车，则物料损失率相当可观，并引起严重污染，30×10^4 t/a 规模的乙烯装置每停车一次，火炬排放的物料约为 1000t（以原料计），经济损失 40 万元左右。如按产品价值计算间接损失，则可达 700 万元，从停车到恢复正常生产期间，各塔、泵等还会出现临时液体排放，增加了废水中油、烃类的含量，有毒有害物质含量也成倍增加。因此加强管理，精心维护和操作，减少装置的停车，操作波动排放和泄漏是控制装置污染源的关键。

此外，采用自动控制系统监测调节工作操作参数，维持最佳反应条件，加强工艺控制，可增加生产量，减少废物和副产物的产生。

例如，安装计算机控制系统监测和自动复原工艺操作参数，实时模拟结合自动设定点调节，可使反应器、精馏塔及其他单元操作最佳化。在间歇操作中，使用自动化系统代替手工处置物料，通过减少操作工失误，降低了产生废物及泄漏的可能性。

三、 原料的改变

原料改变包括：

① 原材料替代（指用无毒或低毒原材料代替有毒原材料）；

② 原料提纯净化（即采用精料政策，使用高纯物料代替充配粗料）。

例如：美国联碳公司得克萨斯市塑料化工厂生产乙酸乙烯等产品中原来一直使用铬酸盐作为冷却水处理的缓蚀剂。但 1988 年美国环保局对铬酸盐的排放做出严格规定。该厂经研究试验改用磷酸盐作为缓蚀剂，新药剂缓蚀效果好，操作简单易行。停止使用铬酸盐后，循环冷却水系统排放的废水中铬酸盐由过去 50mg/kg 降至 20mg/kg 以下，达到了环境保护要求。

四、 产品的改变

1. 产品性能改善

生产厂家可通过改变一种产品的性能，减少产品最终使用时产生的废物。例如某润滑油生产厂家研究出一种使用寿命更长的新产品，减少了废润滑油的产生量。

2. 产品配方改变

新产品的设计应充分考虑其环境兼容性，即产品是否使用稀有原材料，是否含有害物质，是否使用太多能源，是否容易再生利用。例如，原有许多石油化工厂生产含铅汽油。由于国内外对汽油含铅量的严格限制以及中国城市大气环境污染日益严重，迫切需要改为生产无铅汽油。许多厂将原生产装置进行了改造，对产品进行重新配制，不再使用四乙基铅作配料，改用催化稳定汽油、高辛烷值的重整生成油及甲基叔丁醚按一定比例调配成无铅汽油，新产品不含铅，消除了汽车排气的铅污染，产品打入了国际市场后，经济效益和社会效益显著。

五、 废物的厂内再生利用技术

废物再生利用主要有以下两种方式。

1. 废物利用与重复利用

将废物加工后送回原生产工艺或其他生产工艺作为替代原料或配料。

2. 再生回收

再生回收指从废物中再生回收有价值原材料并作为产品出售。中国有机化工原料行业在废物再生利用与回收方面开发推广许多技术。例如利用蒸馏、结晶、萃取、吸附等方法从蒸馏残液、母液中回收有价值原材料，从含铂、钯、银等废催化剂中回收贵金属等。

需要指出的是，废物再生利用应注意以下两点。

① 首先考虑将废物在本厂内就地回收利用，尽量不将废物运出工厂回用，这样可避免运输中和厂外不适当处置可能对环境造成危害和责任，废物既可直接返回原生产工艺中利用，也可以用于其他工艺。例如，有些用来清洗零部件的溶剂使用后由于含有少量杂质不能再用于原清洗作业时，可考虑用于油脂脱除或作为油漆的稀释剂或组分。

② 尽可能考虑全厂集中回收。一个工厂可能有许多车间和工艺产生废剂，如果在厂内每个产生废溶剂单元装置上都建立废物回收装置，经济上可能不合算。如果安装一套集中精馏装置可能在经济上具有优越性。

第六节　绿色化学与清洁生产

一、 绿色化学的提出及其含义

目前，绝大多数的化工技术都是 30 多年前开发的，当时的加工费用主要包括原材料、能耗和劳动费用。近年来，化学工业向大气、水和土壤中排放了大量的有毒有害物质，以 1993 年为例，美国仅按 365 种有毒物质排放估算，化学工业的排放量为 136×10^4 t。因此，加工费用又增加了废物控制、处理和埋放，环保监测、达标，人身保险、事故责任赔偿等费用。1992 年，美国化学工业用于环保的费用为 1150 亿美元，清理已污染地区花去了 7000 亿美元。1996 年美国 Dupont 公司的化学品销售额为 180 亿美元，环保费用为 10 亿美元。所以，从环保、经济和社会的要求看，化学工业不能再承担使用和产生有毒有害物质的费用，人们将目光转向了绿色化工技术。绿色化学作为未来化学工业发展的方向和基础，越来越受到各国政府、企业和学术界的关注。

绿色化学，也可叫作可持续的化学（Sustainable Chemistry）、环境无害化学（Environmentally Benign Chemistry）、环境友好化学（Environmentally Friendly Chemistry）、清洁化学（Clean Chemistry），这是一个概括性的概念："绿色化学是一种给予能力的或可操作的科学，利用它可使经济和环境的发展协调地进行。"

按照定义，绿色化学就是利用一套原理在化学产品的设计、开发和加工过程中都应减少或消除使用或产生对人类健康和环境有害的物质。绿色化学的目的在于不再使用有毒、有害的物质，不再产生废物，不再处理废物。从科学观点看，它合理利用资源能源，降低生产成本，符合经济可持续发展的要求。绿色化学是化学工业中清洁生产的根本源泉。

二、 绿色化学的原则及其发展预测

P. T. Anastas 和 J. C. Waner 曾提出绿色化学的 12 条原则。

① 预防（Prevention）。防止产生废物比在它产生后再处理或清除更好。

② 原子经济（Atom Economy）。设计合成方法时，应尽可能使用于生产加工过程的材料都进入最后的产品中。

③ 无害（或少害）的化学合成（Less Hazardous Chemical Syntheses）。所设计的合成方法都应该使用和产生对人类健康和环境具有小的或没有毒性的原料和产品。

④ 设计无危险的化学品（Design Safer Chemicals）。化学产品应该设计的使其有效地显示出期望的功能而毒性最小。

⑤ 安全的溶剂和助剂（Safer Solvents and Auxiliaries）。所使用的辅助物质包括溶剂、分离试剂和其他物品当使用时都应是无害的。

⑥ 设计要有能效（Design for Energy Efficiency）。化学加工过程的能源要求应该考虑它们的环境的和经济的影响并应该尽量节省。如果可能，合成方法应在室温和常压下进行。

⑦ 使用可再生的原料（Use Renewable Feedstocks）。当技术上和经济上可行，原料和加工粗料都应可再生。

⑧ 减少衍生物（Reduce Derivatives）。如果可能，尽量减少和避免衍生化学反应，因为，此种步骤需要添加额外的试剂并且可能产生副产物或废物。

⑨ 催化作用（Catalysis）。具有高选择性的催化剂比化学计量学的试剂优越得多。

⑩ 设计要考虑降解（Design for Degradation）。化学产品的设计应使它们在功能终了时分解为无害的降解产物并不在环境中长期存在。

⑪ 预防污染进行实时分析（Real-Time Analysis for Pollution Prevention）。要进一步开发新的分析方法使可进行实时的生产过程监测、并在有害物质形成之前给予控制。

⑫ 防止事故发生本质上的安全化学（Inherently Safer Chemistry for Accident Prevention）。在化学过程中使用的物质和物质形态的选择应使其尽可能地减少发生化学事故的潜在可能性，包括释放，爆炸以及着火等。

这 12 条原则目前为国际化学界公认，它也反映了近年来在绿色化学领域中所开展的多方面的研究工作内容，同时也指明了未来绿色化学的方向。

三、 绿色生产是清洁生产的重要组成部分

生产过程是一个复杂的物质转化的输入输出系统，输入的是资源和能源，输出的其中一部分转化为产品，而另一部分转化为废物，排入环境。产品在使用后最终也将变成为废弃物，置于环境之中。为了提高生产过程的效益（高的经济效益和良好的社会效益），生产过程在输出满足要求的产品同时，应具有较少的输入和较高的输出，尽量减少废物，削减或消除污染，使生产过程达到有效地利用输入，且具有优化输出的结果，如图 1-4 所示。

由此可见，绿色生产与清洁生产的指导思想是一致的，绿色生产是清洁产的重要组成部分。

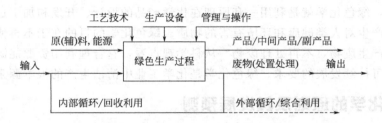

图 1-4　绿色生产过程的基本途径

四、 绿色化学常见的实现途径

1. 采用环境友好型催化剂

早在 20 世纪初，催化现象的客观存在启示人们去认识催化现象及催化剂。1976 年，IUPAC（国际纯粹及应用化学协会）公布的催化作用的定义是"催化作用是一种化学作用，是靠用极少而本身不被消耗的一种物质叫做催化剂的外加物质改变化学反应速率的现象"。催化作用被发现以后，在现代化学工业、石油化工工业、食品工业以及其他一些行业中，都广泛的使用着各种各样的催化剂。可以说，化学工业上的重大变革、技术进步大多都是因为新的催化材料或新的催化技术而产生。要发展环境友好的绿色化学，其中新的催化方法是关键，开发无污染物排放的新工艺以及有效的治理废渣、废液、废气污染过程，都需要开发使用新型的无毒、无害催化剂。

催化剂能够改变化学反应速率，但它本身并不进入化学反应的计量，一切催化剂的共性是具有较高的活性，这是改变反应速度的关键特性。这是人们过去选择催化剂首先考虑的最重要的原则。但在绿色化学中，人们把催化剂的活性放在次要地位，首先考虑的原则是催化剂对反应所具有的选择性，即催化剂对反应类型、反应方向和产物的结构所具有的选择性。例如，乙醇可以进行 20～30 个工业反应，得到用途不同的产物，它既可以脱水生成乙烯或乙醚，也可以脱氢生成乙醛，还可以脱氢脱水生成丁二烯。

$$CH_3CH_2OH \begin{cases} \xrightarrow{Al_2O_3} C_2H_4 + H_2O \\ \xrightarrow{ZnO} CH_3CHO \\ \xrightarrow{Al_2O_3 + ZnO} \frac{1}{2}CH_2{=}CH{-}CH{=}CH_2 + H_2O + \frac{1}{2}H_2 \end{cases}$$

目前，研究开发、选择使用绿色催化剂比较现实可行的方法，是从现有的经验和布局理论出发，综合各方面因素，去考虑催化剂、助催化剂和载体这三大部分的化学成分及其结构材料的选择。首先定性地选择合适的催化剂，进而对其进行定量的优化。目前常见的绿色催化工艺有：

① 固体酸催化剂。利用混合氧化物、杂多酸、超强酸、沸石分子筛、金属磷酸盐、硫酸盐、离子交换树脂等固体酸，代替传统液体酸催化剂，用于烃类裂解、重整、异构等石油炼制以及包括烯烃水合、芳烃烷基化、醇酸酯化等石油化工在内的一系列重要工业领域。

② 烃类晶格氧催化剂选择氧化。采用晶格氧催化剂工艺代替传统工艺，避免气相氧对烃类分子的深度氧化，提高目的产物的选择性。

③ 酶催化。作为生物催化剂的酶，是生物体内一类天然蛋白质，本质上和一般催化剂一样，但其具有高催化效率、高选择性、反应条件温和、无污染等优点。

④ 纳米材料催化剂。纳米材料具有独特的晶体结构及表面特性（表面键态与内部不同，表面原子配位不全等），因而纳米材料催化剂的催化活性和选择性都大大优于常规催化剂，甚至原来不能进行的反应也能进行。

2. 采用无毒无害的介质

许多化工生产（反应、分离）过程都需要使用大量的溶剂。由于有机化工产品种类、数量在化工产品中占绝对大量，因此不得不广泛使用大量的有机溶剂。在涂料、油漆、塑料、橡胶、化纤、医药、油脂等加工使用过程中也广泛使用大量的有机溶剂。此外，在机械、电子、文具等精密仪器器件的清洗，乃至于服务业如服装干洗过程中都需要大量的各种溶剂。

使用量最大、最常见的溶剂主要有石油醚、苯类芳香烃、醇、酮、卤代烃等。目前这些有机溶剂绝大部分都是易挥发、有毒、有害的。这些溶剂在使用过程中，相当大一部分经过挥发进入了空气中，在太阳光的照射下，容易在地面附近形成光化学烟雾，导致并加剧人们的肺气肿、支气管炎，甚至诱发癌症病变。此外，这些溶剂还会污染水体，毒害水生动物及影响人类的健康。因此，挥发性有机溶剂（VOC）是造成大气环境污染的主要废弃物之一。随着保护环境的呼声日益高涨，各国纷纷制定、采取各种限制和减少挥发性有机溶剂排放的措施，以图减轻对环境的危害。研究开发采用无毒无害的溶剂去取代易挥发性的、有毒有害的溶剂，减少环境污染，也是绿色化工中的一项重要内容。目前，无公害溶剂主要研究方向有水与超临界水、超临界二氧化碳等。

3. 强化绿色化工的过程与设备

化学工业发展的一个鲜明趋势是安全、高效、无污染的生产，其最终目标是将原料全部转化为预定期望的产品，实现整个生产过程的废弃物零排放。为实现这一目标，除了主要从前面所讨论的化学反应工艺路线、原材料选取、催化剂、助剂及溶剂选取等方面去考虑之外，还可通过强化化工生产与设备去达到。

强化绿色化工生产过程可以有许多方法，除了前面提到的超临界流体用助剂外，还有生产工艺过程集成、优化控制、超声波、微波等新技术。

4. 环境友好化工材料的应用

所谓环境友好材料是那些具有良好使用性能，并对资源和能源消耗少，对生态环境污染小，再生利用率高或可降解循环利用，在制备、使用、废弃直到在循环利用的整个过程中都与环境协调共存的一大类材料。在绿色化工方面，环境友好材料主要体现在：

① 绿色精细化工产品，如：水处理剂、胶黏剂、绿色表面活性剂、聚合物添加剂、燃料添加剂等；

② 可降解塑料的应用，主要类型有：光降解塑料、生物破坏性塑料、生物可降解塑料；

③ 绿色涂料的应用，包括：高固含量溶剂型涂料、水基涂料、液体无溶剂涂料、粉末涂料等；

④ 绿色润滑剂，有植物油、合成脂等。

5. 清洁燃料能源生产

全球由燃烧矿物燃料产生的一氧化碳（CO）、碳氢化合物（HC）和氮氧化合物（NO_x），几乎一半是由汽油机、柴油机排放的。目前全球每年消费的大量汽油，使用中挥发物、燃烧产物中大量有毒有害物质对人类生活环境和大气层有很大影响，世界各国炼油工业都把符合绿色环保要求作为迈向 21 世纪的通行证。这就要求对燃料油的各项指标重新进行审议。

21 世纪世界各国都将先后进入使用超清洁、超低排放车用汽油、柴油时期。发达国家在 20 世纪 80 年代后期已经开始使用清洁汽油及低硫柴油。世界燃料委员会 2000 年颁布了《世界燃料规范（World Wide Fuel Charter）》，对汽、柴油的分类、质量指标和适用范围做了严格规定，要求世界各国参照执行。1999 年我国国家环保总局公布了《车用汽油有害物质控制标准》，促使石化工业提高汽油质量，提供清洁燃料。21 世纪的超清洁、超低排放车用汽油、柴油的主要质量指标是进一步降低硫、烯烃和芳烃含量，把汽车尾气中的有害物质降低到最低程度。

目前清洁燃料能源的生产的主要途径有：

① 采用清洁燃油，利用重整清洁化技术、催化裂化汽油清洁化技术、异构化汽油技术、烷基化汽油技术、吸附脱硫技术、生物脱硫技术等实现燃油清洁化；

② 汽车替代燃料，采用天然气、液化石油气、含氧化合物、氢气等作为汽车替代燃料；

③ 燃料电池的应用。

第二章
清洁生产审核

第一节　清洁生产审核程序

目前，不论是发达国家还是发展中国家都在研究如何推进本国的清洁生产。从政府的角度出发，推进清洁生产有以下几方面工作：

① 制定特殊的政策以鼓励企业推行清洁生产；

② 进行产业和行业结构调整；

③ 支持工业的清洁生产示范项目；

④ 为工业部门提供技术支持；

⑤ 进行清洁生产教育，提高公众的清洁生产意识。

对于企业，如何去做是一个关键的问题。每个企业都存在许多清洁生产的机会，只是以前忽略了，或发现了但没有去做。对企业来说，推行清洁生产要做好几方面工作：

① 进行企业清洁生产审核；

② 研究清洁生产技术；

③ 进行产品全寿命周期分析；

④ 进行产品生态设计；

⑤ 拟定长期的企业清洁生产计划；

⑥ 对职工进行清洁生产的教育和培训。

企业清洁生产审核是评估企业生产的清洁与否或清洁程度的一种手段或方法。它是对现在的或计划进行的工业生产实行预防污染的分析和评估，在分析和评估过程中制定并实施减少能源、水和原材料使用，消除和减少生产过程中有害物质的使用，减少各种废物排放及其毒性的方案。

清洁生产审核的总体思路为：判明废物的产生部位，分析废物产生原因，提出方案减少或消除废物。

企业推行清洁生产的第一步是开展清洁生产审核。企业清洁生产审核是对企业现有的和计划进行的工业生产实行防污染的分析和评估，是企业实行清洁生产的重要前提，在清洁生产审核过程中，通过企业对某一产品的具体生产工艺和操作的检查评审，掌握该产品所产生的废物种类和数量，进而判定出如何减少有毒物料的使用以及削减废物产生的机会，再经过对备选方案进行技术、环境和经济可行性分析，选定最有前途的污染预防方案加以实施。其目的为：判定企业生产中不符合清洁生产的地方和做法，提出方案并解决这些问题，实现清洁生产。

企业清洁生产审核要按照《企业清洁生产审核手册》规定的程序和要求进行，该程序分为筹划与组织、预评估方案产生与筛选、可行性分析、方案的实施及持续清洁生产七个步骤。企业清洁生产审核程序见图2-1。

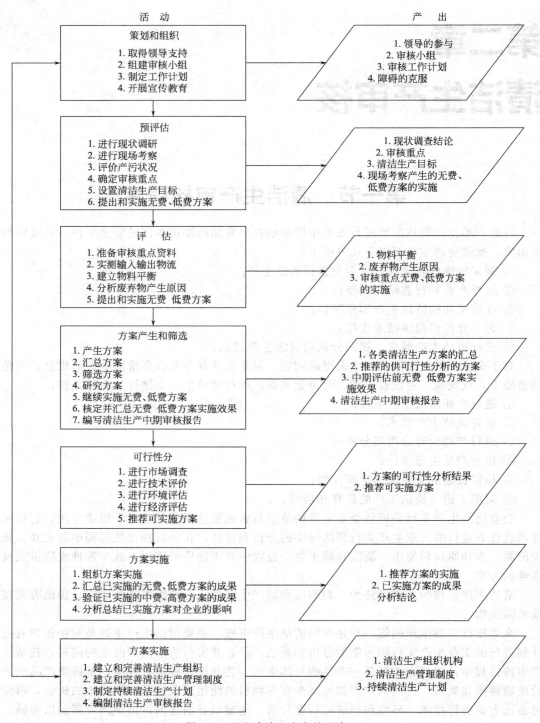

图2-1　企业清洁生产审核程序

第二节　企业清洁生产审核

清洁生产审核程序及各阶段要求要点如下。

一、筹划和组织

筹划和组织，也称为审核准备，是企业进行清洁生产审核工作的第一个阶段，目的是通过宣传教育使企业的领导和职工对清洁生产有一个初步的、比较正确的认识，消除思想上和观念上的障碍；了解企业清洁生产审核的工作内容、要求及其工作程序。

阶段要点：积极、务实、高效的审核准备，是顺利开展清洁生产审核的前提和基础！高层领导对清洁生产的承诺相当于审核工作成功了一半，而全体员工的共同参与意味着审核的成功！

本阶段工作的重点是取得企业高层领导的支持和参与，组建清洁生产审核小组，制定审核工作计划和宣传清洁生产思想。

内容要点如下。

（一）取得企业领导的支持

清洁生产审核是一件综合性很强的工作，涉及企业的各个部门，而且随着审核工作阶段的变化、参与审核工作的部门和人员可能也会变化，因此，只有取得企业高层领导的支持和参与，由高层领导动员并协调企业各个部门和全体职工积极参与，审核工作才能顺利进行。高层领导的支持和参与是审核过程中提出的清洁生产方案符合实际、容易实施的关键。

向企业领导汇报国家推行清洁生产的方针以及对清洁生产审计工作要求，宣传清洁生产的概念与"末端治理"的区别，介绍其他工厂开展清洁生产审计取得的成果以及本企业存在的实行清洁生产机会和可能效益，以获得企业高层领导的承诺与支持。

了解清洁生产审核可能给企业带来的巨大好处，是企业高层领导支持和参与清洁生产审核的动力和重要前提。清洁生产审核可能给企业带来经济效益、环境效益、无形资产的提高和推动技术进步等诸方面的好处，从而增强企业的市场竞争能力。

1. 宣传效益

（1）经济效益

① 由于减少废弃物所产生的综合经济效益；

② 无/低费方案的实施所产生的经济效益的现实性。

（2）环境效益

① 对企业实施更严格的环境要求是国际国内大势所趋；

② 提高环境形象是当代企业的重要竞争手段；

③ 清洁生产是国内外大势所趋；

④ 清洁生产审核尤其是无/低费方案可以很快产生明显的环境效益。

（3）无形资产

① 无形资产有时可能比有形资产更有价值；

② 清洁生产审核有助于企业由粗放型经营向集约型经营过渡；

③ 清洁生产审核是对企业领导加强本企业管理的一次有力支持；

④ 清洁生产审核是提高劳动者素质的有效途径。

（4）技术进步

① 清洁生产审核是一套包括发现和实施无/低费方案，以及产生、筛选和逐步实施技改方案在内的完整程序，鼓励采用节能、低耗、高效的清洁生产技术；

② 清洁生产审核的可行性分析，使企业的技改方案更加切合实际并充分利用国内外最新信息。

2. 阐明投入

清洁生产审核需要企业的一定投入，包括：管理人员、技术人员和操作工人必要的时间投入；监测设备和监测费用的必要投入；编制审核报告的费用；以及可能聘请外部专家的费用，但与清洁生产审核可能带来的效益相比，这些投入是很小的。

（1）对企业要求

① 高层领导应带头学习并了解清洁生产审核的有关法规政策，领会清洁生产审核的实质及开展此项工作对企业可持续发展的重要性；

② 高层领导应参与技术服务机构的选择和沟通，确定符合企业需要的技术服务机构；

③ 高层领导应参与审核全过程，控制审核风险。重点把握宣传动员、审核重点确定、方案筛选及确定、方案的贯彻实施和效果核算的真实性等；

④ 高层领导应保证审核过程所必备的人力、物力、资金等资源。

（2）本步骤产出

① 与技术服务机构签订的技术服务协议；

② 结合企业实际制定的清洁生产审核实施方案。

（二）组建审核小组

计划开展清洁生产审核的企业，首先要在本企业内组建一个有权威的审核小组，这是顺利实施企业清洁生产审核的组织保证。

1. 推选组长

审核小组组长是审核小组的核心，一般情况下，最好由企业高层领导人兼任组长，或由企业高层领导任命一位具有如下条件的人员担任，并授予必要权限。组长一般由主管企业生产技术、环保的厂长或总工程师担任。

组长的条件如下。

① 具备企业的生产、工艺、管理与新技术的知识和经验；

② 掌握污染防治的原则和技术，并熟悉有关的环保法规；

③ 了解审核工作程序，熟悉审核小组成员情况，具备领导和组织工作的才能并善于和其他部门合作等。

2. 选择小组成员

审核小组的成员数目根据企业的实际情况来定，一般情况下全时制成员应包括环保科、技术科、企管部门以及审核重点车间主任技术人员和财务人员。审核小组人数根据企业实际情况而定，一般应有 3～5 名成员，审核小组成立后应明确人员的责任及职责分工。

小组成员的条件如下。

① 具备企业清洁生产审核的知识或工作经验；

② 掌握企业的生产、工艺、管理等方面的情况及新技术信息；

③ 熟悉企业的废物产生、治理和管理情况以及国家和地区环保法规和政策等；

④ 具有宣传、组织工作的能力和经验。

如有必要，审核小组的成员在确定审核重点的前后应及时调整。审核小组必须有一位成员来自本企业的财务部门。该成员不一定全时制投入审核，但要了解审核的全部过程，不宜中途换人。

3. 明确任务

审核小组的任务包括：

① 制定工作计划；

② 开展宣传教育；

③ 确定审核重点和目标；

④ 组织和实施审核工作；

⑤ 编写审核报告；

⑥ 总结经验，并提出持续清洁生产的建议。

来自企业财务部门的审核成员，应该介入审核过程中一切与财务计算有关的活动，准确计算企业清洁生产审核的投入和收益，并将其详细地单独列账。中小型企业和不具备清洁生产审核技能的大型企业，其审核工作要取得外部专家的支持。如果审核工作有外部专家的帮助和指导，本企业的审核小组还应负责与外部专家的联络、研究外部专家的建议并尽量吸收其有用的意见。

审核小组成员职责与投入时间等应列表说明，表中要列出审核小组成员的姓名、在小组中的职务、专业、职称、应投入的时间，以及具体职责等。

（1）对企业要求

① 依据企业实际和需要，在技术服务机构的指导下分级成立审核组。

② 确保审核组的权威性。高层领导应参加审核组并担任领导职务，成员应包括生产、技术、设备、财务、环保等部门的领导和专业技术人员，审核组成立及成员任命，应以企业正式文件的形式发布。

（2）本步骤产出

审核组成立、任命及职责分工的正式文件

（三）　制定审核工作计划

制定一个比较详细的清洁生产审核工作计划，有助于审核工作按一定的程序和步骤进行，组织好人力与物力，各司其职，协调配合，审核工作才会获得满意的效果，企业的清洁生产目标才能逐步实现。

审核小组成立后，要及时编制审核工作计划表，该表应包括审核过程的所有主要工作，包括这些工作的序号、内容、进度、负责人姓名、参与部门名称、参与人姓名以及各项工作的产出等。

（1）对企业要求

① 审核组长在技术服务机构的协助下制定《清洁生产审核工作计划》，必要时，可依据

实际需要，制定具体的、阶段性的实施计划；

②制定完善的考核制度，确保相关人员按时完成各阶段的审核任务。

（2）本步骤产出

①清洁生产审核工作计划，必要时制定的阶段性实施计划；

②相关的考核制度及考核结果。

（四）开展宣传教育

广泛开展宣传教育活动，争取企业内各部门和广大职工的支持，尤其是现场操作工人的积极参与，是清洁生产审核工作顺利进行和取得更大成效的必要条件。

1. 确定宣传的方式和内容

高层领导的支持和参与固然十分重要，没有中层干部和操作工人的实施，清洁生产审核仍很难取得重大成果。仅当全厂上下都将清洁生产思想自觉地转化为指导本岗位生产操作实践的行动时，清洁生产审核才能顺利持久地开展下去。也只有这样，清洁生产审核才能给企业带来更大的经济和环境效益、推动企业技术进步、更大程度地支持企业高层领导的管理工作。

（1）宣传采用的方式

①利用企业现行各种例会；

②下达开展清洁生产审核的正式文件；

③内部广播；

④电视、录像；

⑤黑板报；

⑥组织报告会、研讨班、培训班；

⑦开展各种咨询等。

（2）宣传教育内容

①技术发展、清洁生产以及清洁生产审核的概念；

②清洁生产和末端治理的内容及其利与弊；

③国内外企业清洁生产审核的成功实例；

④清洁生产审核中的障碍及其克服的可能性；

⑤清洁生产审核工作的内容与要求；

⑥本企业鼓励清洁生产审核的各种措施；

⑦本企业各部门已取得的审核效果、具体做法等。

宣传教育的内容要随审核工作阶段的变化而作相应调整。

2. 克服障碍

企业开展清洁生产审核往往会遇到不少障碍，不克服这些障碍则很难达到企业清洁生产审核的预期目标。各个企业可能有不同的障碍，首先需要调查摸清方便进行工作，但一般有四种类型的障碍，即思想观念障碍、技术障碍、资金和物资障碍，以及政策法规障碍。四者中思想观念障碍是最常遇到的，也是最主要的障碍。审核小组在审核过程中要自始至终地把及时发现不利于清洁生产审核的思想观念障碍、并尽早解决这些障碍当作一件大事抓好。

企业清洁生产审核常见障碍及解决办法见表 2-1。

表 2-1　企业清洁生产审核常见障碍及解决办法

障碍类型	障碍表现	解决办法
思想观念障碍	1. 清洁生产审核无非是过去环保管理办法的老调重弹	1. 讲透清洁生产审核与过去的污染预防政策、八项管理制度、污染物流失总量管理、三分治理七分管理之间的关系
	2. 中国的企业真有清洁生产潜力吗	2. 用事实说明中国大部分企业的巨大清洁生产潜力、中央号召"两个转变"的现实意义
	3. 没有资金、不更新设备，一切都是空谈	3. 用国内外实例讲明无/低费方案巨大而现实的经济与环境效益，阐明无/低费方案与设备更新方案的关系，强调企业清洁生产审核的核心思想是"从我做起、从现在做起"
	4. 清洁生产审核工作比较复杂，是否会影响生产	4. 讲清审核的工作量和它可能带来的各种效益之间的关系
	5. 企业内各部门独立性强，协调困难	5. 由厂长直接参与，由各主要部门领导与技术骨干组成审核小组，授予审核小组相应职权
技术障碍	1. 缺乏清洁生产审核技能	1. 聘请并充分向外部清洁生产审核专家咨询。参加培训班、学习有关资料等
	2. 不了解清洁生产工艺	2. 聘请并充分向外部清洁生产工艺专家咨询
资金物资障碍	1. 没有进行清洁生产审核的资金	1. 企业内部挖潜，与当地环保、工业、经贸等部门协调解决部分资金问题，先筹集审核所需资金，再由审核效益中拨还
	2. 缺乏物料平衡现场实测的计量设备	2. 积极向企业高层领导汇报
	3. 缺乏资金实施需较大投资的清洁生产工艺	3. 由无/低费方案的效益中积累资金（企业财务要为清洁生产的投入和效益专门建账）
政策法规障碍	1. 实施清洁生产无现行的具体的政策法规	1. 用清洁生产优于末端治理的成功经验促进国家和地方尽快制定相关的政策与法规
	2. 实施清洁生产与现行的环境管理制度中的规定有矛盾	2. 用清洁生产优于末端治理的成功经验促进国家和地方尽快制定相关的政策与法规

（1）对企业要求

① 高层领导应组织清洁生产审核动员会并进行全员动员，传达审核决策及工作要求；

② 审核组在技术服务机构的支持下，采用多种形式，分层次开展清洁生产宣传和教育活动；

③ 各级管理者应积极参加并支持宣传和教育活动，创造全员参与的环境，增强意识，克服思想、技术、资金等各种障碍。

（2）本步骤产出

① 各种宣传、教育材料；

② 达到领导支持、全员参与的效果，克服各种障碍。

（3）本阶段思考题

① 高层领导对开展清洁生产的承诺应包括哪些内容？

② 清洁生产审核过程中，管理者应如何实现全员参与？

二、 预评估

预评估是清洁生产审核的第二阶段，目的是对企业全貌进行调查分析，分析和发现清洁生产的潜力和机会，从而确定本轮审核的重点。

阶段要点：全面、深入、翔实的数据整理和分析，是把握企业现状、确定审核重点、规划企业未来发展的关键环节！列出能源效率、污染源、工艺技术、装备水平等问题清单是解决问题的第一步！

本阶段工作重点是评价企业的产污排污状况，确定审核重点，并针对审核重点设置清洁生产目标。

（一） 进行现状调研

本阶段搜集的资料，是全厂的和宏观的，主要内容如下：

① 企业概况；

② 企业发展简史、规模、产值、利税、组织结构、人员状况和发展规划等；

③ 企业所在地的地理、地质、水文、气象、地形和生态环境等基本情况；

④ 企业的生产状况；

⑤ 企业主要原辅料、主要产品、能源及用水情况，要求以表格形式，列出总耗及单耗，并列出主要车间或分厂的情况；

⑥ 企业的主要工艺流程。以框图表示主要工艺流程，要求标出主要原辅料、水、能源及废物的流入、流出和去向；

⑦ 企业设备水平及维护状况，如完好率、泄漏率等；

⑧ 企业的环境保护状况；

⑨ 主要污染源及其排放情况，包括状态、数量、毒性等；

⑩ 主要污染源的治理现状，包括处理方法、效果、问题及单位废物的年处理费等；

⑪ "三废"的循环/综合利用情况，包括方法、效果、效益以及存在问题；

⑫ 企业涉及的有关环保法规与要求，如排污许可证，区域总量控制，行业排放标准等；

⑬ 企业的管理状况；

⑭ 包括从原料采购和库存、生产及操作、直到产品出厂的全面管理水平。

（1） 对企业要求

① 生产、技术、环保、设备、财务等部门，应全面支持并如实提供审核组所需的基础数据和资料；

② 审核组应在技术服务机构的协助下，运用各种统计技术和方法对收集的数据进行分析，找出不足，分析原因，提出改进建议；

（2） 本步骤产出

① 企业基本概况、生产状况、环保状况、管理状况等基础数据和资料；

② 数据分析结果及改进建议。

（二） 进行现场考察

随着生产的发展，一些工艺流程、装置和管线可能已做过多次调整和更新，这些可能无法在图纸、说明书、设备清单及有关手册上反映出来。此外，实际生产操作和工艺参数控制等往往和原始设计及规程不同。因此，需要进行现场考察，以便对现状调研的结果加以核实和修正，并发现生产中的问题。同时，通过现场考察，在全厂范围内发现明显的无/低费清洁生产方案。

（1）现场考察内容

① 对整个生产过程进行实际考察，即从原料开始，逐一考察原料库、生产车间、成品库、直到"三废"处理设施；

② 重点考察各产污排污环节，水耗和（或）能耗大的环节，设备事故多发的环节或部位；

③ 实际生产管理状况，如岗位责任制执行情况，工人技术水平及实际操作状况，车间技术人员及工人的清洁生产意识等。

（2）现场考察方法

① 核查分析有关设计资料和图纸，工艺流程图及其说明，物料衡算、能（热）量衡算的情况，设备与管线的选型与布置等；另外，还要查阅岗位记录、生产报表（月平均及年平均统计报表）、原料及成品库存记录、废物报表、监测报表等；

② 与工人和工程技术人员座谈，了解并核查实际的生产与排污情况，听取意见和建议，发现关键问题和部位，同时，征集无/低费方案。

（3）对企业要求

① 生产、技术、设备等部门应全力支持审核组及技术服务机构对整个生产过程的现场考察；

② 审核组应认真修正现场与调研资料不符的部分，达到真实的反映企业现状；

③ 审核组应通过多种形式征集清洁生产方案。

（4）本步骤产出

① 真实、全面地反应企业现状情况；

② 现场问题点清单及无/低费方案。

（三）评价产污排污状况

在对比分析国内外同类企业产污排污状况的基础上，对本企业的产污原因进行初步分析，并评价执行环保法规情况。

1. 对比国内外同类企业产污排污状况

在资料调研、现场考察及专家咨询的基础上，汇总国内外同类工艺、同等装备、同类产品先进企业的生产、消耗、产污排污及管理水平，与本企业的各项指标相对照，并列表说明。

2. 初步分析产污原因

① 对比国内外同类企业的先进水平，结合本企业的原料、工艺、产品、设备等实际状况，确定本企业的理论产污排污水平；

② 调查汇总企业目前的实际产污排污状况；

③ 从影响生产过程的八个方面出发，对产污排污的理论值与实际状况之间的差距进行初步分析，并评价在现状条件下，企业的产污排污状况是否合理。

3. 评价企业环保执法状况

评价企业执行国家及当地环保法规及行业排放标准的情况，包括达标情况、缴纳排污费及处罚情况等。

4. 作出评价结论

对比国内外同类企业的产污排污水平,对企业在现有原料、工艺、产品、设备及管理水平下,其产污排污状况的真实性、合理性,及有关数据的可信度,予以初步评价。

(1) 对企业要求

① 审核组在技术服务机构的支持下,将企业现状与同行业对比,结合差距进行原因分析,给出改进建议;

② 审核组应从影响生产过程的八个方面分析企业废物产生、资源能源浪费的原因,给出削减建议;

③ 环保部门应收集企业适用的环保法律法规,进行合规性评价,并给出结论;

④ 审核组在技术服务机构的协助下,对企业现状作出评价结论。

(2) 本步骤产出

① 企业明显的清洁生产潜力点、改进建议及本轮审核的重点问题;

② 合规性评价结论;

③ 企业现状评价结论。

(四) 确定审核重点

通过前面三步的工作,已基本探明了企业现存的问题及薄弱环节,可从中确定出本轮审核的重点。审核重点的确定,应结合企业的实际综合考虑。

本节内容主要适用于工艺复杂的大中型企业,对工艺简单、产品单一的中小企业,可不必经过备选审核重点阶段,而依据定性分析,直接确定审核重点。

1. 确定备选审核重点

首先根据所获得的信息,列出企业主要问题,从中选出若干问题或环节作为备选审核重点。

企业生产通常由若干单元操作构成。单元操作指具有物料的输入、加工和输出功能完成某一特定工艺过程的一个或多个工序或工艺设备。原则上,所有单元操作均可作为潜在的审核重点。根据调研结果,通盘考虑企业的财力、物力和人力等实际条件,选出若干车间、工段或单元操作作为备选审核重点。

(1) 原则

① 污染严重的环节或部位;

② 消耗大的环节或部位;

③ 环境及公众压力大的环节或问题;

④ 有明显的清洁生产机会;

⑤ 应优先考虑作为备选审核重点。

(2) 方法

将所收集的数据,进行整理、汇总和换算,并列表说明,以便为后续步骤"确定审核重点"服务。填写数据时,应注意:

① 消耗及废物量应以各备选重点的月或年的总发生量统计;

② 能耗一栏根据企业实际情况调整,可以是标煤、电、油等能源形式。

表 2-2 为某厂备选审核重点情况。

表 2-2 某厂备选审核重点情况汇总表

序号	备选审核重点名称	废物量/(t/a)		主要消耗							环保费用/(万元/a)					
		水	渣	原料消耗		水耗		能耗		小计/(万元/a)	厂内末端治理费	厂外处理处置费	排污费	罚款	其他	小计
				总量/(t/a)	费用/(万元/a)	总量/(t/a)	费用/(万元/a)	标煤总量/(t/a)	费用/(万元/a)							
1	一车间	1000	6	1000	30	10	20	500	6	56	40	20	60	15	5	140
2	二车间	600	2	2000	50	25	50	1500	18	118	20	0	40	0	0	60
3	三车间	400	0.2	800	40	20	40	750	9	89	5	0	10	0	0	15

注：以工业用水 2 元/t，标煤 120 元/t 计算。

2. 确定审核重点

采用一定方法，把备选审核重点排序，从中确定本轮审核的重点。同时，也为今后的清洁生产审核提供优选名单。本轮审核重点的数量取决于企业的实际情况，一般一次选择一个审核重点。

（1）方法

① 简单比较。根据各备选重点的废物排放量和毒性及消耗等情况，进行对比、分析和讨论，通常污染最严重、消耗最大、清洁生产机会最显明的部位定为第一轮审核重点。

② 权重总和计分排序法。工艺复杂，产品品种和原材料多样的企业，往往难以通过定性比较确定出重点。此外，简单比较一般只能提供本轮审核的重点，难以为今后的清洁生产提供足够的依据。为提高决策的科学性和客观性，采用半定量方法进行分析。

常用方法为权重总和计分排序法。

根据我国清洁生产的实践及专家讨论结果，在筛选审核重点时，通常考虑下述几个因素，对各因素的重要程度，即权重值（W），可参照以下数值：

废物量 $W=10$

主要消耗 $W=7\sim9$

环保费用 $W=7\sim9$

市场发展潜力 $W=4\sim6$

车间积极性 $W=1\sim3$

注：① 上述权重值仅为一个范围，实际审核时每个因素必须确定一个数值，一旦确定，在整个审核过程中不得改动。

② 可根据企业实际情况增加废物毒性因素等。

③ 统计废物量时，应选取企业最主要的污染形式，而不是把水、气、渣累计起来。

④ 除表 2-1 所列三种污染形式外，可根据实际增补如 COD 总量等项目。

审核小组或有关专家，根据收集的信息，结合有关环保要求及企业发展规划，对每个备选重点，就上述各因素，按备选审核重点情况汇总表（类似于表 2-1）提供的数据或信息打分，分值（R）从 1~10，以最高者为满分（10 分）。将打分与权重值相乘（$R×W$），并求所有乘积之和（$\sum R×W$），即为该备选重点总得分，再按总分排序，最高者即为本次审核重点，余者类推，见表 2-3 所给例子。

表 2-3　某厂权重总和计分排序法确定审核重点表

因素	权重值 $W(1\sim10)$	备选审核重点得分					
		一车间		二车间		三车间	
		$R(1\sim10)$	$R\times W$	$R(1\sim10)$	$R\times W$	$R(1\sim10)$	$R\times W$
废物量	10	10	100	6	60	4	40
主要消耗	9	5	45	10	90	8	72
环保费用	8	10	80	4	32	1	8
废物毒性	7	4	28	10	70	5	35
市场发展潜力	5	6	30	10	50	8	40
车间积极性	2	5	10	10	20	7	14
总分 $\Sigma R\times W$			293		322		209
排序			2		1		3

如某厂有三个车间为备选重点（见表 2-1）。厂方认为废水为其最主要污染形式，其数量依次为一车间为 1000t/a，二车间为 600t/a，三车间 400t/a。因此，废物量一车间最大，定为满分（10 分），乘权重后为 100；二车间废物量是一车间的 6/10，得分即为 60，三车间则为 40，其余各项得分依次类推，把得分相加即为该车间的总分。打分时应注意：

① 严格根据数据打分，以避免随意性和倾向性。

② 没有定量数据的项目，集体讨论后打分。

（2）对企业要求

① 审核组应在技术服务机构的支持下学习和了解确定审核重点的原则和方法；

② 审核组应按照确定审核重点的原则、综合考虑"双超、双有"、"两高一重"等突出问题确定备选审核重点，并如实收集备选审核重点数据和资料；

③ 审核组长应组织生产、技术、环保、设备、车间等相关部门领导、专业技术人员等以会议形式，或在技术服务机构的协助下利用确定审核重点的技术方法确定审核重点；

④ 高层领导应参与审核重点的确定过程；

⑤ 必要时，企业应请行业专家参与审核重点的确定。

（3）本步骤产出

① 备选审核重点资料；

② 本轮清洁生产审核的审核重点。

（五）设置清洁生产目标

设置定量化的硬性指标，才能使清洁生产真正落实，并能据此检验与考核，达到通过清洁生产预防污染的目的。

（1）原则

① 清洁生产目标是针对审核重点的、定量化、可操作、并有激励作用的指标。要求不仅有减污、降耗或节能的绝对量，还要有相对量指标，并与现状对照。

② 具有时限性，要分近期和远期，近期一般指到本轮审核基本结束并完成审核报告时为止，见表 2-4。

（2）依据

① 根据外部的环境管理要求，如达标排放，限期治理等；

② 根据本企业历史最好水平；

③ 参照国内外同行业、类似规模、工艺或技术装备的厂家的水平。

表 2-4　某化工厂一车间清洁生产目标一览表

序号	项目	现状	近期目标(2005 年底)		远期目标(2010 年)	
			绝对量 /(t/a)	相对量 /%	绝对量 /(t/a)	相对量 /%
1	多元醇 A 得率	68%		增加 1.8		增加 3.2
2	废水排放量	150000t/a	削减 30000	削减 20	削减 60000	削减 40
3	COD 排放量	1200t/a	削减 250	削减 20.8	削减 600	削减 50
4	固体废物排放量	80t/a	削减 20	削减 25	削减 80	削减 100

（3）对企业要求

① 审核组提出审核重点及全厂清洁生产目标；

② 高层领导参与并最终确定符合企业实际的清洁生产目标。

（4）本步骤产出

符合企业实际的近期、远期清洁生产目标

（六）　提出和实施无/低费方案

预评估过程中，在全厂范围内各个环节发现的问题，有相当部分可迅速采取措施解决。对这些无需投资或投资很少，容易在短期（如审核期间）见效的措施，称为无/低费方案。

预评估阶段的无/低费方案，是通过调研，特别是现场考察和座谈，而不必对生产过程作深入分析便能发现的方案，是针对全厂的；在评估阶段的无/低费方案，是必须深入分析物料平衡结果才能发现的，是针对审核重点的。

（1）目的

贯彻清洁生产边审核边实施的原则，以及时取得成效，滚动式地推进审核工作。

（2）方法

座谈、咨询、现场查看、散发清洁生产建议表，及时改进、及时实施、及时总结，对于涉及重大改变的无/低费方案，应遵循企业正常的技术管理程序。

（3）常见无/低费方案

① 原辅料及能源：

采购量与需求相匹配；

加强原料质量（如纯度、水分等）的控制；

根据生产操作调整包装的大小及形式；…

② 技术工艺：

改进备料方法；

增加捕集装置，减少物料或成品损失；

改用易于处理处置的清洗剂；…

③ 过程控制：

选择在最佳配料比下进行生产；

增加检测计量仪表；

校准检测计量仪表；

改善过程控制及在线监控；

调整优化反应的参数，如温度、压力等；…

④ 设备：

改进并加强设备定期检查和维护，减少跑冒滴漏；

及时修补完善输热、输汽管线的隔热保温；…

　　⑤产品：

　　改进包装及其标志或说明；

　　加强库存管理；…

　　⑥管理：

　　清扫地面时改用干扫法或拖地法，以取代水冲洗法；

　　减少物料溅落并及时收集；

　　严格岗位责任制及操作规程；…

　　⑦废物：

　　冷凝液的循环利用；

　　现场分类收集可回收的物料与废物；

　　余热利用；

　　清污分流；…

　　⑧员工：

　　加强员工技术与环保意识的培训；

　　采用各种形式的精神与物质激励措施；…

　　（4）对企业要求

　　①审核组应通过各种方式收集清洁生产合理化建议；

　　②审核组及各相关部门，将合理化建议归纳、整理成清洁生产方案；

　　③各相关部门按照边审核、边实施、边见效的原则及时实施可行的无/低费方案。

　　（5）本步骤产出

　　①本阶段产生的清洁生产方案清单；

　　②已实施的无/低费方案清单及实施情况总结。

　　（6）本阶段思考题

　　①预审核阶段，审核组应收集的资料有哪些，收集这些资料的目的和意义是什么？

　　②结合本企业的实际情况，判断审核重点并制定相应的清洁生产目标。

　　③通过本阶段学习，你认为本企业明显的无低费方案有哪些？

三、评估

　　评估是企业清洁生产审核工作的第三阶段，目的是通过审核重点的物料平衡，发现物料流失的环节，找出废物产生的原因，查找物料储运、生产运行、管理以及废物排放等方面存在的问题，寻找与国内外先进水平的差距，为清洁生产方案的产生提供依据。

　　阶段要点：真实、准确、有效的平衡测算，是审核过程中发现企业深层次问题的主要工具和手段；实测的代表性及翔实的平衡测算是问题原因分析的重要基础！

　　本阶段工作重点是实测输入输出物流，建立物料平衡，分析废物产生原因。

（一）准备审核重点资料

　　工作步骤：收集审核重点及其相关工序或工段的有关资料，将重点审计产品的生产工艺划分为若干个工艺单元（操作工序），列出单元操作及功能；按生产单元操作编制工艺方框图，并标示出全部输入和输出的工艺物料流（原料、产品、副产物及废物等）和原料投入点与废物产生点；编制带控制点的主要设备流程图，标出各主要设备名称、功能、物流及废物流出入口，监控点及手段。

1. 收集资料

（1）工艺资料

① 工艺流程图；

② 工艺设计的物料、热量平衡数据；

③ 工艺操作手册和说明；

④ 设备技术规范和运行维护记录；

⑤ 管道系统布局图；

⑥ 车间内平面布置图。

（2）原材料和产品及生产管理资料

① 产品的组成及月、年度产量表；

② 物料消耗统计表；

③ 产品和原材料库存记录；

④ 原料进厂检验记录；

⑤ 能源费用；

⑥ 车间成本费用报告；

⑦ 生产进度表。

（3）废物资料

① 年度废物排放报告；

② 废物（水、气、渣）分析报告；

③ 废物管理、处理和处置费用；

④ 排污费；

⑤ 废物处理设施运行和维护费。

（4）国内外同行业资料

① 国内外同行业单位产品原辅料消耗情况（审核重点）；

② 国内外同行业单位产品排污情况（审核重点）。

列表与本企业情况比较。

（5）现场调查，补充与验证已有数据

① 不同操作周期的取样、化验；

② 现场提问；

③ 现场考察、记录；

追踪所有物流；

建立产品、原料、添加剂及废物等物流的记录。

2. 编制审核重点的工艺流程图

为了更充分和较全面地对审核重点进行实测和分析，首先应掌握审核重点的工艺过程和输入、输出物流情况。工艺流程图以图解的方式整理、标示工艺过程及进入和排出系统的物料、能源以及废物流的情况。图 2-2 是审核重点工艺流程示意图。

3. 编制单元操作工艺流程图和功能说明表

当审核重点包含较多的单元操作，而一张审核重点流程图难以反映各单元操作的具体情

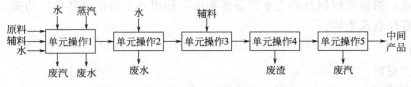

图 2-2　审核重点工艺流程示意图

况时，应在审核重点工艺流程图的基础上，分别编制各单元操作的工艺流程图（标明进出单元操作的输入、输出物流）和功能说明表。图 2-3 为对应图 2-4 单元操作 1 的详细工艺流程示意图。表 2-5 为某啤酒厂审核重点（酿造车间）各单元操作功能说明表。

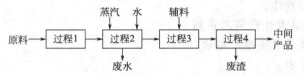

图 2-3　单元操作 1 的详细工艺流程示意图

表 2-5　单元操作功能说明表

单元操作名称	功能简介
粉碎	将原辅料粉碎成粉、粒，以利于糖化过程物质分解
糖化	利用麦芽所含酶，将原料中高分子物质分解制成麦汁
麦汁过滤	将糖化醪中原料溶出物质与麦糟分开，得到澄清麦汁
麦汁煮沸	灭菌、灭酶、蒸出多余水分，使麦汁浓缩至要求浓度
旋流澄清	使麦汁静置，分离出热凝固物
冷却	析出冷凝固物，使麦汁吸氧、降到发酵所需温度
麦汁发酵	添加酵母，发酵麦汁成酒液
过滤	去除残存酵母及杂质，得到清亮透明的酒液

4. 编制工艺设备流程图

　　工艺设备流程图主要是为实测和分析服务。与工艺流程图主要强调工艺过程不同，它强调的是设备和进出设备的物流。设备流程图要求按工艺流程，分别标明重点设备输入、输出物流及监测点。

　　（1）对企业要求

　　① 审核组长应根据需要将审核重点的基层管理人员补充进审核小组；

　　② 审核重点部门领导应全面支持审核组、技术服务机构对审核重点的现场考察和调研；

　　③ 审核重点部门领导应安排和落实审核重点有关资料的收集和整理，并如实提供给审核组。

　　（2）本步骤产出

　　① 调整后的审核小组；

　　② 审核重点的资料名录及详细的资料档案；

　　③ 含排污节点的审核重点设备或工艺流程图。

（二）实测输出物流

　　输出物流指所有排出单元操作或某台设备、某一管线的排出物，包括产品、副产物、中间产品及废水、废气、固体废物及废液等。产品、副产物中间产品输出的测量与原料输入查定方式相同，废物输出量的查定应视具体情况而定，对由于客观条件不能进行实测的废物，应请有经验的工艺工程师根据化学计算法估算出。

1. 工艺参数

① 数量；

② 组分（应有利于废物流分析）；

③ 实测时的工艺条件。

2. 废物流数据

废物流数据应包括排放（产生）量、有害污染物浓度（pH、COD、BOD_5 及有害物质浓度）、排放（产生）点、排放去向、排放方式（连续、间断）等。

废水采样要求：对连续排水可取混合样（10h），代表这段时间平均废水情况，当废水波动较大时，可考虑根据流量之比确定每次采样量。

废气和固体废物的采样点、采用量应具有代表性，使用的监测方法应符合国家有关环境监测要求。

3. 汇总数据

（1）汇总各单元操作数据

将现场实测的数据经过整理、换算、并汇总在一张或几张表上，具体见表2-6。

表2-6 各单元操作数据汇总

单元操作	输入物					名称	数量	成分			去向
	名称	数量	成分					名称	浓度	数量	
			名称	浓度	数量						
单元操作1											
单元操作2											
单元操作3											

注：1. 数量按单位产品的量或单位时间的量填写。

2. 成分指输入和输出物中含有的贵重成分或（和）对环境有毒有害成分。

（2）汇总审核重点数据

在单元操作数据的基础上，将审核重点的输入和输出数据汇总成表，使其更加清楚明了，表的格式见表2-7。对于输入、输出物料不能简单加和的，可根据组分的特点自行编制类似表格。

表 2-7　审核重点输入输出数据汇总　　　　　　　　　　（单位：kg/d）

输入		输出	
输入物	数量	输出物	数量
原料 1		产品	
原料 2		副产品	
辅料 1		废水	
辅料 2		废气	
水		废渣	
⋮		⋮	
合计		合计	

（3）对企业要求

① 审核组应在技术服务机构的支持下，组织制定符合企业生产实际的实测计划，实测时间和周期应满足审核程序的要求，监测点、监测项目应满足物流和废物流的分析要求；

② 审核重点部门及相关部门应完善、配备检测设备或计量设施，并进行校验，满足实测要求；

③ 审核重点部门及相关部门应配备足够的技术人员和一线工人开展实测工作，如实记录实测数据。

（4）本步骤产出

实测数据汇总表及与实测相关的资料。

（三）建立物料平衡

进行物料平衡的目的，旨在准确地判断审核重点的废物流，定量地确定废物的数量、成分以及去向，从而发现过去无组织排放或未被注意的物料流失，并为产生和研制清洁生产方案提供科学依据。

从理论上讲，物料平衡应满足以下公式：

$$输入＝输出$$

1. 进行预平衡测算

根据物料平衡原理和实测结果，考察输入、输出物流的总量和主要组分达到的平衡情况。一般说来，如果输入总量与输出总量之间的偏差在 5％以内，则可以用物料平衡的结果进行随后的有关评估与分析，但对于贵重原料、有毒成分等的平衡偏差应更小或应满足行业要求；反之，则须检查造成较大偏差的原因，可能是实测数据不准或存在无组织物料排放等情况，这种情况下应重新实测或补充监测。

2. 编制物料平衡图

物料平衡图是针对审核重点编制的，即用图解的方式将预平衡测算结果标示出来。但在此之前须编制审核重点的物料流程图，即把各单元操作的输入、输出标在审核重点的工艺流程图上。图 2-4 和图 2-5 分别为某啤酒厂审核重点（酿造车间）的物料流程图和物料平衡图。当审核重点涉及贵重原料和有毒成分时，物料平衡图应标明其成分和数量，或每一成分单独编制物料平衡图。

物料流程图以单元操作为基本单位，各单元操作用方框图表示，输入画在左边，主要的产品、副产品和中间产品按流程标示，而其他输出则画在右边。

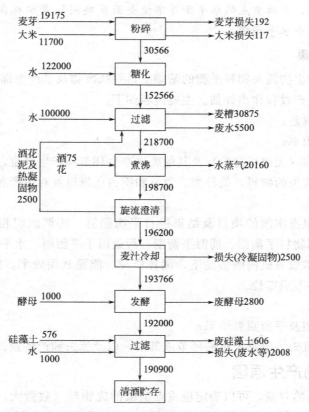

图 2-4 审核重点（酿造车间）物料流程图（单位：kg/d）

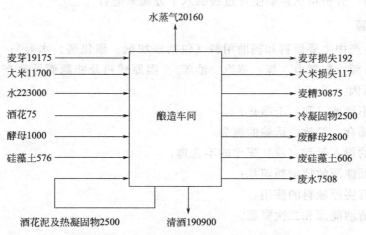

图 2-5 审核重点（酿造车间）物料平衡（单位：kg/d）

物料流程图以审核重点的整体为单位，输入画在左边，主要的产品、副产品和中间产品标在右边，气体排放物标在上边，循环和回用物料标在左下角，其他输出则标在下边。

从严格意义上说，水平衡是物料平衡的一部分。水若参与反应，则是物料的一部分，但在许多情况下，它并不直接参与反应，而是作为清洗和冷却之用。在这种情况下并当审核重点的耗水量较大时，为了了解耗水过程，寻找减少水耗的方法，应另外编制水平衡图。

注：有些情况下，审核重点的水平衡并不能全面反映问题或水耗在全厂占有重要地位，可考虑就全厂编制一个水平衡图。

3. 阐述物料平衡结果

在实测输入、输出物流及物料平衡的基础上，寻找废物及基产生部位，阐述物料平衡结果，对审核重点的生产过程作出评估。主要内容如下：

① 物料平衡的偏差；

② 实际原料利用率；

③ 物料流失部位（无组织排放）及其他废物产生环节和产生部位；

④ 废物（包括流失的物料）的种类、数量和所占比例以及对生产和环境的影响部位。

（1）对企业要求

① 审核组负责根据实测的项目及结果进行平衡测算，协调组织相关方面的技术人员，可根据审核需要编制物料平衡图、能源平衡图、污染因子平衡图、水平衡图等；

② 审核组在技术服务机构的协助下，测算资源、能源利用效率，定量的分析资源能源流失及废物产生的环节或部位。

（2）本步骤产出

① 各相关平衡图及平衡测算结果；

② 资源、能源流失、废物产生的环节或部位，以及流失和产生量。

（四） 分析废物产生原因

通过对物料平衡的判断，可以确定应重点削减的废物流（数量大、毒性大者），判断出废物的主要来源。针对每一个物料流失和废物产生部位的每一种物料和废物进行分析，找出它们产生的原因。分析可从影响生产过程的八个方面来进行。

1. 原辅料和能源

原辅料指生产中主要原料和辅助用料（包括添加剂、催化剂、水等）；能源指维持正常生产所用的动力源（包括电、煤、蒸汽、油等）。因原辅料及能源而导致产生废物主要有以下几个方面的原因：

① 原辅料不纯或（和）未净化；

② 原辅料储存、发放、运输的流失；

③ 原辅料的投入量和（或）配比的不合理；

④ 原辅料及能源的超定额消耗；

⑤ 有毒、有害原辅料的使用；

⑥ 未利用清洁能源和二次资源。

2. 技术工艺

因技术工艺而导致产生废物有以下几个方面的原因：

① 技术工艺落后，原料转化率低；

② 设备布置不合理，无效传输线路过长；

③ 反应及转化步骤过长；

④ 连续生产能力差；

⑤ 工艺条件要求过严；

⑥ 生产稳定性差；

⑦ 使用对环境有害的物料。

3. 设备

因设备而导致产生废物有以下几个方面原因：

① 设备破旧、漏损；

② 设备自动化控制水平低；

③ 有关设备之间配置不合理；

④ 主体设备和公用设施不匹配；

⑤ 设备缺乏有效维护和保养；

⑥ 设备的功能不能满足工艺要求。

4. 过程控制

因过程控制而导致产生废物主要有以下几个方面原因：

① 计量检测、分析仪表不齐全或监测精度达不到要求；

② 某些工艺参数（例如温度、压力、流量、浓度等）未能得到有效控制；

③ 过程控制水平不能满足技术工艺要求。

5. 产品

产品包括审核重点内生产的产品、中间产品、副产品和循环利用物。因产品而导致产生废物主要有以下几个方面原因：

① 产品储存和搬运中的破损、漏失；

② 产品的转化率低于国内外先进水平；

③ 不利于环境的产品规格和包装。

6. 废物

因废物本身具有特性而未加利用导致产生废物主要有以下几个方面原因：

① 对可利用废物未进行再用和循环使用；

② 废物的物理化学性状不利于后续的处理和处置；

③ 单位产品废物产生量高于国内外先进水平。

7. 管理

因管理而导致产生废物主要有以下几个方面的原因：

① 有利于清洁生产的管理条例，岗位操作规程等未能得到有效执行；

② 现行的管理制度不能满足清洁生产的需要：

岗位操作规程不够严格；

生产记录（包括原料、产品和废物）不完整；

信息交换不畅；

缺乏有效的奖惩办法。

8. 员工

因员工而导致产生废物主要有以下几个方面原因：

① 员工的素质不能满足生产需求；

缺乏优秀管理人员；

缺乏专业技术人员；

缺乏熟练操作人员；

员工的技能不能满足本岗位的要求。

② 缺乏对员工主动参与清洁生产的激励措施。

（五） 提出和实施无/低费方案

主要针对审核重点，根据废物产生原因分析，提出并实施无/低费方案。

（1）对企业要求

① 高层领导应组织审核重点及各相关部门的专业技术人员参加问题原因分析；

② 问题原因分析应从八个方面系统、全面地展开；

③ 审核小组安排专人详细记录分析过程和结论；

④ 分析过程中产生的方案，具备实施条件的应立即实施；

⑤ 审核组应邀请技术服务机构、必要时还应邀请行业专家参与平衡分析过程。

（2）本步骤产出

① 针对平衡结果分析，得到问题存在的原因和建议；

② 针对审核重点的清洁生产方案，已实施无/低费的情况总结。

（3）本阶段思考题

① 结合本企业实际，绘制审核重点的输入输出示意图；

② 通过阶段学习，你认为本企业应进行哪些平衡测算，通过平衡测算，想要发现和解决哪些问题？

四、 方案的产生和筛选

方案产生和筛选是企业进行清洁生产审核工作的第四个阶段。本阶段的目的是通过方案的产生、筛选、研制，为下一阶段的可行性分析提供足够的中/高费清洁生产方案。本阶段的工作重点是根据评估阶段的结果，制定审核重点的清洁生产方案；在分类汇总基础上（包括已产生的非审核重点的清洁生产方案，主要是无/低费方案），经过筛选确定出二个以上中/高费方案供下一阶段进行可行性分析；同时对已实施的无/低费方案进行实施效果核定与汇总；最后编写清洁生产中期审核报告。

（一） 产生方案

清洁生产方案的数量、质量和可实施性直接关系到企业清洁生产审核的成效，是审核过程的一个关键环节，因而应广泛发动群众征集、产生各类方案。

1. 广泛采集， 创新思路

在全厂范围内利用各种渠道和多种形式，进行宣传动员，鼓励全体员工提出清洁生产方案或合理化建议。通过实例教育，克服思想障碍，制定奖励措施以鼓励创造性思想和方案的产生。

2. 根据物料平衡和针对废物产生原因分析产生方案

进行物料平衡和废物产生原因分析的目的就是要为清洁生产方案的产生提供依据。因而方案的产生要紧密结合这些结果，只有这样才能使所产生的方案具有针对性。

3. 广泛收集国内外同行业先进技术

类比是产生方案的一种快捷、有效的方法。应组织工程技术人员广泛收集国内外同行业的先进技术，并以此为基础，结合本企业的实际情况，制定清洁生产方案。

4. 组织行业专家进行技术咨询

当企业利用本身的力量难以完成某些方案的产生时，可以借助于外部力量，组织行业专家进行技术咨询，这对启发思路、畅通信息将会很有帮助。

5. 全面系统地产生方案

清洁生产涉及企业生产和管理的各个方面，虽然物料平衡和废物产生原因分析将大大有助于方案的产生，但是在其他方面可能也存在着一些清洁生产机会，因而可从影响生产过程的八个方面全面系统地产生方案。

① 原辅材料和能源替代；

② 技术工艺改造；

③ 设备维护和更新；

④ 过程优化控制；

⑤ 产品更换或改进；

⑥ 废物回收利用和循环使用；

⑦ 加强管理；

⑧ 员工素质的提高以及积极性的激励。

（1）对企业要求

① 审核组应在企业内部广泛征集清洁生产方案，组织各部门专业技术人员找出解决问题的具体对策，产生方案；

② 依托咨询机构，引入创新思路，必要时邀请行业专家参与形成方案。

（2）本步骤产出

得到本轮审核全面、系统的清洁生产方案。

（二）分类汇总方案

对所有的清洁生产方案，不论已实施的还是未实施的，不论是属于审核重点的还是不属审核重点的，均按原辅材料和能源替代、技术工艺改造、设备维护和更新、过程优化控制、产品更换或改进、废物回收利用和循环使用、加强管理、员工素质的提高以及积极性的激励等八个方面列表简述其原理和实施后的预期效果。

（1）对企业要求

① 审核组应根据实际情况确定无/低费和中/高费方案界定标准；

② 审核组负责汇总审核以来的包括已实施方案在内的全部清洁生产方案，并进行分类。

（2）本步骤产出

得到清洁生产方案汇总、分类结果

（三）筛选方案

在进行方案筛选时可采用两种方法，一是用比较简单的方法进行初步筛选，二是采用权重总和计分排序法进行筛选和排序。

1. 初步筛选

初步筛选是要对已产生的所有清洁生产方案进行简单检查和评估，从而分出可行的无/低费方案、初步可行的中/高费方案和不可行方案三大类。其中，可行的无/低费方案可立即实施；初步可行的中/高费方案供下一步进行研制和进一步筛选；不可行的方案则搁置或否定。

（1）确定初步筛选因素

初步筛选因素可考虑技术可行性、环境效果、经济效益、实施难易程度以及对生产和产品的影响等几个方面。

① 技术可行性。主要考虑该方案的成熟程度，例如是否已在企业内部其他部门采用过或同行业其他企业采用过，以及采用的条件是否基本一致等。

② 环境效果。主要考虑该方案是否可以减少废物的数量和毒性，是否能改善工人的操作环境等。

③ 经济效果。主要考虑投资和运行费用能否承受得起，是否有经济效益，能否减少废物的处理处置费用等。

④ 实施的难易程度。主要考虑是否在现有的场地、公用设施、技术人员等条件下即可实施或稍作改进即可实施，实施的时间长短等。

⑤ 对生产和产品的影响。主要考虑方案的实施过程中对企业正常生产的影响程度以及方案实施后对产量、质量的影响。

（2）进行初步筛选

在进行方案的初步筛选时，可采用简易筛选方法，即组织企业领导和工程技术人员进行讨论来决策。方案的简易筛选方法基本步骤如下：第一步，参照前述筛选因素的确定方法，结合本企业的实际情况确定筛选因素；第二步，确定每个方案与这些筛选因素之间的关系，若是正面影响关系，则打"√"，若是反面影响关系则打"×"；第三步，综合评价，得出结论。具体见表2-8。

表2-8　方案简易筛选方法

筛选因素	方案编号				
	F_1	F_2	F_3	…	F_n
技术可行性	√	×	√	…	√
环境效果	√	√	√	…	×
经济效果	√	√	×	…	√
⋮	⋮	⋮	⋮	…	⋮
结论	√	×	×	…	×

2. 权重总和计分排序

权重总和计分排序法适合于处理方案数量较多或指标较多相互比较有困难的情况，一般仅用于中/高费方案的筛选和排序。

方案的权重总和计分排序法基本同第2章审核重点的权重总和计分排序法，只是权重因素和权重值可能有些不同。权重因素和权重值的选取可参照以下执行。

① 环境效果，权重值 $W=8\sim10$。主要考虑是否减少对环境有害物质的排放量及其毒性；是否减少了对工人安全和健康的危害；是否能够达到环境标准等。

② 经济可行性，权重值 $W=7\sim10$。主要考虑费用效益比是否合理。

③ 技术可行性，权重值 $W=6\sim8$。主要考虑技术是否成熟、先进；能否找到有经验的技术人员；国内外同行业是否有成功的先例；是否易于操作维护等。

④ 可实施性，权重值 $W=4\sim6$。主要考虑方案实施过程中对生产的影响大小；施工难度，施工周期；工人是否易于接受等。

具体方法参见表 2-9。

表 2-9　方案的权重总和计分排序

权重因素	权重值/W	方案得分									
		方案 1		方案 2		方案 3		···		方案 n	
		R	R×W	R	R×W	R	R×W			R	R×W
环境效果											
经济可行性											
技术可行性											
可实施性											
总分(∑R×W)											
排序											

3. 汇总筛选结果

按可行的无/低费方案、初步可行的中/高费方案和不可行方案列表汇总方案的选结果。

（1）对企业要求

① 高层领导应参与方案的筛选过程，审核组成员、专业技术人员、方案提出人员应参加方案筛选；

② 应从技术可行性、环境效果、经济效益、实施难易程度以及对生产和产品的影响等方面进行初步筛选；

③ 审核组应采用适当的方法，对初步可行的中/高费方案进行排序；

④ 审核组应邀请技术咨询机构、必要时还应邀请行业专家对方案的筛选提供技术支持。

（2）本步骤产出

可行的无/低费方案、两个以上初步可行的中/高费方案和不可行方案筛选结果。

（四）研制方案

经过筛选得出的初步可行的中/高费清洁生产方案，因为投资额较大，而且一般对生产工艺过程有一定程度的影响，因而需要进一步研制，主要是进行一些工程化分析，从而提供二个以上方案供下一阶段做可行性分析。

1. 内容

方案的研制内容包括以下四个方面。

① 方案的工艺流程详图；

② 方案的主要设备清单；

③ 方案的费用和效益估算；

④ 编写方案说明。

对每一个初步可行的中/高费清洁生产方案均应编写方案说明，主要包括技术原理、主要设备、主要的技术及经济指标、可能的环境影响等。

2. 原则

一般说来，筛选出来的每一个中/高费方案进行研制和细化时都应考虑以下几个原则。

① 系统性。考察每个单元操作在一个新的生产工艺流程中所处的层次、地位和作用，以及与其他单元操作的关系，从而确定新方案对其他生产过程的影响，并综合考虑经济效益和环境效果。

② 闭合性。尽量使工艺流程对生产过程中的载体，例如水、溶剂等，实现闭路循环。

③ 无害性。清洁生产工艺应该是无害（或至少是少害）的生态工艺，要求不污染（或轻污染）空气、水体和地表土壤；不危害操作工人和附近居民的健康；不损坏风景区、休憩地的美学价值；生产的产品要提高其环保性，使用可降解原材料和包装材料。

④ 合理性。合理性旨在合理利用原料，优化产品的设计和结构，降低能耗和物耗，减少劳动量和劳动强度等。

（1）对企业要求

中/高费方案的相关部门、专业技术人员及方案提出人员应严格遵循研制方案的四项原则，依据初步可行的中/高费方案的排序结果，结合企业实际情况对初步可行中/高费方案进行科学、严谨、全面的研制，得到用于可行性分析的中/高费方案。

（2）本步骤产出

初步可行中/高费方案的研制结果

（五） 继续实施无/低费方案

实施经筛选确定的可行的无/低费方案。

（1）对企业要求

方案的相关部门应及时实施经筛选确定的可行的无/低费方案，落实边审核、边实施、边见效的原则。

（2）本步骤产出

已实施无低费方案的汇总。

（六） 核定并汇总无/低费方案实施效果

对已实施的无/低费方案，包括在预评估和评估阶段所实施的无/低费方案，应及时核定其效果并进行汇总分析。核定及汇总内容包括方案序号、名称、实施时间、投资、运行费、经济效益和环境效果。

（1）对企业要求

① 审核组组织相关部门统计已实施无/低费方案的环境、经济效益。

② 环保部门负责核对环境效益，财务及相关部门负责核对经济效益，以保证绩效的真实性。

③ 审核组应采用适宜的方法公布阶段性审核成果，鼓舞员工积极性。

（2）本步骤产出

阶段性已实施无/低费方案及其环境、经济绩效的汇总。

（七） 编写清洁生产中期审核报告

清洁生产中期审核报告在方案产生和筛选工作完成之后进行，是对前面所有工作的总结。具体编写方法参见附录四"清洁生产审核报告编写要求"。

（1）对企业要求

审核组安排专人在咨询机构指导下，总结前期审核过程及取得的成果，完成清洁生产中期审核报告。

（2）本步骤产出

清洁生产中期审核报告。

（3）本阶段思考题

① 结合企业实际，简述如何全面的产生清洁生产方案；

② 结合企业所处行业，举出三个以上具有行业先进性的中/高费方案实例。

五、 可行性分析

可行性分析是企业进行清洁生产审核工作的第五个阶段。本阶段的目的是对筛选出来的中/高费清洁生产方案进行分析和评估，以选择最佳的、可实施的清洁生产方案。本阶段工作重点是，在结合市场调查和收集一定资料的基础上，进行方案的技术、环境、经济的可行性分析和比较，从中选择和推荐最佳的可行方案。

最佳的可行方案是指该项投资方案在技术上先进适用、在经济上合理有利、又能保护环境的最优方案。

阶段要点：清洁生产方案的实施及管理层的科学决策是建立在严谨、科学的可行性分析基础上的。

（一） 进行市场调查

清洁生产方案涉及以下情况时，需首先进行市场调查，为方案的技术与经济可行性分析奠定基础：

① 拟对产品结构进行调整；

② 有新的产品（或副产品）产生；

③ 将得到用于其他生产过程的原材料。

1. 调查市场需求

① 国内同类产品的价格、市场总需求量；

② 当前同类产品的总供应量；

③ 产品进入国际市场的能力；

④ 产品的销售对象（地区或部门）；

⑤ 市场对产品的改进意见。

2. 预测市场需求

① 国内市场发展趋势预测；

② 国际市场发展趋势分析；

③ 产品开发生产销售周期与市场发展的关系。

3. 确定方案的技术途径

通过市场调查和市场需求预测，对原来方案中的技术途径和生产规模可能会作相应调整。在进行技术、环境、经济评估之前，要最后确定方案的技术途径。每一方案中应包括2～3种不同的技术途径，以供选择，其内容应包括以下几个方面：

① 方案技术工艺流程详图；

② 方案实施途径及要点；

③ 主要设备清单及配套设施要求；

④ 方案所达到的技术经济指标；

⑤ 可产生的环境、经济效益预测；

⑥ 方案的投资总费用。

4. 对企业要求

① 需要调研时，审核组长应安排初步可行的中/高费方案涉及部门、人员进行充分的市

场调研，针对调研情况做出调研报告；

　　② 在高层领导参与下结合调研情况对方案的前景进行论证。

5. 本步骤产出

　　完善后的初步可行的中/高费方案及调研资料。

（二） 进行技术评估

　　技术评估的目的是研究项目在预定条件下，为达到投资目的而采用的工程是否可行。技术评估应着重评价以下几方面：

　　① 方案设计中采用的工艺路线、技术设备在经济合理的条件下的先进性、适用性；

　　② 与国家有关的技术政策和能源政策的相符性；

　　③ 技术引进或设备进口要符合我国国情，引进技术后要有消化吸收能力；

　　④ 资源的利用率和技术途径合理；

　　⑤ 技术设备操作上安全、可靠；

　　⑥ 技术成熟（例如，国内有实施的先例）。

　　（1）对企业要求

　　① 审核组组织生产、技术、设备等部门的专业技术人员及方案提出人员对初步可行中/高费方案技术可行性进行论证；

　　② 必要时，应请行业专家参与初步可行中/高费方案的技术论证。

　　（2）本步骤产出

　　中/高费方案的技术评估结论。

（三） 进行环境评估

　　任何一种清洁生产方案都应有显著的环境效益，环境评估是方案可行性分析的核心。环境评估应包括以下内容：

　　① 资源的消耗与资源可永续利用要求的关系；

　　② 生产中废物排放量的变化；

　　③ 污染物组分的毒性及其降解情况；

　　④ 污染物的二次污染；

　　⑤ 操作环境对人员健康的影响；

　　⑥ 废物的复用、循环利用和再生回收。

　　（1）对企业要求

　　企业环保管理人员及方案提出人员对通过技术评估的中/高费方案的环境可行性进行论证。

　　（2）本步骤产出

　　中/高费方案的环境评估结论。

（四） 进行经济评估

　　本阶段所指的经济评估是从企业的角度，按照国内现行市场价格，计算出方案实施后在财务上的获利能力和清偿能力。

　　经济评估的基本目标是要说明资源利用的优势。它是以项目投资所能产生的效益为评价内容，通过分析比较，选择效益最佳的方案，为投资决策提供依据。

1. 清洁生产经济效益的统计方法

清洁生产既有直接的经济效益也有间接的经济效益，要完善清洁生产经济效益的统计方法，独立建账，明细分类。

清洁生产的经济效益包括图 2-6 几方面的收益。

2. 经济评估方法

经济评估主要采用现金流量分析和财务动态获利性分析方法。

主要经济评估指标为：

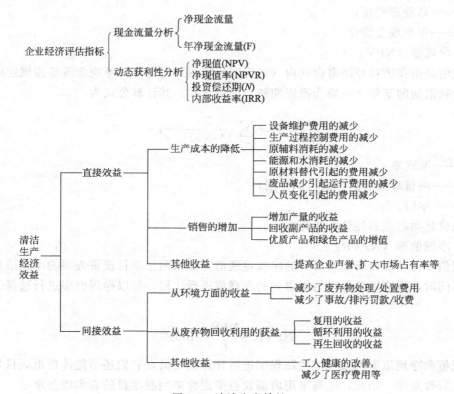

图 2-6　清洁生产效益

3. 经济评估指标

（1）总投资费用（I）

总投资费用（I）＝总投资－补贴

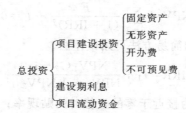

（2）年净现金流量（F）

净现金流量是现金流入和现金流出之差额，年净现金流量就是一年内现金流入和现金流出的代数和。

年净现金流量（F）＝销售收入－经营成本－各类税＋年折旧费

　　　　　　　　　　 ＝年净利润＋年折旧费

（3）投资偿还期（N）

这个指标是指项目投产后，以项目获得的年净现金流量来回收项目建设总投资所需的年限。可用下列公式计算：

$$N = \frac{I}{F}$$

式中　I——总投资费用；

　　　F——年净现金流量。

（4）净现值（NPV）

净现值是指在项目经济寿命期内（或折旧年限内）将每年的净现金流量按规定的贴现率折现到计算期初的基年（一般为投资期初）现值之和。其计算公式为：

$$NPV = \sum_{j=1}^{n} \frac{F}{(1+i)^j} - I$$

式中　i——贴现率；

　　　n——项目寿命周期（或折旧年限）；

　　　j——年份。

净现值是动态获利性分析指标之一。

（5）净现值率（NPVR）

净现值率为单位投资额所得到的净收益现值。如果两个项目投资方案的净现值相同，而投资额不同时，则应以单位投资能得到的净现值进行比较，即以净现值率进行选择。其计算公式为：

$$NPVR = \frac{NPR}{I} \times 100\%$$

净现值和净现值率均按规定的贴现率进行计算确定的，它们还不能体现出项目本身内在的实际投资收益率。因此，还需采用内部收益率指标来判断项目的真实收益水平。

（6）内部收益率（IRR）

项目的内部收益率（IRR）是在整个经济寿命期内（或折旧年限内）累计逐年现金流入的总额等于现金流出的总额，即投资项目在计算期内，使净现值为零的贴现率。可按下式计算：

$$NPV = \sum_{j=1}^{n} \frac{F}{(1+IRR)^j} - I = 0$$

计算内部收益率（IRR）的简易方法可用试差法。

$$IRR = i_1 + \frac{NPV_1(i_2 - i_1)}{NPV_1 + |NPV_2|}$$

式中　i_1——当净现值 NPV_1 为接近于零的正值时的贴现率；

　　　i_2——当净现值 NPV_2 为接近于零的负值时的贴现率。

NPV_1，NPV_2 分别为试算贴现率 i_1 和 i_2 时，对应的净现值。i_1 和 i_2 可查表获得，i_1 与 i_2 的差值不应当超过 $1\% \sim 2\%$。

4. 经济评估准则

（1）投资偿还期（N）

应小于定额投资偿还期（视项目不同而定）。定额投资偿还期一般由各个工业部门结合企业生产特点，在总结过去建设经验统计资料基础上，统一确定的回收期限，有的也是根据贷款条件而定。一般：

中费项目 $\qquad\qquad N<2\sim3$ 年

较高费项目 $\qquad\qquad N<5$ 年

高费项目 $\qquad\qquad N<10$ 年

投资偿还期小于定额偿还期，项目投资方案可接受。

（2）净现值为正值

NPV$\geqslant0$。当项目的净现值大于或等于零时（即为正值）则认为此项目投资可行；如净现值为负值，就说明该项目投资收益率低于贴现率，则应放弃此项目投资；在两个以上投资方案进行选择时，则应选择净现值为最大的方案。

（3）净现值率最大

在比较两个以上投资方案时，不仅要考虑项目的净现值大小，而且要求选择净现值率为最大的方案。

（4）内部收益率（IRR）应大于基准收益率或银行贷款利率

IRR$\geqslant i_0$。内部收益率（IRR）是项目投资的最高盈利率，也是项目投资所能支付贷款的最高临界利率，如果贷款利率高于内部收益率，则项目投资就会造成亏损。因此，内部收益率反映了实际投资效益，可用以确定能接受投资方案的最低条件。

（5）对企业要求

由财务部门的专业人员，对通过技术评估、环境评估的中/高费方案在财务上的获利能力和清偿能力进行论证。

（6）本步骤产出

中/高费方案的经济评估结论。

（五）　推荐可实施方案

汇总列表比较各投资方案的技术、环境、经济评估结果，确定最佳可行的推荐方案。

（1）对企业要求

审核组依据方案可行性分析结果，进行系统的汇总、说明，并向高层领导推荐可实施方案。

（2）本步骤产出

可实施的中/高费方案。

（3）本阶段思考题

① 是否所有方案都需要进行市场调研、技术评估、环境评估、经济评估？

② 对没有通过可行性分析的方案如何处理？

六、　方案的实施

方案的实施是企业清洁生产审核的第六个阶段。目的是通过推荐方案（经分析可行的中/高费最佳可行方案）的实施，使企业实现技术进步，获得显著的经济和环境效益；通过评估已实施的清洁生产方案成果，激励企业推行清洁生产。

阶段要点：清洁生产就意味着行动！没有积极的方案实施，就没有清洁生产的绩效。

本阶段工作重点是：总结前几个审核阶段已实施的清洁生产方案的成果，统筹规划推荐方案的实施。

（一）组织方案实施

推荐方案经过可行性分析，在具体实施前还需要周密准备。

1. 统筹规划

需要筹划的内容有：

① 筹措资金；

② 设计；

③ 征地、现场开发；

④ 申请施工许可证；

⑤ 兴建厂房；

⑥ 设备选型、调研、设计、加工或订货；

⑦ 落实配套公共设施；

⑧ 设备安装；

⑨ 组织操作、维修、管理班子；

⑩ 制订各项规程；

⑪ 人员培训；

⑫ 原辅料准备；

⑬ 应急计划（突发情况或障碍）；

⑭ 施工与企业正常生产的协调；

⑮ 试运行与验收；

⑯ 正常运行与生产。

统筹规划时建议采用甘特图形式制订实施进度表。表 2-10 是某建材企业的实施方案进度表。

表 2-10　某建材企业实施方案进度表

内容	1995 年												负责单位
	1 月	2 月	3 月	4 月	5 月	6 月	7 月	8 月	9 月	10 月	11 月	12 月	
1. 设计													专业设计院
2. 设备考察													环保科
3. 设备选型、订货													环保科
4. 落实公共设施服务													电力车间
5. 设备安装													专业安装队

续表

内容	1995 年												负责单位
	1 月	2 月	3 月	4 月	5 月	6 月	7 月	8 月	9 月	10 月	11 月	12 月	
6. 人员培训													烧成车间
7. 试车													环保科
8. 正常生产													烧成车间

实施方案名称：采用微震布袋除尘器回收立窑烟尘。

2. 筹措资金

（1）资金的来源

资金的来源有两个渠道。

① 企业内部自筹资金：企业内部资金包括两个部分，一是现有资金，二是通过实施清洁生产无/低费方案，逐步积累资金，为实施中/高费方案做好准备。

② 企业外部资金，包括：

·国内借贷资金，如国内银行贷款等；

·国外借贷资金，如世界银行贷款等；

·其他资金来源，如国际合作项目赠款、环保资金返回款、政府财政专项拨款、发行股票和债券融资等。

（2）合理安排有限的资金

若同时有数个方案需要投资实施时，则要考虑如何合理有效地利用有限的资金。

在方案可分别实施，且不影响生产的条件下，可以对方案实施顺序进行优化，先实施某个或某几个方案，然后利用方案实施后的收益作为其他方案的启动资金，使方案滚动实施。

3. 实施方案

推荐方案的立项、设计、施工、验收等，按照国家、地方或部门的有关规定执行。无/低费方案的实施过程也要符合企业的管理和项目的组织、实施程序。

（1）对企业要求

① 高层领导应确定本轮审核能够实施中/高费方案，并统筹规划、筹措资金，安排和部署方案的实施；

② 方案的实施部门应制定详细的实施计划，责任到人；

③ 审核组应检查和督促方案的实施进度，协调和沟通相关部门，定期向高层领导汇报方案实施进度；

④ 公布计划实施方案相关信息。

（2）本步骤产出

① 方案实施进度安排；

② 已实施的中/高费方案。

（二）汇总已实施的无/低费方案的成果

已实施的无/低费方案的成果有两个主要方面：环境效益和经济效益。通过调研、实测和计算，分别对比各项环境指标，包括物耗、水耗、电耗等资源消耗指标以及废水量、废气量、固废量等废物产生指标在方案实施前后的变化，从而获得无/低费方案实施后的环境效果；分别对比产值、原材料费用、能源费用、公共设施费用、水费、污染控制费用、维修费、税金以及净利润等经济指标在方案实施前后的变化，从而获得无/低费方案实施后的经济效益，最后对本轮清洁生产审核中无/低费方案的实施情况作一阶段性总结。

（1）对企业要求

① 审核组组织相关部门统计已实施无/低费方案的环境、经济效益；

② 环保部门负责核对环境效益，财务部门、方案的实施部门负责核对经济效益；

③ 审核组在咨询机构的指导参与下，核实绩效统计依据及计算过程，保证绩效的真实性。

（2）本步骤产出

已实施无/低费方案的环境及经济绩效汇总。

（三） 评价已实施的中/高费方案的成果

对已实施的中/高费方案成果，进行技术、环境、经济和综合评价。

1. 技术评价

主要评价各项技术指标是否达到原设计要求，若没有达到要求，如何改进等。

2. 环境评价

环境评价主要对中/高费方案实施前后各项环境指标进行追踪并与方案的设计值相比较，考察方案的环境效果以及企业环境形象的改善。

通过方案实施前后的数字，可以获得方案的环境效益，又通过方案的设计值与方案实施后的实际值的对比，即方案理论值与实际值进行对比，可以分析两者差距，相应地可对方案进行完善。

3. 经济评价

经济评价是评价中/高费清洁生产方案实施效果的重要手段。分别对比产值、原材料费用、能源费用、公共设施费用、水费、污染控制费用、维修费、税金以及净利润等经济指标在方案实施前后的变化以及实际值与设计值的差距，从而获得中/高费方案实施后所产生的经济效益情况。

4. 综合评价

通过对每一中/高费清洁生产方案进行技术、环境、经济三方面的分别评价，可以对已实施的各个方案成功与否作出综合、全面的评价结论。

（1）对企业要求

① 已实施中/高费方案稳定运行三个月后，由方案的实施部门及财务部门对方案实施效果进行实测；

② 审核组根据实测结果进行技术、经济、环境效果的验证、评价（必要时可邀请行业专家参与）；

③ 审核组在技术服务机构的指导参与下，核实绩效统计依据及计算过程，以保证绩效的真实性。

（2）本步骤产出

中/高费方案实施的验证结果及环境、经济绩效汇总。

（四） 分析总结已实施方案对企业的影响

无/低费和中/高费清洁生产方案经过征集、设计、实施等环节，使企业面貌有了改观，有必要进行阶段性总结，以巩固清洁生产成果。

1. 汇总环境效益和经济效益

将已实施的无/低费和中/高费清洁生产方案成果汇总成表，内容包括实施时间、投资运行费、经济效益和环境效果，并进行分析。

2. 对比各项单位产品指标

虽然可以定性地从技术工艺水平、过程控制水平、企业管理水平、员工素质等众多方面考察清洁生产带给企业的变化，但最有说服力、最能体现清洁生产效益的是考察审核前后企业各项单位产品指标的变化情况。

通过定性、定量分析，企业可以从中体会清洁生产的优势，总结经验以利于在企业内推行清洁生产；另一方面也要利用以上方法，从定性、定量两方面与国内外同类型企业的先进水平，进行对比，寻找差距，分析原因以利改进，从而在深层次上寻求清洁生产机会。

3. 宣传清洁生产成果

在总结已实施的无/低费和中/高费方案清洁生产成果的基础上，组织宣传材料，在企业内广为宣传，为继续推行清洁生产打好基础。

（1）对企业要求

① 审核组对已实施方案产生的效果进行定量和定性两方面的评价分析；

② 审核组针对实施前后各项指标进行统计并对变化情况作出系统分析；

③ 审核组应总结清洁生产方案实施成果并进行成果宣传和表彰。

（2）本步骤产出

① 方案实施的效果汇总；

② 各项指标变化统计及分析；

③ 清洁生产方案实施成果宣传或展示资料；

④ 阶段性清洁生产审核结论。

（3）本阶段思考题

① 审核组在中/高费方案实施过程中的职责有哪些？

② 举例说明，如何验证中高费方案的实施成果。

③ 结合企业实际，简述应从哪些方面评价清洁生产审核对企业的影响？

七、 持续清洁生产

持续清洁生产是企业清洁生产审核的最后一个阶段。目的是使清洁生产工作在企业内长期、持续地推行下去。

阶段要点：清洁生产，没有最好只有更好，没有终点只有起点！有效的清洁生产常设机构，完善的管理制度和可操作性强的持续审核计划，是持续开展清洁生产审核的必备条件！

本阶段工作重点是建立推行和管理清洁生产工作的组织机构、建立促进实施清洁生产的管理制度、制定持续清洁生产计划以及编写清洁生产审核报告。

（一） 建立和完善清洁生产组织

清洁生产是一个动态的、相对的概念，是一个连续的过程，因而需要有一个固定的机构、稳定的工作人员来组织和协调这方面工作，以巩固已取得的清洁生产成果，并使清洁生产工作持续地开展下去。

1. 明确任务

企业清洁生产组织机构的任务有以下四个方面：

① 组织协调并监督实施本次审核提出的清洁生产方案；

② 经常性地组织对企业职工的清洁生产教育和培训；

③ 选择下一轮清洁生产审核重点，并启动新的清洁生产审核；

④ 负责清洁生产活动的日常管理。

2. 落实归属

清洁生产机构要想起到应有的作用，及时完成任务，必须落实其归属问题。企业的规模、类型和现有机构等千差万别，因而清洁生产机构的归属也有多种形式，各企业可根据自身的实际情况具体掌握。可考虑以下几种形式：

① 单独设立清洁生产办公室，直接归属厂长领导；

② 在环保部门中设立清洁生产机构；

③ 在管理部门或技术部门中设立清洁生产机构。

不论是以何种形式设立的清洁生产机构，企业的高层领导要有专人直接领导该机构的工作，因为清洁生产涉及生产、环保、技术、管理等各个部门，必须有高层领导的协调才能有效地开展工作。

3. 确定专人负责

为避免清洁生产机构流于形式、确定专人负责是很有必要的。该职员须具备以下能力：

① 熟练掌握清洁生产审核知识；

② 熟悉企业的环保情况；

③ 了解企业的生产和技术情况；

④ 较强的工作协调能力；

⑤ 较强的工作责任心和敬业精神。

4. 对企业要求

① 设置高层领导直接管理的清洁生产常设机构；

② 明确机构的任务，确定专职人员负责日常清洁生产工作；

5. 本步骤产出

由高层领导直接管理的清洁生产常设机构和专职人员；

（二） 建立和完善清洁生产管理制度

清洁生产管理制度包括把审核成果纳入企业的日常管理轨道、建立激励机制和保证稳定的清洁生产资金来源。

1. 把审核成果纳入企业的日常管理

把清洁生产的审核成果及时纳入企业的日常管理轨道，是巩固清洁生产成效、防止走过场的重要手段，特别是通过清洁生产审核产生的一些无/低费方案，如何使它们形成制度显得尤为重要。

① 把清洁生产审核提出的加强管理的措施文件化，形成制度；

② 把清洁生产审核提出的岗位操作改进措施，写入岗位的操作规程，并要求严格遵照执行；

③ 把清洁生产审核提出的工艺过程控制的改进措施，写入企业的技术规范。

2. 建立和完善清洁生产激励机制

在奖金、工资分配、提升、降级、上岗、下岗、表彰、批评等诸多方面，充分与清洁生产挂钩，建立清洁生产激励机制，以调动全体职工参与清洁生产的积极性。

3. 保证稳定的清洁生产资金来源

清洁生产的资金来源可以有多种渠道，例如贷款、集资等，但是清洁生产管理制度的一项重要作用是保证实施清洁生产所产生的经济效益，全部或部分地用于清洁生产和清洁生产审核，以持续滚动地推进清洁生产。建议企业财务对清洁生产的投资和效益单独建账。

4. 对企业要求

① 清洁生产专职管理人员应把清洁生产审核中加强管理的方案形成制度，纳入日常管理，建立清洁生产激励机制，并认真落实；

② 财务部门要建立单独的清洁生产资金和效益账目。

5. 本步骤产出

① 相关管理制度、清洁生产激励机制；

② 清洁生产专用账目。

（三） 制定持续清洁生产计划

清洁生产并非一朝一夕就可完成，因而应制定持续清洁生产计划，使清洁生产有组织、有计划地在企业中进行下去。持续清洁生产计划应包括：

（1）清洁生产审核工作计划

指下一轮的清洁生产审核。新一轮清洁生产审核的起动并非一定要等到本轮审核的所有方案都实施以后才进行，只要大部分可行的无/低费方案得到实施，取得初步的清洁生产成效，并在总结已取得的清洁生产的经验的基础上，即可开始新的一轮审核。

（2）清洁生产方案的实施计划

指经本轮审核提出的可行的无/低费方案和通过可行性分析的中/高费方案。

（3）清洁生产新技术的研究与开发计划

根据本轮审核发现的问题，研究与开发新的清洁生产技术。

（4）企业职工的清洁生产培训计划。

（5）对企业要求

清洁生产常设机构牵头，主管领导主持制定可操作性强的持续清洁生产计划。

（6）本步骤产出

持续清洁生产计划。

（四） 编制清洁生产审核报告

按"清洁生产审核报告编写要求"编制审核报告，清洁生产审核报告大纲目录的基本内容要包括以下内容：

导论

第 1 章 筹划和组织

（1）对企业要求

① 审核组专职人员在咨询机构指导下，按照审核报告编写大纲要求编制审核报告；

② 企业决策层要审查清洁生产审核报告、签字确认报告内容的真实性、数据的准确性。

（2）本步骤产出

本轮清洁生产审核报告。

（3）本阶段思考题

① 通过阶段学习，简述企业应从哪些方面安排持续清洁生产？

② 结合企业实际，简述如何保证已实施方案的持续稳定运行？

第三节　某酿酒厂清洁生产审核实例

某酿酒厂是一家生产食用酒精和饮料酒的国营中型企业。现有年产 2×10^4 t 食用酒精、1.2×10^4 t 饮料酒的生产能力。其生产主要以红芋干（白薯干）为原料，经过粉碎、蒸煮、糖化、发酵、蒸馏等加工过程，制成产品。生产过程中产生废气、废水和固体废弃物。主要污染排放和处理情况如下。

① 酒精废糟液 28×10^4 t/a，其中 8×10^4 t 用于沼气发酵，沼气消化液排放至七里长沟，剩余的

$20 \times 10^4 t$ 计划用于菌丝蛋白生产，目前采用固液分离后清液排放至七里长沟；固体糟出售。

② 工业锅炉废气 $1.98 \times 10^8 m^3/a$，经麻石水膜除尘达标后排放；发酵产生的 CO_2 气体 $1.8 \times 10^4 t/a$，部分回收生产液体 CO_2。

③ 白酒固体糟 $1.44 \times 10^4 t/a$（水分 $50\% \sim 60\%$），直接售给农民作饲料；炉渣 $0.9 \times 10^4 t/a$，直接售给当地砖厂。

④ 废水 $184 \times 10^4 t/a$，清污不分流，直接排放至七里长沟。

由于大量废水的外排，该厂每年向环保部门缴纳大量的排污费，影响了该厂的经济效益。该企业地处污染最严重的淮河流域，治理淮河流域已成为国务院重点抓项目。在这一形势下，该企业试图增加其生产能力，又要为治理淮河做出贡献，减少污染物的排放，该企业选择了清洁生产的办法，来寻求最大限度的削减污染物和最少投资的方案，并使企业获得尽可能多的经济效益。

一、 筹划与组织

该厂非常重视清洁生产，并组建了一支以厂长为组长的 13 人的清洁生产审计小组。组长由厂长担任，组员分别由厂办、酒精、锅炉、水电、仪表车间和会计、设备科负责人组成，按照清洁生产的工作内容进行了职责分工并制定了审计工作时间计划。

该厂指定厂办秘书专门负责宣传动员工作。在全厂范围内利用宣传栏、黑板报和厂内广播，连续不断地报道"清洁生产"及"清洁生产审核"的概念、内容和意义，并打印了有关学习资料和知识问答下发到各科室、车间，让全体职工尽快对清洁生产审计有个明确的认识。先后组织了清洁生产专家报告会、清洁生产专题报告会根据厂里的情况估计了可能遇到的障碍并提出了克服的办法，如表 2-11 所示。

表 2-11　障碍及解决方法

障碍	问题	解决办法
观念障碍	原来认为环保是末端治理问题,对生产过程的防治认识不足;认为环保不会产生经济效益	宣传清洁生产和企业清洁生产审核知识;提供进行清洁生产审核企业取得的成功经验和效益情况
生产技术管理障碍	怕缺乏足够的分析测试人员、仪表设备,对生产过程的物耗和废物排放无法获得确切的数字,预防污染缺乏可行性技术	组织和调配各部门分析测试人员和设备,联系当地有条件的单位到厂家实测或安装测试仪表,在正常生产条件下实测各种数据,并尽可能运用原始记录数据通过专家组查询国内外预防污染技术,到科研单位进行考察和咨询
经济障碍	缺乏实施预防污染方案的资金	从企业内部挖掘潜积累资金,寻找各种渠道筹措资金(包括世界银行贷款)

总之，通过以上的障碍克服，基本上解决了审核工作的障碍，但是在这项工作上开展的同时，有部分职工认为审核工作过于复杂和严格，某些程度上影响正常生产。随着审核工作的不断深入，真正找出了生产、经营、管理中存在的问题，并及时地实施无费和低费方案，收到了明显的环境和经济效益，不但没影响生产，反而收到成效，从根本上解除了各种顾虑，为审核工作顺利进行开辟了道路。

二、 预评估

1. 现状调研、 现场考察

预评估的目的是找出清洁生产审核重点，并设置预防污染的目标。为达到此目的，审核小组首先分别到各科室、车间座谈，按《企业清洁生产审核手册》要求搜集有关资料。在搜集了大量资料基础上，对全厂的各车间进行了考察。

对各车间的能耗、水耗、物耗、废物排放量进行了总体测试，并与工程技术人员及现场操作工人进行座谈分析，核实了生产及废物的产出情况。原料消耗、产品数量以该厂原始计量收、发数据为基础，并进行 3 个班次的现场调查核准；废水、废气数据聘请了当地环保部门进行测试核准；蒸汽消耗、水耗、电耗以原有的蒸汽流量，水表电表计量为基础，并进行了 3 个班次的现场调查核准；废渣数据采取 3 个班次现场调查核准；液体物料计量协调当地计量部门采用管道流量计进行了多班次的测试核准；二氧化碳的产生量则是依据实际产量进行理论核算的数据。通过本次的现场调查，对全厂各车间的生产及排污情况有了一个较详细的全面了解。图 2-7 为通过搜集资料和现场考察而编制的各车间废物流向平面图。

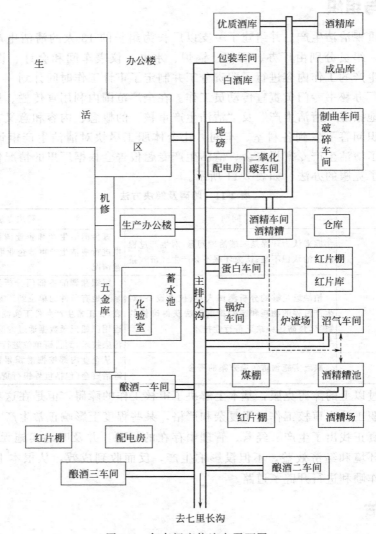

图 2-7　各车间废物流向平面图

2. 确定审计重点

鉴于酿酒厂排放的主要废物均无毒性，生产中主要排放的是酒精废糟液和废水，能耗、水耗各车间相差甚大，通过清洁生产权重总和法确定了本次的审核重点为酒精车间（见表 2-12）。

表 2-12　权重总和法确定审计重点

因素	权重	方案得分(1~10)					
		酒精车间	酿酒一	酿酒二	酿酒三	锅炉车间	包装车间
废物量	7	70	35	42	42	56	21
环境代价	10	100	50	70	70	80	40
清洁生产潜力	8	80	32	40	48	48	64
车间的关心合作	3	24	18	15	15	21	24
总得分		274	135	167	175	205	149
排序		1	6	4	3	2	5

3. 设置预防污染目标

根据该厂实际情况，结合淮河流域的环境治理要求，提出以下预防污染目标。

① 近期：削减 COD 负荷 30%；吨酒精耗水减少 25%。

② 中期：削减 COD 负荷 65%；吨酒精耗蒸汽减少 25%。

实施目标的依据及可能性如下。

① 将现有的沼气发酵设备日处理酒精槽液投入满负荷进行，可减少 COD 负荷 10% 以上。

② 贯彻边审边改的方针，及时实施无费、低费方案，如减少原材料损失、杜绝跑、冒、滴、漏，控制冲洗用水，适当提高供料浓度减少工艺用水，减少了废物的产生，可削减 COD 负荷 8%。

③ 将现有分离后的酒精槽水 20% 回用于酒精生产拌料，在不影响生产的条件下减少了废物的排放量，可削减 COD 负荷 20% 左右。

④ 从酒精生产用水来看，虽有大量的多次密闭重复利用冷却水，但是发酵、糖化、空压机等工序仍有约 20t（吨酒精生产）左右的冷却水可直接回收，经过循环池再用于冷却，而取代部分新鲜用水，可减少新鲜用水的 30% 左右。

⑤ 采用技术上成熟的浓醪发酵，应用新菌种，在减少工艺用水 25% 以上的基础上可提高出酒率，并可直接削减 25% 以上的废物产生，同时可节约 20% 以上的蒸汽和冷却用水。

计划加大酒精槽水的回用，从 20% 增加到 35%，在保证正常生产的条件下可进一步削减酒糟的排放量 15%，削减 COD 负荷率 15% 左右。

三、　评估

1. 编制审核重点的工艺流程图和单元操作流程图

审核小组对审计重点（酒精车间）进行了细致的调查。为了说明各工艺单元之间的相互关系，编制了车间工艺流程图、各工序工艺流程图和单元操作表，如图 2-8～图 2-17 以及表 2-13 所示。

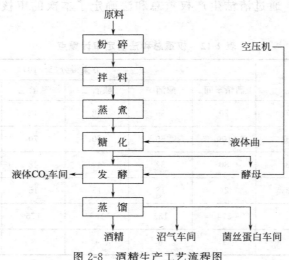

图 2-8　酒精生产工艺流程图

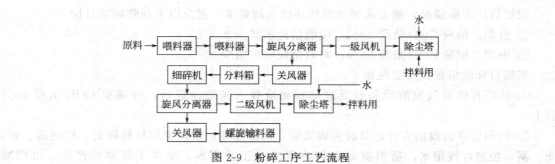

图 2-9　粉碎工序工艺流程

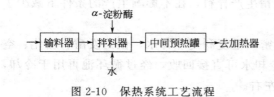

图 2-10　保热系统工艺流程

图 2-11　蒸煮工序工艺流程

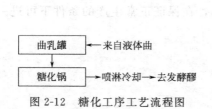

图 2-12　糖化工序工艺流程图

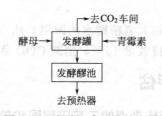

图 2-13　发酵工序工艺流程图

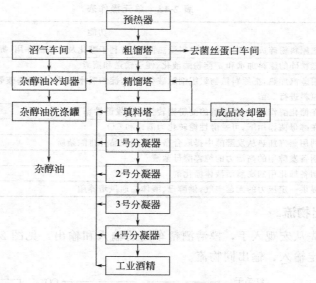

图 2-14 蒸馏工序工艺流程图

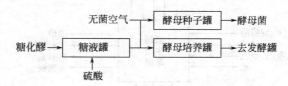

图 2-15 酵母工序工艺流程图

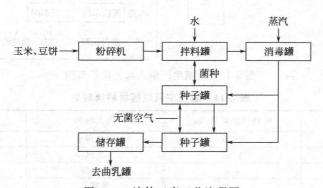

图 2-16 液体工序工艺流程图

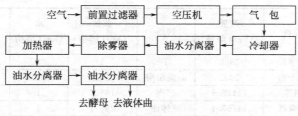

图 2-17 空压机工序工艺流程图

表 2-13　单元操作表

单元操作	功能
粉碎	把原料粉碎成小颗粒,增加原料受热面积,有利于糖化及淀粉酶作用,提高热处理效率缩短蒸煮时间
供料	把粉碎的原料加水和 α-淀粉酶液化,便于输送和蒸煮
蒸煮	用蒸汽加热,把原料植物组织细胞破裂溶解,淀粉吸水膨化,细胞壁破裂溶解,适于淀粉酶糖化,同时对原料进行灭菌
糖化	在糖化酶作用下,使溶解的淀粉糊转化为可发酵性糖
发酵	在酵母菌作用下,可发酵性糖转化为酒精和 CO_2
蒸馏	利用蒸汽加热从发酵醪中提取合格的酒精成品并排除杂质
酵母	制备发酵用的高活力的纯粹酵母菌液
液体曲	制备糖化用的高酶活液体糖化剂
空压机	提供一定压力的无菌空气,供酵母、液体曲通风培养用

2. 实测输入输出物流

审核小组首先从宏观入手,摸清酒精车间的输入和输出,见图 2-18 以及表 2-14～表 2-18,然后着手测定输入、输出同物流。

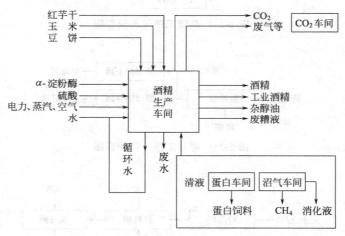

图 2-18　酒精生产输入与输出示意图

表 2-14　酒精车间原辅材料消耗表

输入物料	吨酒精消耗量/kg	输入物料	吨酒精消耗量/kg
红芋干	2950	配料用水	10856
玉米	13.3	蒸汽	6121.5
豆饼	4.8	硫酸铵	0.72
α-淀粉酶	1.1	青霉素	0.005
硫酸	2.4		

表 2-15　操作输入数据记录

单元操作	物料	数量/(kg/t 酒精)	物料	数量/(kg/t 酒精)	水/(kg/t 酒精)	电能/[(kW·h)/t 酒精]	耗能/(kW·h)
破碎	红芋片	2950	1	1	1	81.8	
供料	瓜干粉	2932	α-淀粉酶	1.1	10262	17.6	185.2
蒸煮	料浆	13185.1	蒸汽	185.2	1	16.1	16.1
糖化	蒸煮醪	14105.1	液体曲	261.1	1	12.4	
发酵	糖化醪	13364.9	酒母	1003.7	351	0.6	125
蒸馏	发酵醪	13471.8	蒸汽	3756	1	18.8	3756

续表

单元操作	物料	数量/(kg/t 酒精)	物料	数量/(kg/t 酒精)	水/(kg/t 酒精)	电能/[(kW·h)/t 酒精]	耗能/(kW·h)
酒母	糖化醪	1001.3	硫酸	2.4	1	0.5	1875
液体曲	玉米	13.3	豆饼	4.8	243	1.3	201
空压机	空气	120m²		1	1	67.2	

表 2-16　单元操作用水记录表

单元操作	清洗/(kg/t 酒精)	蒸汽/(kg/t 酒精)	配料/(kg/t 酒精)	冷却/(kg/t 酒精)	其他/(kg/t 酒精)
破碎					
供料	64		10262		
蒸煮	28	1852		34413	
糖化	46			31320	
发酵	143.2	125		43782	罐底冲冲洗水 351
蒸馏		3756		42288	
酒母	42	187.5		8154	
液体曲	83.3	201	243	2414	
空压机				1820	

表 2-17　输出物查定记录表

单元操作	物流	数量/(kg/t 酒精)	物流	数量/(kg/t 酒精)	废水/(kg/t 酒精)	废汽/(kg/t 酒精)	可回用废物/(kg/t 酒精)	远离现场废液/(kg/t 酒精)
破碎	瓜干	2932	损失	18				
供料	料浆	13195.1						
蒸煮	蒸煮醪	14105.1				942		
糖化	糖化醪	13364.9	酒母醪	1001.3				
发酵	发酵醪	13741.8	CO₂	977.8		CO_2	CO_2	
蒸馏	酒精	1000	杂醇油	8.6	2276.8	3.4		14209
酒母	酒母醪	1003.7						
液体曲	液体曲	261.1						
空压机	无菌气	120m³						

表 2-18　废水排放情况统计表

废水来源	废水排放去向						输出
	下水道		回用		冷却水池		
	参数/℃	数量/(kg/t 酒精)	参数/℃	数量/(kg/t 酒精)	参数/℃	数量/(kg/t 酒精)	
破碎							
供料	20	64					
蒸煮	42	3441					
糖化	28	7887	28	19959	28	3520	
发酵	23	6325.2	23	43782			
蒸馏			60	10262	28	32026	
酒母	20	42	25	8154			
液体曲	25	2497.3					
空压机	25	1820					

3. 进行物料和能量衡算，建立物料平衡

根据单元操作输入与输出物流的查定，结合酒精车间生产的工艺特点，绘制出酒精车间物料和水平衡图，见图 2-19、图 2-20。

4. 物料平衡评估和废物产生的原因分析

（1）物料平衡的评估

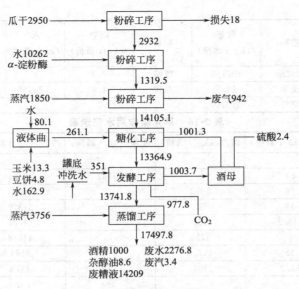

图 2-19   物料平衡图（单位：kg）

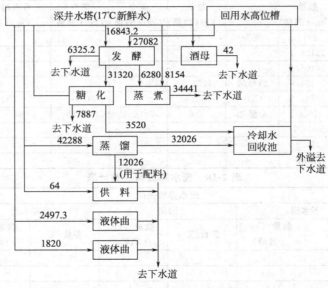

图 2-20   酒精车间冷却水及冲洗水平衡图（单位：kg）

　　通过物料衡算，各单元操作的输入与输出量误差很小，说明实测数据是比较准确可靠的，其主要污染源及主要污染物比较明显，完全可以利用物料平衡的结果进行后面的评估与分析。

（2）原材料投入的评估

　　该厂酒精车间生产采用的主要原料是本地产的红芋干，原料无毒性，但是原料中夹杂部分泥、石块和细砂土（一般情况占 3%～5%）该厂采用风选风送除去泥、石块，生产中使用饱和蒸汽及电力作为能源供给。

（3）生产工艺及工艺优化过程的评估

　　该厂酒精车间生产是采用瓜干原料，二次风选风送粉碎，低温连续蒸煮、糖化、一级真空冷却二级喷淋冷却，间歇发酵二塔半蒸馏（填料塔采用强制回流）生产普食级酒精，从目前国内同行业水平看，属于中等水平、工艺流程基本合理、设备、厂房较陈旧，流量、液位、计量监测及自动控制有待加强，成熟的先进技术、工艺、设备尽可能纳入方案中实施，以提高企业的工艺装备技术水平。

（4）运行及维护管理的评估

设备定期检查、修理得到落实，但运行维护保养有欠缺，同时存在设备陈旧的状况，如发酵罐腐蚀严重，水、电、汽基本能满足生产需要，劳动纪律严格，工人能按照工艺技术要求和操作过程操作，通过该次审核，进一步补充、修订技术要求及各种规程、制度，对工人进行经常化的岗位培训和技术培训。

（5）产品的评估

审核过程中发现该厂酒精质量基本上稳定达到普食级标准，有时受氧化试验波动的影响较大，从目前国内来看，质量属中上水平，但考虑与国际标准接轨和消费的要求，产品质量应上新的台阶，生产优级高纯度酒精以适应市场的变化。

目前，酒精的销售市场一般，但从整个酒精工业来看是产大于销，产品更新、质量的提高已迫在眉睫。

（6）废物的评估

该厂多来年在环境保护方面投入了相当的人力、物力、财力，做了大量的工作，取得了很大的成就。酒精生产中产生的废物主要是酒精糟液、冷却水及 CO_2 气体。废物处理的具体方法如下。

① 废气处理。工业锅炉（2 台 10t/h）安装了麻石水膜除尘装置，废气达标后排放。发酵产生的 CO_2 气体进行了部分回收利用，具有年产液体 CO_2 1000t 的生产能力。

② 酒精废糟液。先后建立了两个 $500m^3$、一个 $1000m^3$ 的沼气发酵罐，年处理糟液 8×10^4 t，二次消化液直接排放。利用酒精糟废液生产菌丝蛋白，筛选出 Fj-84 真菌，通过小试及中试的验收，二次消化液回用酒精生产拌料，形成闭路循环，菌丝蛋白含量达 20％ 以上，无毒性；但由于国内在分离和干燥设备上还不能完全满足生产要求，生产成本高，产品蛋白质含量偏低，建造的生产车间没能正常投入运行，可望通过清洁生产审核在国内，国际上寻求切实可行的方案加以解决。

③ 废渣。炉渣直接售给当地砖厂。白酒糟（50％～60％水分）直接出售给农民做饲料。

④ 节约用水。为了节约用水，建造了 $1500m^3$ 的蓄水池一个，冷却水多次循环利用，同时白酒冷却水直接用于锅炉，酒精蒸馏部分温度较高的冷却水直接用于拌料的工艺用水。

审核小组通过审核，认为酒精车间主要存在的污染问题有：酒精部分废糟液因蛋白饲料设备及成本原因而未能投产，固液分离后排放的清液 COD、BOD 超标；沼气发酵后的消化液，虽然 COD、BOD 去除率达 90％ 左右，但仍未达到排放标准；酒精一级真空冷却水未能很好地加以回收利用，而排入了下水道，同时发酵、糖化等工序还有相当的一部分冷却水未能回收利用而直接排放。

审核小组通过审核，认为酿酒厂废物产生的原因有（除去必须发生的）：原料中掺带杂质，原料配水比不恒定，未达到工艺最佳值，设备运行维护力量不足，生产过程自动化控制、计量、监测水平较低，工艺技术及装备水平较低，出酒率偏低，用水用汽的节约意识不强，回收及循环利用方面仍有很大的潜力可挖，审核后针对审计出的问题制定切实可行的预防措施，加强对生产全过程的废物产出的控制，以求达到最少的废物排放量。

四、备选方案的产生及筛选

1. 备选方案的产生

通过组织发动全厂广大职工参与，针对酒精生产从原材料、生产及设备管理、技术方案调研及向同行业专家的技术咨询，共产生 102 个备选方案，立即得到解决的有 18 个，共归纳整理出 16 个备选方案，做进一步分析，见表 2-19。对于低费、无费易于实施的方案，在审核过程中分步实施。

表 2-19　备选方案汇总

方案类型	序号	方案名称	方案简介及要点
原料替代	F_1	酒精生产原料改用玉米	适应原料品种改变综合利用生产蛋白饲料，提高产品质量，削减污染
技术工艺改造	F_2	采用浓醪发酵	减少废水的产生，节水、节能、提高出酒率
	F_3	改造二级冷却	降低料管助力，提高设备利用率，节约冷却水
	F_4	蒸馏系统改造	多塔差压蒸馏，提高产品质量，节约能源，削减废物产生量
	F_5	冷却水的循环利用	多次循环，节约深井水，减少排放量
	F_6	原料粉碎系统改造	改进工艺流程，降低电耗
	F_7	生产系统微机自控	提高检测、监控调解能力，节能、稳定工艺、优化操作
生产设备管理	F_8	增设生产检测计量仪器	利于参数控制，工艺稳定，积累基础数据，便于定额考核
	F_9	发酵罐内防腐	延长使用寿命，减少冲罐用水和杀菌蒸汽，减少排污
	F_{10}	对职工岗位技术培训	提高职工业务素质和解决问题的能力，规范操作
	F_{11}	设备定期维护保养	降低设备维修费用，提高设备利用率
	F_{12}	修订和完善操作规程	确保生产操作实际，校正参数
废物回收利用	F_{13}	废糟余热利用	节约能源，减少废气排放
	F_{14}	精塔废水用于发酵罐杀菌	节约能源，稳定生产，降低排污量
	F_{15}	废糟生产沼气，沼气发电	开发新能源，减少污染，削减 COD 负荷
	F_{16}	废糟液生产蛋白饲料	生产饲料，废液回用，减少污染

2. 备选方案的筛选

审核小组对备选方案先进行了初步筛选，选出的重点方案采用"权重总和计分排序法"进一步筛选而确定出首选方案。经过方案分析认为：F_{10}、F_{11}、F_{12} 基本是无费方案不必进入重点筛选。方案 F_5、F_9、F_{14} 为低费易于实施方案，技术方面成熟，这些方案已开始实施。方案 F_3、F_6、F_8 与 F_2 密切相关，可归为 F_2 为主的组合方案。方案 F_7、F_{13} 与 F_4 有密切关系，可归为以 F_4 为主的组合方案。

审核组经过部分备选方案的简单评述与组合，对现有的 F_1、F_2、F_4、F_{15}、F_{16} 等方案从技术、环境及经济的可行性三方面进行初步的筛选，见表 2-20。

表 2-20　备选方案初步筛选

方案 因素	备选方案				
	F_1	F_2	F_4	F_{15}	F_{16}
技术可行性	√	√	√	√	√
环境可行性	√	√	√	√	√
经济可行性	×	√	√	√	√
结论	×	√	√	√	√

F_2、F_4、F_{15} 三个方案从技术、环境及经济方面都是可行的，审计小组采用"权重总

和计分排序法"对三个方案进行了进一步的筛选，见表 2-21。

表 2-21　备选方案筛选

因素	权重 W(1~10)	方案得分 R(1~10)		
		F_2	F_4	F_{15}
减少环境危害	10	70	60	70
经济可行性	8	64	64	56
技术可行性	7	63	63	49
易于实施	5	40	35	40
发展前景	4	32	36	32
节约能源	3	27	27	27
总分 RXW		296	285	274
排序		1	2	3

3. 实施简单易行的无费、低费方案

清洁生产审核贯彻了边审边改的方针，在该厂内及时实施了无费、低费方案，并收到了一定的环境和经济效益。

① 进行了职工岗位技术培训，严格工艺规程。

② 严格管理，杜绝跑、冒、滴、漏。

③ 设备的定期维修保养制度化。

④ 严格控制冲洗用水，减少废水的产生量。

⑤ 回收冷却用水多次循环利用，提高利用率，节约深井水，减少废水排放量。

⑥ 精馏的废热水用于发酵罐杀菌。

该方案总体投放为 2 万元人民币，该方案实施后每吨酒精可节约杀菌用蒸汽 80kg，年产 $2×10^4$t 酒精可节约蒸汽 1600t，折合原煤约 $250×10^4$t 左右，吨煤购价 200 元，年节约 5 万元，同时削减污染产生量。

⑦ 严格控制原料的入库质量。通过审核发现酒精主原料入库含砂石量较多，在 4.5% 左右，针对这状况，厂方采取了积极的措施，调动中层管理人员轮流值班脱包验质。从 4~7 月份原料购进质量看，砂石含量 3% 左右，比以前降低了 1.5% 左右，年可节约资金 70.2 万元。

⑧ 建制原料大棚，加强原料保管。根据以前外垛瓜干库存情况，每年原料总损失在 0.5%~0.8% 之间，建制大棚后，原料全部入库，每年可减少原料损失 0.5% 左右。

⑨ 改进白酒精灌装机，准确计量。

由于以上方案的实施，4 个月内创经济效益 56.64 万元。全年为厂节约资金 170.40 万元。

五、实施方案可行性分析

审核小组分别对方案 F_2、F_4、F_{15} 进行了技术、环境、经济评估

1. 浓醪发酵（方案 F_2）

（1）方案简述

浓醪发酵是今后酒精生产的发展趋向，目前国内大部分酒精厂的糖化醪浓度均在 14.5°Bx 左右，料水比为 1∶3.5，发酵成熟醪的酒度在 7.5°~8.5°而采用浓醪，即控制料水比为 1∶2.8，糖化醪浓度控制在 18°Bx 左右，发酵成熟醪的酒度在 10°~11°，这样在拌料过程中投入的工艺用水减少，即单位产品投入的料浆减少（因浓度增加），在蒸煮及蒸馏过程

中汽耗、电耗减少、蒸煮、糖化、发酵、蒸馏所用的冷却水量明显降低，相应单位产品的污染物（酒精糟液、冷却废水）产生量大量削减。

浓醪发酵是一个组合式方案，其配套方案如下。

① 原料粉碎系统的改造：主要是工艺过程规范及设备的选择更新（考虑设备的能力、密封及运转情况）以减少原料的粉碎损失和降低电耗，其整体工艺流程工作变更。

② 二级冷却改造：目前该厂采用的是多组蛇管冷却其阻力大、冷却效率差，由于醪液的浓度增加，冷却系统必须降低阻力，提高冷却效率（节约冷却用水），其主要是冷却设备的选择更换。

③ 增设生产检测计量仪表：主要是原料面粉工艺用水计量表及浓度检测、物料流量检测计量表，以控制恒定的料水比，使之达到工艺最佳值，为整体工艺服务。

该组合方案的操作参数仅是醪液浓度变化，同时选用耐高浓度的酵母菌种，其余基本未做其他变更。对于职工的技术水平无过高的要求。由于浓度的增加、新菌的应用、工艺过程的优化控制，设备利用率及出酒率将得到提高，相应产量将有明显的上升，水、电单耗及废物产量将明显下降，该项目的总投资额为 175.2 万元。

（2）技术评估

浓醪发酵工艺与现有的工艺相比，主要是把原有的料水比 1∶3.5 改为 1∶2.8 左右，使醪液浓度达到 18°Bx 左右。同时选用耐高浓度的酵母菌种，适量加大酒精分离水的用量（占拌料用水的 35%），其他的操作参数均不变更。目前，国内几个大的酒精厂家均已采用，技术成熟合理，属国内先进水平，该工艺的实施不需增加操作人员，不影响产品的质量，可充分利用现有公用设施，易于操作控制，可提高设备的利于率和原料出酒率，相应使产量增加，水、电、汽单耗降低，大量削减污染物的产生量。该方案比较容易实施，所需的空间完全不要增加，并且实施时间较短，收效较快。其工艺技术指标见表 2-22。

表 2-22　工艺技术指标

名称	单位	指标	备注
料水比	t/t	1∶2.8	
糖化醪酒度	°Bx	18	
成熟醪酒度	度	10～11	
汽耗	t/t(产品)	5.4	0.6MPa

（3）环境评估

浓醪发酵工艺的采用，与现有工艺排放废物的种类相同，但数量有所减少，见表 2-23。由于浓度的增加，单位产品的料浆量减少，相应的水耗、电耗、汽耗大大降低，污染物（酒精糟、废水）的产生及排放量削减，节约蒸汽 18% 左右，减少废水排放 25%，削减废糟液产生量 25% 以上（加上拌料回用 35% 的酒糟分离水其削减糟液 50% 左右）。

表 2-23　浓醪发酵与现有工艺主要消耗及污染排放情况对比

名称	浓醪发酵工艺	目前工艺
废水/(t/t 酒精)	48	64
消耗蒸汽/(t/t 酒精)	5.4	6.6
废糟液/(t/t 酒精)	10.3	14.5

（4）经济评估

① 总投资费用。

费用项目	金额/万元
购置（工艺）设备	68
物料和场地准备	6.4
与公用设施连接	8.2
附属设施	32
建筑和安装	24
工程和咨询	10
起动	8.6
许可证	—
意外费用	18
固定资产投资总计	175.2
流动资金	原有工艺流动资金（不需增加）

② 年运行费总节约金额（P）。（以年增量计）

费用类型	小计/万元
减少处理/处置费用	$+21.8$
减少输入物料费用	$+15.6$
减少使用公用设施费用	$+42.8$
减少运行维护费用	$+2.4$
减少保险和责任费用	
减少其他运行费用（含菌种）	-28
由增产增加的收益	$+26.6$
年运行费总节约金额（P）	81.2

③ 年增加现金流量（F）。

折旧期	$n=8$
税率$=33\%$	
年折旧率$=\dfrac{1}{n}$	21.9 万元
企业税$=(P-$年折旧费$)\times$税率	19.57 万元
年增加现金流量（F）$=P-$企业税	61.62 万元

④ 偿还期（N）。

$N=\dfrac{1}{F}$ 　　　　　　　2.84（年）

⑤ 净现值（NPV）。

$i=7\%$ 　$j=$年份

$$\mathrm{NPV}=\sum_{j=1}^{n}\frac{F}{(1+i)^{j}}-1 \qquad 192.3\ 万元$$

⑥ 内部投资收益率（IRR）。

$$\mathrm{IRR}=i+\frac{\mathrm{NPV}_1\ (i_2-i)}{\mathrm{NPV}_1+\mid\mathrm{NPV}_2\mid} \qquad 32.85\%$$

从以上的评估可以看出，该方案在技术上先进可靠，可提高设备利用率和原料出酒率，提高产量；在环境方面可大量削减废水及废糟液的产生和排放量，节约蒸汽；在经济方面属投资小、收效快、偿还期短、内部投资收益率高的方案。

2. 推荐可实施方案

经过对方案 F_2、F_4、F_{15} 的可行性分析，各方案的比较及该厂的实际情况，推荐方案 F_2、F_4 同时启动。

六、 方案实施

两个方案的启动资金拟向当地银行贷款和企业自筹。

方案的实施是在现有的酒精生产线基础上改造，主要是基础与管架的施工。塔器的设计委托轻工设计院，塔器的加工由设计院指定专业加工厂家制作，安装调试以该厂的施工力量为主，安装试车时由设备加工厂家现场指导。

七、 持续清洁生产

通过清洁生产审核，特别是实施预防污染低费、无费方案，该企业认识到清洁生产的必要性。因此，他们将审核小组的主要成员保留下来，组成了长期的清洁生产审核小组。并制定了长期的工作计划；组建了研究开发新的清洁生产技术小组，确定了研究、开发项目；并选择另一酒精车间为下一轮清洁生产审核重点。

第三章
清洁生产管理

清洁生产所面对的领域包括了许多交叉学科和交叉技术。由上一章的清洁生产审核内容可知，清洁生产所涉及的管理问题是多方面的。本章拟从产品的寿命周期评价着手，讨论产品的全寿命周期管理。

第一节　产品的寿命周期评价和费用分析

由环境教育公司的环境技术与化学会和 SETAC 基金会提出题为"生命周期评价技术框架"报告（以下简称报告），将生命周期评价定义为："生命周期评价是一个客观过程，用来评价与产品、过程或行动有关的环境负担，通过识别和定量能量和物质的使用及环境排放，来评价能量和物质的使用及向环境排放所带来的影响，以及评价和实施有效的环境改进。"根据该报告，实施环境生命周期评价由三个相互独立但又相互联系的部分组成：生命周期清单；生命周期影响分析；生命周期改进分析。

生命周期清单，是一个识别的定量所有的能源和能源使用、环境释放以及废物排放的客观过程，它贯穿于产品、过程、服务或工业行为的整个生命周期中，生命周期清单以数据为基础并可输出数据。没有准确和完整的数据，生命周期评价就不可能为环境决策提供有用的信息。

生命周期影响分析是指在清单中被识别的，对环境有影响的废物、环境释放和排放后果的评价，其实施要以科学和技术为基础，但要结合确凿的数据和根据已有知识和经验做出的定性判断。

生命周期改进分析，是着眼于前面识别的废物环境释放和排放进行系统的评价、发展和实施有助于质量改进的技术和过程。它主要依靠革新，即对产品、过程、替代技术、原材料废物处理等方面的革新，以及对劳动力、消费者培训等方面的革新。改进分析在很大程度上同样依靠数据和技术知识界，同时还要在技术上、科学上和质量上有新的思路。可以认为，清单和影响分析的目标就是这一最终阶段，即环境改进。

一、当前问题

当前有四个问题影响环境清单评价、影响分析和改进分析；即技术问题、法规问题、经济问题和商业策略。

1. 技术问题

每个工业系统的基本特征都是很清楚的。系统通过原材料，某些组分和能量等特定的输入，并将它们与劳动力和生产过程相结合，这些都是系统的必要组成部分，然后就以可利用的产品、副产品及其他废物、排放物、释放物等形式，产生特定的输出。后者还可以分为固体废物、有毒物质、大气排放物、水体排放物及其他环境释放物。它们由原材料，生产和输入、输出的转换过程、辅助设施（如运输系统、信息传递）所决定。因此，影响一个系统环境评价的技术问题，将会在生命周期的所有阶段产生影响。但是，每个独立的组分是在不同阶段进入的。这个问题将在下面进行讨论。

技术问题包括主要与次要的技术选择、设备和流程选择问题。科学家、工程师和技术专家及与决策有关的人，必须给环境顾问人员留出足够的决策空间。在主要的技术决策中，公司面临的问题是把原材料转化为最终产品的潜力的选择。在决定生产何种产品和如何依照物理和化学规律来生产的过程中，科学知识和实用技术起着关键的作用。正如 Fava 等人指出的那样，为确保物料和热力学的守恒，特别要注意过程的反应能和能量效率有关的热力学过程。

在论证了产品的科学和技术可行性之后，次要的技术选择，就是选择一个输入—输出的转换过程。在这个问题上，环境科学家和评价人员将发挥重要的作用。根据有关环境法规，从生态和法律角度进行研究，并将其用于决策模式和决策过程中。关于设备的选择，则早已在需求预测、现有设施可用性以及费用效益分析等方法中进行了考虑。但在这里，清单评价和影响分析也必须考虑，不仅要考虑现状，还要考虑将来的改进和环境标准的加严。

工艺流程的选择解决了所选择生产过程中的物料、人员、信息的安排，地点、布局、设备、人员选择是此阶段的主要决策内容。因为这些因素可能联合起来影响产品的质量、数量，以及废物、排放物和释放物，因此，它们都对环境有影响。所以，这一方面的决策必须充分考虑环境和生态影响的细节。

2. 法规问题

许多国家、国际组织以及它们的各部门，都制定了法律和规章来控制环境污染，促进环境保护。其法律与规章的具体条款，在制定和实施上，各国各地区都有差异，但也有一些共同特点：在环境立法方面，都有一套法律框架的制度；在实施中，它们都具有不同程度的强制性；通过法律的强制性，都建立了危险废物的处理措施。

美国、加拿大、欧洲经济共同体（EEC）、日本都建立了广泛的具有强制性的法律；联合国环境规划署（UNEP）也起到了合作、收集和传播信息的作用。

无论各国各地区在环境法律方面存在着什么差异，工程师、科学家和行政官员都必须熟悉环境法规。如果忽视了这方面的法律，就可能引起严重的民事和刑事责任，造成经济损失。

3. 经济问题

环境保护方面有三个基本的经济问题，它们是：

① 经济增长和生活标准与环境改善和生活质量的匹配；

② 在目前全球商业竞争的压力中生存，同时还要满足日趋严格的环境法规和标准；

③ 在市场经济费用制约下满足需求，同时又能经受住把公众关心的经济外在性的东西内在化的压力的能力。

此外，还需对商业运行中的环境问题，进行相应的成本收益的测算和分析。

4. 商业策略

随着政府加快环境立法和控制，商业对政府的环境立法和控制的调和与适应是当前工业面临的主要战略问题。将来仍将是如此。随着商业和交流的全球化，所有国家，包括发展中国家，都必须制定环境标准。随着工业化的加速发展，环境危险物增加和环境破坏加剧，这就迫使所有政府都必须加强环境保护和职业安全方面的法规。《北美自由贸易协定》和《关税和贸易共同协定》的签订，使得不同国家、不同政治体制在经济活动中遵守国际标准。因此，为了帮助商业参与和满足公众的关注，以及加强政府和工业之间的合作，为立法者提供建议，以及他们大胆而又谨慎的制订法律；同时，为刺激经济增长和加强公众福利在新开拓的经济领域和新市场方面领先，在环境保护和改善领域，新产品和新市场的开发应该成为吸引公司决策者的新的增长领域。在这一点上，工业发达国家有着明显的竞争优势，因为它们在环境风险预测、评价、保护和立法方面有技术基础、科学优势和长期的丰富经验。

二、 寿命周期评价

现在详述系统生命周期评价中的这些部分的相互关系。

1. 初始阶段

在生产的初始阶段，有两个问题需要着重考虑：
① 公司的目标是什么？
② 将生产什么样的产品或服务？

就环境评价来说，应该把环境保护和改善放在公司长远发展目标中首要位置；所提供的产品或服务，也必须与环境相协调，而不应当危害环境。换句话说，与费用-效益分析相联系的利润不是选择的唯一标准。

2. 设计和过程选择阶段

在生命周期的这个阶段，生产何种产品已确定，该阶段要确定的是产品应具有什么特点，如形状、外观和质量方面的特点；此外，还需要选择特定的生产技术，以及原材料和成分。在输入阶段、废物回收阶段以及为了再利用和维护的需要都要使用原材料。在替代产品选择决策做出之前，应对各种方案的原材料、辅料、成分进行影响分析；然后按照 Fava 等人推荐的方法构造环境清单。

在选择转换技术之前，技术的"生命时间"影响，能量使用，废物、排放物、释放物的影响，都必须进行预测；同时，还要根据现有的环境法规，按现值进行费用效益分析；然后构造环境清单，与类似的现存系统相比，要归纳出该技术利用清洁生产的优点。还必须调查和研究各种可能的改进措施，进行灵敏度分析，以确定当操作参数改变时系统对环境影响的变化。

3. 系统设计阶段

对环境可能会产生长期影响的决策要在此阶段给出，本阶段将要做出决策的有：设备，设施位置，规划和设计（包括机器设备的布局），质量和过程控制系统，维修、再生和恢复系统，分布系统，人力需求及劳动力教育、培训以及使用等。

以上的所有决策，无论是单个的还是联合的，都对生命周期评价的清单评价、影响分析和改进分析有着长远的影响。阐述这些问题，应该具备高深的科学、工程学知识和新技术；此外，工业内及跨国界的知识合作也是需要的。在此阶段获得的知识、构造的清单，会为那些基于环境保护和改善而设计的技术和产品的开发及市场化铺平道路。

4. 开始阶段

这个阶段进行试验性生产，系统开始运转。这是一个关键的运行测试阶段，除了会遇到一些对特定地点的影响外，如废物、排放物、释放物等，可能还会遇到一些不可预见的问题，如技术、原料、产品、设备，以及它们对环境的影响。在这里就可以开展环境改进分析、技术和程序，评价它们的费用和效益。

5. 运行阶段

这个阶段系统处于稳定状态，因此，可收集一些有关生产、维护和分配及它们对环境的影响方面的资料。同样，此阶段必须紧密结合环境法律、条例和规章。违法的费用将是影响之一，因此必须遵守相应的义务、安装废物处理和环境净化设备。这个阶段收集到的数据是环境评价3个方面（清单、影响分析和改进分析）的基础；同时，在此阶段，也拥有了较丰富的环境信息（技术细节、工业和布局等方面）和这些信息对环境和经济立法的影响的信息。在此阶段要决定终止、抢救或重新设计系统、要真正实行影响和改善分析。在此，主要的技术和产品变化会发生。另外，关闭工厂、清洁和处置的重要费用和环境考虑要着重强调，面对即将关闭的系统进行改进，使之成为新的替代系统诞生的起点。

6. 终止和重新设计阶段

在此阶段要决定是否要终止、抢救或重新设计系统。要真正进行影响和改善分析。该系统中主要的技术和产品可能会发生变化。此外，从费用和环境的角度，对关闭、废止、清洁和处置该系统进行比较；要对即将关闭的系统进行改进，使之成为新的替代系统。

三、 经济分析

地球所面临的所有环境问题和灾难几乎都是过去工业活动的积累效应，特别是工业革命后。在美国和北美有成千上万的"环境定时炸弹"处于引爆状态，在其他地区也是如此。正如Woodruff 在 LgGrega 等人所编的书中所说的那样："把这些被污染的地区恢复到人们可接受的最低程度，全球的处理费用可高达数千亿美元。此外，我们还面临着处理目前和将来的产品以使之不对环境和人体健康造成危害的问题。"在此，简要地分析一下环境费用分析的经济原理，这些经济原理是由两个相关的经济概念：外在性和公共商品引申出来的。

1. 经济外在性和内在化

在经济理论中，福利经济是一重要的领域，它是经济学的一个重要的分支。在市场经济中，人们关心的是，如果经济极具竞争力和良好的市场潜力、前景和风险承受能力，那么如果存在平衡，它便具有 Pareto 效益。不严格地讲，这里的平衡是指在当前的市场价格下，没有过量的商品供应。Pareto 效益指不是每一个社会成员都受益，至少有一个社会成员是受损的。

Pareto 效益是基于结果的，而不关心公平性。还有，该效益是由个人福利功能及其个人福利与集体福利的集合体关系的假设衍生出来的。例如，它假设任何个人偏好或者是公司的产品都不受经济团体的个人行为的影响，如果个人最大化了他们的商品消费和公司最大化了它们的利润，那么便达到了 Pareto 效益的优化。当然，这种优化策略不是唯一的，福利经济的第二个理论基础表明，通过合适的一次性资源转移，具有竞争力的经济可以同样维持Pareto 优化。

有一些原因表明了该理论的处理结果对环境经济是重要的。首先，它们形成了市场经济的支柱；其次，当市场经济的分配效率失败时，或者分配方法和分配的不平等性共存时，政府行为或干预表面上可以纠正分配的无效性和不平等性。理想地讲，通过效益中的活动，政府干预可以纠正不平等现象，而不破坏由市场衍生出的各种方法的高效性。

为了使上述提出的以及由此衍生的财政和货币政策有效，必须依赖一些假设。然而，这些假设并非总能满足，当其他经济团体的行为影响个人偏好或公司的产品选择时，这些假设会有一些偏离。此时，经济的外在性发挥作用。例如，当一个公司的行为和决定影响另一公司的生产效率时，经济的外在性便发挥作用。在这种情况下，被称为市场失灵（failure）的情况便发生了。当一个公司的行为导致公司或社会的获利增加时，称为外部经济；当它们减少别人的获利（减少社会获利）时，称为外部逆经济。经济外在性的理论为环境经济提供了坚实的基础。

因而，当一个公司安装和运行了一个污染削减系统时，在一定区域内可以改善所有成员的健康和福利条件，减少疾病，提高整个劳动力的效率，而不管他们为谁工作。类似的，为了满足其他地区工业对矿石的需求，需要在当地进行采矿活动，当停止采矿后，存在着土地改造和放弃的问题。在某些权限内可以使用政府税收政策。例如，在美国西部，对运用州的矿石征税，税收收入用做土地改造，以便在采矿停止后维持其土地的使用。

Boadway 和 Wildasin 曾经指出，许多外部逆经济（diseconomies）因素，如由工业污染、汽车排放或无偿过渡使用共同资源（例如鱼塘），是由于缺乏明确定义的财产权和通过价格机制实施这些机制的高费用所致。解决的方法之一是政府通过向产生污染的团体征税进行干预，并把税收用于消费这些污染效应。对公司来说，另一种方法是把这些费用内部化，即提高产品和服务的价格，使之包括这些额外的费用，以使顾客支付更高的费用。增添加的税收收入可以用来发展减少对环境损害的技术和工艺。因而，在现行的政府法制体系下，外部性，尤其是和环境相关的外部逆经济性，必须在工业系统的费用-效益估计和分析的每一个阶段给予考虑。

另一个与经济的外部性紧密关联的是公共商品。为达到 Pareto 优化目的而设计的福利假定每个人的福利（或对消费品的利用）仅和他购买的商品和服务有关，每一公司的生产决策权仅由其生产某一产品而付的费用决定。然而，在实际上，许多产品和服务是共同被消费的，也就是说，他们同时向多个经济团体提供利益，而不管是谁承受了这笔费用。在这一点上，抗洪救灾、气象服务、国际航空服务以及其他类似的警察和保安服务这类货物或服务被称作公共商品。一个消费者的消费不会减少其他消费者对该商品的满意程度，并且，即使在紧缺阶段，也不可能把消费者排除在公共商品的消费之外。这两个特征，分别被称为非竞争性和非排他性（non-rivalness and non-excludability），它们使建立任何类型的市场价格机制都变得十分困难，甚至是不可能的，这便引起著名的免费乘车问题。对公共商品适用的东西，同样对大家都想避开的商品适用，如多氯联苯和洛杉矶高速公路上的交通堵塞或污染，但是没有人能轻易做到这一点。可能会有人把这些称作消极的公共商品。

这种公共商品现象是政府干预的重要原因之一。但是，由非竞争性和非排他性引起的市场价格问题对政府定价也会产生影响。作为决策者，政府面临的问题是弄清楚个人愿意为公共商品付多少钱。既然总存在着免费乘车的可能性，个人可能就不乐意提供其价值的正确信息。因而，政府定价可能不是最优的。经济学家已经提出了不同的方案来给公共商品定价。Boadway 和 Widasin 写了一个很好的总结，但是外部性和环境评价更相关些，公共商品（scenario）则小些。

2. 费用-效益分析

传统的金融经济学的费用-效益分析方法表明，用于环境评价的方法和其他投资项目的方法一样，往往会发生费用和效益，或投入和产出不相匹配的情况。资本投资的费用通常要大一些，并且是提前或现在投入的，而效益则在将来的一段时间内才能得到。考虑时间因素，而做出投资决策前，费用的效益必须以适当的折旧率折算为现在的数字后再比较。如果效益的总增值大于或等于总费用的增值，就可以做出投资决策，其他情况相同；否则，不做出投资决策。

此方法的困难之处在于，费用可以较准确的估计出来，但是，效益不可能估计得准确，无论是从数量上还是从时间的选择上。虽然这不是环境保护和改善投资所特有的，但是它可能会使问题进一步恶化。因为，多数情况下，没有过去的历史投资记录，也就不好估计现在的项目在将来一段时间后的现金流转。此外，要保证额外的分析。正如 Gunnerson 指出的那样，费用-效益分析和部门政策，影子价格，收入分配，投资时限，经济回转，以及其他影响投资项目对国家和地区的经济贡献的因素必须被探讨。

根据 Brede 和 Pearce 提出的概念，效益可以分为四类。首先是投资过程中直接由环境保护和技术改善的应用而衍生出的效益。该利益通常易于测量，债务和由于违背现行法律和法规而引起的损失，预期的惩罚性损失（由于事件周围环境的不确定性而预料的数字），如三里岛，Bhopal，Exxon Valdez 事件，以及其他类似的机会成本都可以限定。

第二类效益归结为此类投资的间接效益。如，对更合格的、受过更好训练的、将来可能对环境目标做出贡献的劳动力的吸引力，当地、地区、国家政府可能会刺激的津贴和基础性投资，以额外的市场占有为形式的效益增加，或者是由于环境责任使企业形象得以提高而得到的额外收入。

第三类效益可以归结为效益的选择值。这些是未知的但将来是可以得到的。现在的投资可以导致将来更好的技术出现，也可以导致环境保护和改善的技术出现，而这些可作为另一业务来开发和市场化。早在 1971 年，Quinn 已对此方面做出评述。

Barde 和 Pearce 把第四类效益归结为现存值效益，即使那些认为该类投资不会产生任何效益的人也仍然期望此类效益的产生。居住在纽约的人，可能不会从华盛顿州的一个造纸厂使用的安全防护和技术得到任何利益。但是这些人仍希望这些利益的存在。对公司来说，这就是一种价值，其形式是公司的形象和战略部署。应该承认，这是一个更模糊的概念，对某些公司，具有较大的价值，对另一些公司，则不然。

因而，应该考虑这些利益的增长和时限。由于现金流转具有更高程度的不确定性和变异性，特别是考虑在整个生命周期中他们的增长率时，情况更是如此，因此另一种金融估价模型可能更适合些。Myers 分析了联合使用分析这些不同类型效益的方法，并提出了实践性的建议。选择与环境改善投资项目相关的一个估价模型。其他的如：影子定价、享乐定价模型可以用在这些项目的特定方面。对于实际应用的例子，读者可以参考 Huettner 的书或 Barde 和 Pierce 所编写的书中的国家的实例研究。

第二节　政策

工业污染是中国环境污染的主要来源，占 70％以上。因此，工业污染防治政策历来是中国工业化战略、产业政策和环境保护政策的重要组成部分。

以前，中国经济是在计划经济体制下以粗放外延型发展为特征，或说以高投入、高消耗、高污染来实现经济的较高增长。为了保护环境，曾经根据国情提出"预防为主，防治结合"、"谁污染谁治理"和"强化环境管理"的环境保护三大政策，建立了"三同时"、"建设项目环境影响评价"、"排污收费"等项环境管理制度，制定了以《环境保护法》为基本法，并由此派生出环保专业法和相关子法，以及国家及地方法规相结合的环境保护法律法规体系，工业污染防治也纳入了法制管理的轨道。有了这样的保证，从1982～1992年，国民生产总值翻了两番，工业污染并未同步增长。然而，这样的工业污染防治战略仍存在明显的不足，由于其着眼点仍注重于排污口的净化，而体现在源削减的预防措施却薄弱。

通过对环境保护政策和制度的分析可看到一些问题，如，"预防为主"政策与"过程控制"相类似，然而该政策在指导思想上偏重于如何使产生的污染物处理达标；加之它没有一系列有效配套政策和措施，缺乏可操作性，故难以实施。"强化环境管理"政策对于因管理不善导致污染的控制的确能起到一定作用，但从环境经济综合角度评价，随着企业在市场机制下对污染防治的不断重视，仅仅这样的"软件"投入或采用投资少、操作简单的技术便可奏效的污染防治机会却越来越少，就是说通过加强管理所产生的效益有一定的限度。至于"谁污染谁治理"政策和"八项制度"中的"三同时"、环保目标责任制、限期治理、污染集中控制、城市环境综合整治与定量考核等都强调污染的末端防治，这些防治措施都是以达到现在看来已不够严格的排放标准为控制目标。如排污收费问题，实施中大都只征收超标排污费，达标排放不收费不符合环境资源有偿利用的原则。再如收费标准过低，所收费用往往远低于防治费，使企业宁愿缴付排污费，也不愿进行污染治理。再如排污许可证制度，如果环境资源不进入市场，缺乏一系列必要的政策措施保证，也难发挥应有作用。

在国外，在多国家也为防止环境污染付出过高昂的代价。有些国家，对污染全过程控制认识较早。例如，荷兰在利用税法条款推进污控做得比较成功。采用革新性的污染预防或污染控制技术的企业，其投资可按1年折旧（其他投资的折旧期通常为10年）。中国的台湾地区1989年2月决定进行工业废物最小化计划，成立了顾问委员会，其责任是设立推进工业废物最小化的目标和战略，为工业部门提供废物最小化备选方案的咨询，编制工业部门废物最小化的手册和技术指导等。该委员会于1991年进行了一项计划研究，该计划设立了从1990～2001年期间削减全岛废物产生量50%的目标。在美国，国会在1990年8月通过了"污染预防法"，1991年2月美国环保局发布了"污染预防战略"。在中国，在1993年10月的第二次全国工业污染防治工作会议上，国家环保局领导提出转变传统的发展战略，把全过程控制作为工业污染防治的一项重要任务；要制定一系列政策和技术指导，审核和评估的手册。

20世纪90年代以来中国排放标准体系有了较大进步，除了从体系结构上更为完善和丰富外，其特点有：以行业和产品分类制定的行业性排放标准逐步增加，体现了行业特点和中间控制指标，以加强生产中的控制；在产品指标中逐步增加了产品使用中的污控指标，如汽车尾气排放标准，锅炉排放初始浓度指标等；提出了时限制标准体系。这些在一定程度上体现了全过程控制概念，但离完整的全过程控制的环境管理要求尚有差距。

当前，在市场机制下，应建立适应市场机制运行的环境政策体系，它应包括价格、税收、投资信贷和微观刺激以及综合的环境经济核算制度。

（1）环境资源和能源价格政策

一些环境资源（如矿产资源）价格偏低，甚至可以无偿占有和使用。国家可通过宏观调控，使各种环境资源和能源市场化，借助价格规律，运用经济杠杆，促使每个企业，行业自觉实施全过程控制。

（2）环境税收（或收费）政策

税收是国家为实现其职能按宪法和法律规定行使权力，对法人和个人无偿地，强制地取得财政收入所发生的一种特殊分配活动。环境税收则是指对一切开发、利用环境资源的法人或个人按其对环境资源开发利用的程度或产生的污染破坏行为所征收的一种税收。环境税收体系应包括以下内容。

① 适应市场机制的排污收费制度。它应有利于企业认识到实行污染全过程控制，提高资源利用率、减少排污是提高其产品竞争力的最佳途径；积极治理污染、开展废物综合利用比不治理而交排污费合算。以此使防治污染成为企业自觉自愿行为。

② 实行税收差异或优惠政策。国家对于开展利用清洁能源，无污染或少污染的工艺，高效的设备，清洁产品，综合利用的企业应给予一定期限内的减免税政策，鼓励企业实施污染全过程控制。

（3）环境投资和信贷政策

实施污染全过程控制要有一定的资金收入，应在财政预算、投资渠道和信贷市场方面给予扶持。应建立一个长期稳定的投资信贷系统，使资金能顺畅投向污染全过程控制上。

（4）基于市场的环境刺激政策

在建立了宏观和中观层次的环境经济政策后，应有相应的微观层次的环境经济刺激手段与之相配套，才能真正体现"谁污染谁治理"原则。

① 采用排污权交易制度。在实行总量控制的地区，企业通过实施污染全过程控制而削减下来的低于许可证规定的排污指标，经环保部门同意可在该控制区内有偿转让。

② 实行企业排污审核制度，以便评估企业排污情况。

第三节　管理

一、　一般管理

实施污染全过程控制，管理是保证。根据生产全过程控制概念，环境管理要贯穿于工业建设的整个过程，以及落实到企业的各个层次，分解到生产过程的各个环节，与生产管理紧密结合起来。

国外在实施生产全过程控制时，常把强化管理作为优先措施。管理措施一般花费较小，不涉及基本工艺过程，但收效大。其中包括：安装必要的仪表，加强计量监督；消除跑、冒、滴、漏；将环境目标分解到企业的各个层次，环境考核指标落实到各个岗位，纳入岗位责任制中；完备可靠的统计和审核及其信息反馈；有效的指挥调度，合理安排批量生产的日程；减少设备清洗频率，优化清洗方法；原料和成品要妥善存放，保持合理的原料库存量；公平的奖惩制度；组织安全文明生产等。

中国近年来对一些企业进行评估后发现一系列揭示企业管理上的问题。表 3-1 所列是经过评估后提出的减污方案。

表 3-1　某些企业经评估后产生的方案统计

企业名称	节约原材料/%	内部管理与现场循环利用/%	无费与低费方案/%
××化工三厂	11	7	10
××电镀总厂	7	12	12
××铬盐厂	5	13	7
××啤酒厂	6	16	13

表 3-1 说明在节约原材料方面、在良好的内部管理和现场循环利用方面、在投资需求无费或低费方面都占有较大的成分。上述问题归纳起来有下列几方面：

① 所有的企业工厂在原材料的节约上均有很大潜力。原材料的浪费多数是生产管理不善造成的，如物料称重不准，投入量过多可不恒定；物料管理不善，库存不当，造成失效，报废；保管不好，受到污染，变质；进料检验不严，有掺假，有杂质等；物料投放时配比不当等。

② 企业工厂应加强内部管理与排放物循环利用。例如，控制阀门失灵，管网布局杂乱，管路不畅，跑、冒、滴、漏随处可见；设备管理不善，没有定期检修，不能维持正常运转，停车次数过多；水、汽、热能供应不正常，或温度，压力等调控失效或不当；未按工艺技术规程进行操作或不精心操作；劳动纪律松懈，不遵守岗位责任制；操作工人没有定期培训，操作水平低，管理意识差；奖惩制度贯彻不严，不公平，带情绪操作；排放物不注意清污分流，不注意排放物中原材料、中间产品和副产品的回收利用等。

以上情况说明，由于管理不善给污染全过程控制提供了很多机会，只需加强管理而不需花大投资即可取得良好的效益。因此，企业应加强对职工的污染全过程控制教育和上岗培训，这样可提高工人参与管理的意识和操作技能。要建立职工上岗培训、取得操作上岗证的管理方法，提高职工素质。要严格执行有环境目标的岗位责任制考核制度，包括原材料、水、电、汽消耗量；废水排放量和污染物总量的考核制度。健全和完善设备维修制度，并与车间的责任考核相结合。加强对原材料的管理，包括运输、储存管理等。

以上讨论可归结为企业的基层管理，对于企业的高层次管理，则显示为企业的整体素质。一个企业的整体素质来自于正确的指挥、机智的协调、有机的配合和有效的控制和个人的积极参与。此外，企业的整体素质还体现在企业人员的参与管理意识、环境意识、职业道德、文化教育水平和经济观念等方面。提高企业整体素质是指提高企业内管理人员、工艺和工程技术人员、操作工人的经济意识水平、环保意识水平、参与意识水平、技术水平、职业道德水平等。

二、 生产过程控制管理

1. 产污、排污系数

（1）污染物产生、排放系数（简称产污、排污系数）

产污系数是指在正常技术经济和管理条件下，生产单位产品或产生污染活动的单位强度（如重量、体积和距离等）所产生的原始污染物量。排污系数是指上述条件下经污染控制措施削减后或未经削减直接排放到环境中污染物量。显然，产污、排污系数与产品生产工艺、原材料、规模、设备技术水平以及污染控制措施有关。

（2）原始产污、排污系数

原始产污、排污系数是指对单个企业在正常生产条件下，通过实测或物料衡算或调查所得到的单位产品所产生或排放的原始污染物量。原始产污、排污系数的随机性很大，在相同工艺、原材料、规模和技术水平下，因企业不同而不同。原始系数是求取个体和综合系数的基础依据。

（3）过程产污系数和终端产污系数

过程产污系数是指在生产线上独立生产工序（或工段）生产单位中间产品或最终产品产生的污染物量，不包括其前工序产生的污染物量。终端产污系数是指包括整个工艺生产线上生产单位最终产品产生的污染物量，是整个生产工艺线相应过程产污系数经折算后相加所得之和。

（4）过程排污系数与终端排污系数

过程排污系数是指在生产线上独立生产工序（或工段）有污染治理设施时生产单位产品所排放的污染物量，该系数与相应过程产污系数之差值即为该治理设施的单位产品污染物削减量。

终端排污系数是指整个生产工艺线相应过程排污系数之和。整个生产工艺单位产品污染物削减量即为终端产污系数与终端排污系数之差。

（5）产污控制系数和排污控制系数

产污、排污控制系数是指根据产污系数、生产工艺技术水平和最佳污染控制实用技术等条件规定的生产单位产品所产生或向环境排放的污染物量。实际上，产污、排污控制系数是一种以产污、排污系数形式所表达的产品工艺污染物产生、排放标准。

（6）个体产污系数和综合产污系数

个体产污系数是指特定产品在特定工艺（包括原料路线）、特定规模、特定设备技术水平以及正常管理水平条件下求得的产品生产污染物产生系数。综合产污系数是指按规定的计算方法对个体产污系数进行汇总求取的一种产污系数平均值。显然，综合产污系数由于汇总的层次和计算方法不同而显著不同，在此规定根据个体系数进行一次（从技术水平到特定规模）、二次（从规模到特定工艺）和三次（从生产工艺到产品）汇总计算所得的产污系数分别称为一次产污系数、二次产污系数和三次产污系数。当系数层次划分少于或多于三个时，可依此类推命名；不能按上述定义的，则应根据相应行业的特点给出相应的一次、二次和三次产污、排污系数定义。

2. 产污、排污系数确定方法

（1）产污系数的确定

根据个体产污系数和综合产污系数的定义可知，无论是根据实测或物料衡算还是调查所得出的系数，对于一个企业而言，该系数就是特定产品生产工艺、特定原料、特定规模和特定设备技术水平甚至特定管理水平条件下的一个个体产污系数。因此，综合和个体产污系数确定的方法是不同的。

假设某产品生产有 m 种生产工艺（包括不同的原料路线），第 i 种$(i=1,2,\cdots,m)$生产工艺的产品生产有 n 种（一般 $n \leqslant 3$）规模，第 j 种$(j=1,2,\cdots,n)$生产规模下有 k 种生产技术水平，而第 $t(t=1,2,\cdots,k)$种生产技术水平下有 s 个实测或调查的企业单位（其关系见表3-2），则从 s 个企业求得某一污染物的 s 个原始产污系数，个体产污系数 G_{ijt} 就是该 s 个原始系数的平均值，一次、二次和三次产污系数依此类推求得。

表 3-2　个体产污系数与综合产污系数关系

产品								三次系数
				G				
生产工艺	$1G_1$	$2G_2$	$\cdots$	iG_i	$\cdots$	mG_m		二次系数
生产规模	$1G_{i1}$	$1G_{i2}$	$\cdots$	$1G_{ii}$	$\cdots$	nG_{in}		一次系数
技术水平	$1G_{ij1}$	$1G_{ij2}$	$\cdots$	$1G_{ijt}$	$\cdots$	$\cdots$	kG_{ijk}	个体系数
企业	$1G_{ijt1}$	$1G_{ijt2}$	$\cdots$	$1G_{ijr}$	$\cdots$	$\cdots$	sG_{ijts}	原始系数

（2）排污系数确定

排污系数一般在产污系数确定的基础上进行，因此，其确定方法与前者大致相同。确定时具体有以下 5 点要求。

① 产品生产工艺、规模和技术水平原则上应与确定产污系数时进行的分类相一致；对于一些工艺较为复杂的产品，可以作一些简化（如不考虑规模特性和工艺设备水平）。

② 当利用过程排污系数确定终端排污系数时，应尽量选取污染物典型削减治理技术进行测算，以减少工作量（典型技术是按目前实际生产中采用比较多、处理效果较好的技术）。

③ 当需要用治理设施处理效率确定排污系数时，应慎重选用治理设施处理效率参数，原则上，不能选用设计值，要求进行实测。经验估值应有资料出处。

④ 求取个体排污系数时仍可采用算术均数、几何均数和中位数 3 种方法；结果表示也应同时提供样本标准差和置信区间等数理统计信息。

⑤ 在根据综合产污系数确定综合排污系数时，相应的各种权重系数原则上应与确定产污系数时一致，个别情况（如出现工艺、规模划分不同）应做调整或修正。

（3）产污、排污系数等级

系数等级是根据系数获取过程可依据的技术方法、样本数量和质量等因素给予系数的一个质量判断等级，规定系数等级的目的主要在于方便系数使用者了解系数的可靠性和准确性，以使正确合理地选择使用。确定系数等级的主要依据是获取系数的基础数据数量和质量，数量主要体现于获取原始系数企业调查数目，而质量主要体现于实测量和物料衡算为基础的企业调查数目。

系数等级划分为 A 级、B 级、C 级和 D 级四个等级。原则上，根据标准测定技术方法，而且求取个体系数的污染源实测数目在 4 个以上，则不论其调查数目多少，规定求取的个体系数等级为 A 级；如果特定工艺、规模求取和技术水平分类的企业数目少于 4 个，则只要全部实测，规定求取的个体系数为 A 级，否则规定为 B 级或 C 级。

（4）产污、排污控制系数确定

产品生产工艺产污控制系数是一种产品和工艺的标准形式，而产品生产工艺排污控制系数则是一种以排污系数表达的工艺污染排放标准，由于具体排放标准的制定需要根据污染源与相应受纳水体的水质响应关系，以及国家和地区的技术经济条件来确定，所以，此处确定的控制系数只作为一种建议值，为国家和地方的生产工艺标准和排放标准制定提供参考。具体要求有工艺和规模划分、时间区段规定、污染源类型划分、控制系数（限值）表述方式等。

（5）关于原料、资源和能源消耗系数

产品生产原料、资源和能源消耗系数（简称"三耗"系数）与产污、排污系数密切相关。这些系数既可以作为产污、排污系数的检验依据，同时又可以作为生产工艺的技术经济评价指标用于生产工艺的评价。为此，对原料、资源和能源消耗系数确定按下列原则和要求进行。

① 原料消耗系数主要包括主原料和辅助原料，尤其是有毒有害物质，资源消耗系数主要包括水资源消耗，而能源消耗系数主要包括电力、油耗和煤耗等。

　　② 原则上，确定"三耗系数"时产品生产工艺、规模和技术水平划分应与产污、排污系数确定时相一致，求取综合系数时的权重可直接利用确定前者时的权重系数。

　　③ 原始"三耗系数"确定一般要求采用实测法。不能采用实测法的采用物料衡算法，同时调查样本必须满足数理统计要求，结果表达内容包括数理统计值。

　　④ 同时列表给出国外发达国家 20 世纪 80 年代同类产品生产工艺的原料、资源和能源消耗系数。

　　⑤ 根据现状和 2000 年两个时段确定出所选产品不同生产工艺的主要原料消耗、水资源消耗和能源消耗定额系数和循环利用系数。

三、 生产工艺与控制技术评价

　　从环境角度对产品工艺进行评价，是对工业污染源实施全过程控制的一个主要的步骤，它是借助对产品生产工艺的技术经济评价结果，对产品生产工艺的环境影响所做的一项重要的补充评价和工艺分类，有的部门产品（或中间产品）只有一种工艺，但具有多种工艺规模，不同的规模又具有不同的技术水平和工艺特征，此时的规模评价和技术装备评价具有工艺评价的性质。

（一） 指标

1. 环境指标

　　（1）产污系数

　　产品在生产过程中，如产生多种污染物，此时，应根据污染物量的多少和对生态环境危害的严重程度，在各种不同的情况下（如地区环境容量等）选择一种或一种以上的污染物产生系数。

　　（2）能耗系数

　　根据耗能对环境的影响，能耗可同时用两种方式表达：

　　① 总能耗系数：指包括煤、油、气、电在内的总能耗，根据其实耗量按规定折算成标准煤千克或克。

　　② 燃料能耗系数：指从总能耗系数中除去电以外的折算成标准煤的量。

　　列出以上两种不同能耗系数是由于考虑到两种能耗系数对环境的不同影响，以及能源状况不同地区的考虑与比较。

　　（3）水耗系数

　　水耗系数表示产品对水资源的耗用，并影响废水的排放量，对保护环境有重要意义，水耗系数根据实际情况表达为：

　　① 产品新鲜水消耗量；

　　② 产品用水量，指产品生产包括新鲜水量和复用水量之和。

　　（4）主要原料消耗系数

　　它是环境、经济和技术的综合指标。

2. 经济指标

　　单位产品工厂成本　污染治理费用在外的工厂成本。

　　单位产品污染治理费用　指治理单位产品产污达到排放标准的运行费用。

　　单位产品基建投资

　　投资回收期（年）

　　内部收益率

　　占地面积

3. 技术指标

　　适用规模

　　主体设备寿命

　　年保证运行小时数

　　自动化程度　自动操作占全部操作参数的百分数。

（二）分类

1. 从筛选和评价的角度分

　　由筛选和评价的角度，生产工艺可分为以下 4 类。

　　（1）提倡的生产工艺

　　即通称的清洁工艺，由于此种工艺先进，要求基建投资较高和较高操作和维护水平，它的环境指标，首先其产污系数大大低于产品规模与技术水平相近的各种工艺，在投资财力允许的情况下，地区有特殊要求的新建企业和老企业技术改造提倡选用这种工艺。

　　（2）发展的生产工艺

　　实际上这是一种最佳实用技术，它的环境指标，首先是产污系数居于产品规模技术水平相近的生产工艺的中上游；基建投资低于清洁工艺，为中国财力所能承受；产品工厂成本低于或与现有同规模企业相近，符合国家产业政策和行业发展目标，符合中国或地区的资源、能源、环境的特点，工艺成熟，有自行开发设计装备的能力，具有明显的综合的优越性，是现阶段可以广为发展的工艺。

　　（3）限制的生产工艺

　　这是一种在环境、经济、技术三个方面的指标都居于中下游的工艺，由于各种原因暂时还不能淘汰，因此，这种工艺不允许发展，原有企业不允许扩建，新建或技术改造不允许采用，它是一种从环境、经济、技术各方面看没有发展前景的工艺。

　　（4）淘汰的生产工艺

　　这是在环境、经济、技术三方面的指标都居于下游，对生态环境已经造成较大危害的落后工艺，采用这种工艺的企业都要限期改造，或者关、停、转。

2. 从工艺特点的区分

　　生产工艺可以按其无污或少污、节能、节水以及综合利用的特点划分为以下 4 类：

　　（1）清洁工艺

　　又称无污少污工艺，其含义已如上述。

　　（2）节能工艺

　　由于改变生产工艺条件，采取节能措施（实行热回收、改进设备，改善热绝缘）以及采用可再生能源使单位产品的能耗明显低于采用其他生产同样产品的工艺，对于燃料能源短缺或大气污染严重的地方，都应优先采用节能工艺。一切有条件的地方，经过技术经济论证，有利于降低产品成本的企业，也都应考虑在不同时段采用节能工艺的必要和可能。

（3）节水工艺

由于改变生产工艺，采取水重复利用和循环回用的方法，使单位产品的水耗明显低于采用其他工艺生产同样产品的工艺。对于水资源短缺，水污染严重的地方，以及一切有条件的地方，经过技术经济论证有利于降低产品成本的企业都应优先采用节水工艺，考虑在不同时段采用节水工艺的必要和可能。

（4）综合利用工艺

一种生产工艺，在其流程内部，或在其外部的配置方面考虑了综合利用的要求，使工艺内部或与其他产品工艺共同构成一种配套的综合利用工艺，达到无污或少污，在各部门现行生产工艺中有大量综合利用工艺的例子，这是一种化害为利、经济有效的办法，一切有条件的企业都应考虑这一削减排放的途径。

（三）　评价标准和方法

评价标准采用百分制，各类指标满分分数为：环境指标，40；经济指标，40；技术指标，20。

上列4类工艺评价指标分数及其总分要求如表3-3所示。

表 3-3　产品生产工艺评价指标分数及其总分

工艺类型	环境指标/分	经济指标/分	技术指标/分	总分/分
提倡的工艺	≥36	≥30	≥18	≥84
发展的工艺	≥30	≥35	≥14	≥79
限制的工艺	≥20	≥30	≥12	≥62
淘汰的工艺	≤15	≤25	≤10	≤50

各大类指标内的分项指标满分值和评分要求，由各工业部门根据自身的具体状况、技术发展政策和本部门的环保政策确定。

评价采用专家判分法，即聘请有关行业的工艺技术专家、企业管理专家、行业管理专家和环境污染控制技术有明显的规模特征，要求对应每种工艺和规模进行筛选评价。

对应每种产品工艺，原则上分别按废水、废气和固体废物治理技术进行筛选评价，而且治理技术针对废水、废气和固体废物中的主要污染物或有毒有害物质，综合性治理技术优先参加筛选评价。

1. 指标

① 技术指标分3项：主要污染物去除率；技术适用范围；典型规模下的能耗系数。

② 经济指标分6项：单位处理量基建投资；单位处理量处理成本（包括设备折旧）；单位处理量运行费用；投资回收年限；处理投资费用、直接效益比；单位处理量占地面积。

③ 环境效益指标分3项：主要污染物去除前后浓度；处理排放达标率（指现行排放标准）；二次污染程度。

2. 分类

从筛选评价角度看，污染治理技术一般包括最佳实用技术、最佳可行技术和一般可行技术三种。

（1）最佳实用技术（BPT）

最佳实用技术是指代表一定时期内行业或子行业污染源在最佳生产状态下控制常规污

和（如 COD、SS 和油类等）处理设施的平均技术水平的一类技术。具体基本条件中工艺成熟、技术可行、现有实用、经济合理，一般需要有 2 年以上的工程运行实例，BPT 强调技术经济可行，技术可靠。

（2）最佳可行技术（BAT）

最佳可行技术是代表一定时期内行业或子行业污染源控制常规和有毒污染物最佳控制水平的控制技术。BAT 强调污染物去除效率最佳，但在经济上和工程上必须是可行的。它是制定产品产生污染物排放控制系统或超前排放标准的依据。一般来说，随着国家或地区技术经济水平的发展，目前的 BAT 在未来时期内可能就是 BPT。

（3）一般传统可行技术（CAT）

一般实用技术是指目前在行业或子行业污染控制中使用的控制技术，其技术先进性和经济合理性都要比 BAT 和 BPT 低。

3. 评估标准和方法

评价标准采用百分制，即 4 类指标满分为 100 分，具体 4 类指标满分分数为：

技术指标满分分数　　　　　　　　　　30
经济指标满分分数　　　　　　　　　　30
环境效益指标满分分数　　　　　　　　25
运行管理指标满分分数　　　　　　　　15

最佳实用技术、最佳可行技术和一般可行技术的各类指标分数和总分要求规定如表 3-4 所示。

表 3-4　BPT、BAT 和 CAT 评分要求

技术类型	技术指标/分	经济指标/分	环境指标/分	运行管理指标/分	总分/分
最佳实用技术（BPT）	>20	>25	>15	>10	>70
最佳可行技术（BAT）	>25	>15	>20	>10	>70
一般可行技术（CAT）	>15	>10	>15	>10	≥50

具体各类指标体系中分项指标满分值和 BPT、BAT 和 CAT 分项指标的评分要求由各工业部门根据产品生产工艺污染控制技术具体情况确定。

筛选评价采用专家判分法。各课题根据产品生产工艺类型组织不同的污染治理技术专家组成评价专家组，同时可吸收一定比例的环境管理专家；评分时先讨论后判分。

第四章
制药工业清洁生产

第一节　制药工业概述

　　制药工业是发展国民经济的重要产业之一。医药产品按其生产工艺或产品特点可分为无机制药、有机制药、中草药制药和抗生素制药4大类。无机药物大多数为无机盐类，少数为氧化物、个别单体或其他形式；有机药物又可分为天然药物和合成药物；中草药类药品分为中草药和中成药，一般采用天然动植物做原料；抗生素的生产是以微生物发酵进行生物合成为主，少数也可用化学合成方法。医药产品如按生产工艺过程可分为生物制药和化学制药。化学制药是采用化学方法使有机物质或无机物质通过化学反应生成的合成物；生物制药按生物工程学科范围可分为发酵工程制药、基因工程制药、细胞工程制药和酶工程制药4类。制药工业的特点是：产品种类繁多、更新速度快、涉及的化学反应复杂；所用原材料繁杂，而且有相当一部分原材料是易燃、易爆的危险品或是有毒有害物质；除原材料引起的污染问题外，其工艺环节收率不高（一般只有30％左右，有时甚至更低，有时因为染菌等问题整个生产周期的料液将会废弃），这样，往往是几吨、几十吨甚至是上百吨的原材料才制造出1t成品，因此造成的废液、废气、废渣相当惊人，严重影响了周边环境。有许多发达国家，如美国、德国、日本等国家，由于对环境保护的要求日益严格，现已经逐渐放弃了高消耗、高污染的原材料生产，而中国作为一个发展中国家，自然成为原材料药的生产和出口大国，虽然能促进一方经济的发展，为国家赚取一定的外汇；但同时也产生了大量严重污染环境的物质，长此下去，势必会造成环境的极度污染，破坏可持续发展战略。为此，必须大力提倡和发展清洁生产，强化原辅材料的代替，改革和发展新工艺、新技术，提高各工艺环节的收率，实现材料、物质的综合利用、物料的闭路循环，加强科学管理将污染排放减至最低，促进中国的可持续发展战略。

第二节　中草药制药的清洁生产

　　中国已经查明的中药资源达12807种，居世界之首，中医药文化是中国古老文明的组成部分。中草药在中国有着悠久的历史，是中国药学中的一个不可或缺的组成部分，利用中草药材治病是中国特有的方法，并且在疗效方面具有特效、安全、无副作用等优点，因而也得到了世界各国的瞩目，但由于中草药所含成分复杂，不但含有有效成分，也含有无效成分甚至有毒成分。

中草药常规的提取方法有热提取法、浸泡提取法等提取工艺，这些工艺操作复杂、提取时间长、有效成分收率低，产生大量的废液、废渣，因此必须在中草药的提取过程中采用清洁生产技术，才能提高提取收率、减轻废物处理负担。

一、　银杏有效成分提取工艺

银杏又名白果，是最古老的中生代的稀有植物之一，有"裸子植物活化石"之称，是中国特有的树种，主要生长在湖北和河南等地。银杏中含有黄酮类、萜内酯类及银杏酚酸等活性成分，对中枢神经系统、血液循环系统、呼吸系统和消化系统等有较强的生理活性，同时有抗菌消炎、抗过敏、消除自由基等作用。自20世纪60年代起，国内外许多学者对其化学成分及化学成分的提取工艺进行了大量的研究。

目前多采用溶剂提取法：以60%的丙酮作为提取溶剂，经过一系列的过程得到产品EGB761，提取物经测定，含灰分约为0.25%，重金属约为$20\mu g/g$。此类工艺的共同特点是：需要进行长时间的提取，多次的洗涤、过滤和萃取，工艺路线长，消耗了大量的有机溶剂，劳动强度大，生产成本高；收率低，工艺过程参数控制较难，产品的质量较差；生产过程中产生大量的废液和废渣，对环境污染大，给企业带来较大的环境污染治理负担；而且产品中含有重金属和有机溶剂的残余，会给用药人带来毒副作用。

为克服上述在生产、消费以及后期治理存在的缺点，人们一直在研究寻找一种新途径来提取银杏的有效成分，下面介绍的是开始广泛推广应用的超临界流体萃取（SCFE）银杏有效成分工艺。

超临界萃取工艺为：取绿色银杏叶干燥、粉碎，经过预处理后，分装到萃取器中压紧密封，打开萃取器、分离器和系统的其他加热装置，进行整个系统的预热，同时设定萃取分离所需的温度；打开二氧化碳的进气开关，启动压缩机，使压力达到萃取的要求时，保持一定时间；打开分离用的进气阀，进行分离操作；当压力稳定为10MPa时，进行脱除银杏酚酸和叶绿素等杂质的过程；当压力大于10MPa并稳定时，进行银杏叶有效成分的萃取分离和收集，同时进行萃取产物的测定。

将SCFE方法与溶剂萃取法进行比较可以得到：

① SCFE的萃取率达到3.4%，比溶剂萃取法高2倍，大大提高收率；

② SCFE工艺流程短，萃取分离一次完成，萃取操作时间约为2h，比溶剂萃取法萃取时间（24h）缩短了11倍，提高了效率；

③ 银杏有效成分质量高于国际上公认标准，银杏黄酮含量达到28%，银杏内酯含量达到7.2%；

④ SCFE采用了二氧化碳为萃取介质，萃取操作在35～40℃进行，保持了银杏叶有效成分的天然品质；

⑤ 没有重金属和有毒溶剂的残留。

二、　甘露醇提取工艺

甘露醇为渗透性利尿药，并可用于脑瘤、脑外伤、脑水肿所致颅压升高，静滴20%溶液可降低颅内压，也可防治急性水尿症等。传统生产工艺为水重结晶-离子交换工艺，该工艺流程复杂，劳动强度大，而且甘露醇的提取率低，耗汽量大，生产成本高。以组合膜法工艺提取甘露醇，动力消耗降低 1/3，蒸汽消耗降低 2/3，收率从 6％升高到 7.8％以上，缩短了工艺流程，减轻了劳动强度，提高了成品质量。

结合离子交换膜法生产甘露醇，工业生产过程见图 4-1。

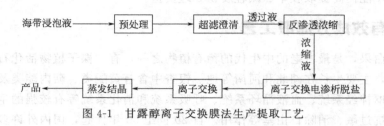

图 4-1　甘露醇离子交换膜法生产提取工艺

海带浸泡液含甘露醇 1％左右，经预处理去除糖胶、有机杂质、悬浮物及其他杂质，经进一步净化，反渗透进行甘露醇溶液的预浓缩，可进一步净化海带液，并浓缩至甘露醇含量为 3％～6％。浓缩液在离子交换膜电渗析装置中除去 95％的盐，离子交换后浓缩得到甘露醇产品。

第三节　抗生素制药清洁生产

抗生素（antibiotics）是微生物、植物、动物在其生命过程中产生（或利用化学、生物或生化方法）的化合物，具有在低浓度下选择性地抑制或杀灭其他种微生物或肿瘤细胞能力的化学物质，是人类控制感染性疾病，保障身体健康及防治动植物病害的重要化疗药物。抗生素发酵是通过微生物将培养基中某些分解产物合成具有强大抗菌或抑菌作用的药物，它一般都采用纯种在好氧条件下进行的。抗生素的生产以微生物发酵法进行生物合成为主，少数也可用化学合成方法生产。此外，还可将生物合成法制得的抗生素用化学、生物或生化方法进行分子结构改造而制成各种衍生物，称为半合成抗生素。

抗生素生产始于第二次世界大战期间，英国、美国科学家在早年 Fleming 发现青霉素的基础上，将玉米浆作为培养基的氮源，采用深层发酵技术。中国抗生素的研究从 20 世纪 20 年代开始，主要集中在青霉素的发酵、提炼和鉴定上，而生产则始于 20 世纪 50 年代初。近年来，逐渐采用电脑控制发酵，以基因工程技术来提高发酵效价。但是，目前在抗生素的筛选和生产、菌种选育等方面仍存在着许多技术难点，从而出现原料利用率低、废水中残留抗生素含量高等诸多问题，造成严重的环境污染和原材料及能源的不必要的浪费。

抗生素主要用于化学治疗剂，但在生产过程、生产技术和原料设备等方面都与化学合成制药有很大不同。抗生素生产要耗用大量粮食，分离过程（特别是溶剂萃取法）要消耗大量有机溶剂。一般说来，每生产 1kg 抗生素需耗粮食 25～100kg，同时，抗生素生产耗电约占总成本的 75％。

众所周知，由于青霉素的卓越疗效，大大引起人们对抗生素的兴趣。到目前为止，世界各国发现的天然抗生素已达 3000 多种，临床常用的约 50 多种，如灰黄霉素、链霉素、多黏菌素、金霉素、头孢霉素、新霉素、土霉素、制霉菌素、四环素、红霉素、螺旋霉素、新生霉素、万古霉素、两性霉素、力复霉素、巴霉素、卡那霉素、林可霉素、庆大霉素、柔毛霉素和博莱霉素等，目前都已投入生产。部分抗生素主要产品产量见表 4-1。

表 4-1　部分抗生素主要产品产量

名称	产量/(t/a)	名称	产量/(t/a)
青霉素	1640	链霉素	1208
土霉素	7390	四环素	4215
洁霉素	315	金霉素	467
庆大霉素	573	红霉素	225
麦迪霉素	285		

一、 抗生素生产工艺

抗生素生产工艺主要包括菌种制备及菌种保藏、培养基制备（培养基的种类与成分以及培养基原材料的质量和控制）与灭菌及空气除菌、发酵工艺（温度与通气搅拌等）与设备、发酵液的处理和过滤、提取工艺（沉淀法、溶剂萃取法、离子交换法）和设备、干燥工艺与设备。以粮食或糖蜜为主要原料生产抗生素的生产工艺流程见图 4-2。

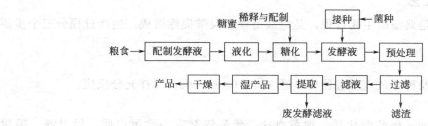

图 4-2　抗生素生产工艺流程

由图 4-2 可见，抗生素生产工艺流程与一般发酵产品工艺流程基本相同。生产工艺包括微生物发酵、过滤、萃取结晶、化学方法提取、精制等过程。因此，抗生素生产工艺的主要废渣水来自以下三个方面。

① 提取工艺的结晶废母液。抗生素生产的提取可采用沉淀法、萃取法、离子交换法等工艺，这些工艺提取抗生素后的废母液、废流出液等污染负荷高，属高浓度有机废水。

② 中浓度有机废水。主要是各种设备的洗涤水、冲洗水。

③ 冷却水。

此外，为提高药效，还将发酵法制得的抗生素用化学、生物或生化方法进行分子结构改造而制成各种衍生物，即半合成抗生素，其生产过程的后加工工艺中包括有机合成的单元操作，可能排出其他废水。下面对传统青霉素、土霉素、庆大霉素以及采用土霉素初产品合成的强力霉素的生产工艺作简单介绍，以便了解抗生素制药的生产工艺。

1. 青霉素的生产工艺

青霉素和头孢霉素是 β 内酰胺类抗生素的主要代表，基本流程见图 4-3。

$$发酵液 \longrightarrow 提取 \longrightarrow 脱色 \longrightarrow 碱化 \longrightarrow 结晶 \longrightarrow 洗涤 \longrightarrow 干燥 \longrightarrow 产品$$

图 4-3　青霉素的常规生产方法

青霉素的生产过程如下所述。

（1）种子制备

以甘油、葡萄糖和蛋白胨组成培养基进行孢子培养，生产时每吨培养基以不少于 200

亿个孢子的接种量接种到以葡萄糖、乳糖和玉米浆等培养基的一级种子罐内，于（27±1）℃通气搅拌培养 40h 左右。一级种子培养好后，按 10％接种量移种到以葡萄糖、玉米浆等为培养基的二级繁殖罐内，于（25±1）℃通气搅拌培养 10～14h，便可作为发酵罐的种子。

（2）发酵生产

发酵以淀粉水解糖或葡萄糖为碳源，以花生饼粉、骨质粉、尿素、硝酸铵、棉籽饼粉、玉米浆等为氮源，无机盐类包括硫、磷、钙、镁、钾等，温度先后为 26℃和 24℃，通气搅拌培养。发酵过程中的前期 60h 内维持 pH＝6.8～7.2，以后稳定在 pH＝6.7 左右。

（3）青霉素的提取和精制

从发酵液中提取青霉素，多用溶剂萃取法，经过几次反复萃取，就能达到提纯和浓缩的目的；另外，也可用离子交换或沉淀法。由于青霉素的性质不稳定，整个提取和精制过程应在低温下快速进行，注意清洗，并保持在稳定的 pH 范围。

2. 土霉素的生产工艺

土霉素的生产是典型的生物过程，是龟裂链丝经发酵提炼而成，生产过程分三个步骤。

（1）种子培养

（2）发酵

将各种培养基及种子放入反应器中，经 170～190h 充氧、搅拌充分反应。

（3）提取

发酵后的物质加入硫酸酸化后，加黄血盐、硫酸锌絮凝去除蛋白质，经过滤、吸附结晶、离心分离、干燥、包装即成产品。

土霉素生产过程产生的废水主要由结晶母液、过滤冲洗水及其他废水组成。

3. 庆大霉素的生产工艺

庆大霉素是一种碱性水溶性抗生素，发酵液浓度通常为 $1500\mu g/mL$。由绛红小单孢菌和棘孢小单孢菌发酵生产的一种氨基糖类光谱抗生素，生产上采用离子交换法进行分离提取。长期以来，发酵单位较低。发酵后的物质再经二步加工制成成品。

① 加盐酸酸化后中和，再进行树脂吸附。

② 树脂解吸，解吸液净化后蒸发、脱色、过滤、干燥、包装成产品。

该类药品的废水主要是吸附后筛分过程的筛下液。

4. 强力霉素的生产

强力霉素即脱氧土霉素，是以土霉素为原料制成，属半合成抗生素，其生产过程分四个步骤。

① 氯代过程：先合成氯代土霉素。

② 脱水：将氯代物放入氟化氢中去除氢（H）和氧（O）的脱水物质，再加入对甲苯磺酸合成对甲苯磺酸盐。

③ 对甲苯磺酸盐加入氢氧化物及磺基水杨酸盐，再与盐酸乙醇反应生成半成品。

④ 半成品经净化、脱色、过滤、结晶、干燥、包装即为成品。

强力霉素生产过程产生的废水主要有两部分：一是氯代过程中的原料即氯代乙酰苯胺生产过程中产生的废水；二是生产岗位甲醇、乙醇回收产生的废醪。

表 4-2 为部分抗生素提炼方法。

表 4-2　部分抗生素提炼方法

抗生素品种	提炼方法	干燥方法
金霉素盐酸盐	溶剂提炼法、沉淀加溶剂精制	气流干燥、真空干燥
链霉素、庆大霉素等	离子交换法	喷雾干燥
四环素盐酸盐	四环素碱加尿素成复盐再加溶剂精制法	真空干燥
土霉素盐酸盐	沉淀加溶剂精制法	气流干燥
红霉素	溶剂提炼法、大孔树脂加溶剂精制	真空干燥
其他大环内酯类抗生素	溶剂提炼法	真空干燥

二、 抗生素废水来源及水质特征

1. 废水来源

抗生素制药的废水可分为：提取废水、洗涤废水和其他废水。其生产工艺流程与废水产生来源见图 4-4。

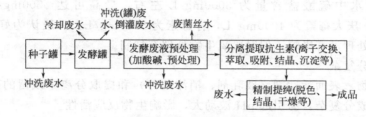

图 4-4　抗菌素生产工艺流程与废水产生来源

抗生素生产废水的来源主要包括以下几个方面。

（1）发酵废水

本类废水如果不含有最终成品，BOD_5 为 4000～13000mg/L。当发酵过程不正常，发酵罐出现染菌现象时，导致整个发酵过程失败，必须将废发酵液排放到废水中，从而增大了废水中有机物及抗生素类药物的浓度，使得废水中 COD、BOD_5 值出现波动高峰，此时废水的 BOD_5 可高达（2～3）×10^4 mg/L。

（2）酸、碱废水和有机溶剂废水

该类废水主要是在发酵产品的提取过程，需要采用一些提取工艺和特殊的化学药品造成的。

（3）设备与地板等的洗涤废水

洗涤水的成分与发酵废水相似，BOD_5 为 500～1500mg/L。

（4）冷却水

废水中污染物的主要成分是发酵残余的营养物，如糖类、蛋白质、无机盐类（Ca^{2+}、Mg^{2+}、K^+、Na^+、SO_4^{2-}、HPO_4^{2-}、Cl^-、$C_2O_4^{2-}$ 等），其中包括酸、碱、有机溶剂和化工原料等。

2. 水质特征

从抗生素的制药的生产原料及工艺特点中可以看出，该类废水成分复杂，有机物浓度高，溶解性和胶体性固体浓度高，pH 经常变化，温度较高，带有颜色和气味，悬浮物含量高，含有难降解物质和有抑菌作用的抗生素，并且有生物毒性等。其具体特征如下。

（1）COD 浓度高（5～80g/L）

其中主要为发酵残余基质及营养物、溶剂提取过程的萃余液，经溶剂回收后排出的蒸馏釜残液，离子交换过程排出的吸附废液，水中不溶性抗生素的发酵滤液，以及染菌倒罐废液等。这些成分浓度高，如青霉素 COD 为 15000～80000mg/L，土霉素 COD 为 8000～35000mg/L。

（2）废水中 SS 浓度高（0.5～25mg/L）

其中主要为发酵残余培养基质和发酵产生的微生物丝菌体。如庆大霉素 SS 为 8g/L 左右，青霉素为 5～23g/L。

（3）存在难生物降解和有抑菌作用的抗生素等毒性物质

由于抗菌素得率较低，仅为 0.1%～3%（质量分数），且分离提取率仅为 60%～70%（质量分数），因此废水中残留抗生素含量较高，一般条件下四环素残余浓度为 100～1000mg/L，土霉素为 500～1000mg/L。废水中青霉素、四环素、链霉素浓度大于 100mg/L 时会抑制好氧污泥活性，降低处理效果。

（4）硫酸盐浓度高

如链霉素废水中硫酸盐含量为 3000mg/L 左右，最高可达 5500mg/L，土霉素为 2000mg/L 左右，庆大霉素为 4000mg/L，青霉素为 5000mg/L。一般认为好氧条件下硫酸盐的存在对生物处理没有影响，但对厌氧生物处理有抑制。

（5）水质成分复杂

中间代谢产物、表面活性剂（破乳剂、消沫剂等）和提取分离中残留的高浓度酸、碱、有机溶剂等原料成分复杂，易引起 pH 波动大，影响生物反应活性。

（6）水量小周期变化大，且间歇排放，冲击负荷较高

由于抗生素分批发酵生产，废水间歇排放，所以其废水成分和水力负荷随时间也有很大变化，这种冲击给生物处理带来极大的困难。

部分抗生素生产废水水质特征和主要污染因子见表 4-3。

表 4-3　部分抗生素生产废水水质特征和主要污染因子 （mg/L）

抗生素品种	废水生产工段	COD	SS	SO_4^{2-}	残留抗生素	TN	其他
青霉素	提取	15000～80000	5000～23000	5000		500～1000	
氨苄青霉素	回收溶剂后	5000～70000		<50000	开环物 54%	NH_3-$N_2$0.34%	
链霉素	提取	10000～16000	1000～2000	2000～5500		<800	甲醛 100
卡那霉素	提取	25000～30000	<250000		80	<600	
庆大霉素	提取	25000～40000	10000～25000	4000	50～70	1100	
四环素	结晶母液	20000			1500	2500	乙二酸 7000
土霉素	结晶母液	10000～35000	2000	2000	500～1000	500～900	乙二酸 10000
麦迪霉素	结晶母液	15000～40000	1000	4000	760	750	乙酸乙酯 6450
洁霉素	丁醇提取回收后	15000～20000	1000	<1000	50～100	600～2000	
金霉素	结晶母液	25000～30000	1000～50000		80	600	

三、 抗生素废物的综合利用与清洁生产

（一） 抗生素废料的综合利用

抗生素生产的主要原料为豆粉饼、玉米浆、葡萄糖、麸质粉等，经接入菌种进行发酵产生各种抗生素，然后再经固液分离，滤液进一步提取抗生素，滤渣即为药渣。不言而喻，将药渣采用掩埋或直接排入下水道，不仅严重污染环境，还会占用大量土地，同时，还浪费了宝贵的资源。实际上抗生素生产的主要原料均为粮食和农副产品，因此，药渣及处理污水的活性污泥都含有较高含量的蛋白质，可以生产高效有机肥料或饲料添加剂。

1. 污水处理产生的活性污泥肥料化

（1）污泥直接干燥和造粒生产

该工艺是将未经消化的污泥通过烘干进行杀灭病菌后，再混合造粒成为有机复合肥，工艺流程如图 4-5 所示。

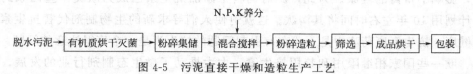

图 4-5　污泥直接干燥和造粒生产工艺

此工艺存在问题为污泥烘干过程中臭味较大；生产成本控制主要表现在燃料方面，燃料成本比较高。

（2）污泥堆肥发酵

污泥经过堆肥发酵后，可使有机物腐化稳定，把寄生卵、病菌、有机化合物等消化，提高污泥肥效。工艺流程如图 4-6 所示。

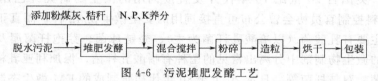

图 4-6　污泥堆肥发酵工艺

脱水污泥按 1∶0.6 的比例掺混粉煤灰，降低含水率，自然堆肥发酵。其中加入锯末或秸秆作为膨胀剂，也可增加养分含量。该工艺优点为恶臭气体产生相对减少，病菌通过发酵过程基本被消除，缺点是占地面积较大。

（3）复合微生物肥料的生产

复合微生物肥料是一种很有应用前景的无污染生物肥料，此类肥料目前主要依赖进口，国内应用与生产也刚刚起步。生产工艺如图 4-7 所示。

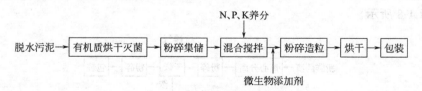

图 4-7　复合微生物肥料的生产

本工艺与普通工艺并无多大区别，仅在混合部分增加了一个掺混微生物的工序。本工艺以烘干工序为关键，控制不当对有机质及微生物均有一定影响。主要问题为目前微生物添加剂主要依赖技术引进，转让费较高，以及除臭除尘等。微生物复合肥由于技术含量较高，生产厂家较少，利润空间相对较大。

2. 药渣生产饲料添加剂

江西某制药有限公司（年生产 1000t 青霉素）为处理每年 3500t 药渣，筹建了年生产 500t 饲料添加剂生产线，取得了明显的经济效益、环境效益和社会效益。

（1）药渣生产饲料添加剂的可行性

新鲜青霉素药渣（含水可达 85％左右），在 25℃以上易受杂菌感染，几小时即开始腐败，因此不宜长久堆放与运输。经研究，将药渣产品（干基）检测，18 种氨基酸含量达平衡，综合营养优于豆粕1倍，无残留青霉素、无毒性、通过喂养试验，完全可以作为畜禽及养殖业的喂养饲料使用的高蛋白质饲料添加剂。

大家都知道，抗生素在畜牧业中的广泛应用，促进了畜牧业的发展，但近年来研究发现，抗生素的普遍应用也带来了难以克服的弊端，在杀死病原菌的同时，也破坏了肠道菌群的平衡，影响了畜禽的健康。为此，反对饲料中添加抗生素已成为欧美一些国家的共同呼声，并计划用10年左右时间将其淘汰。这就迫使人们寻求新的生物制剂代替抗生素，改善畜禽的健康。抗生素废药渣中是否残存有引起问题的抗生素是一个值得注意的问题。

美、欧一些国家相继限用和禁用抗生素，大大推动了微生态制剂行业的发展。实践证明，微生态制剂具有组成复杂、性能稳定、功能广泛，无毒、无害、无残留物、无耐药性、无污染等特点，是一种很好的饲料添加剂。经大量喂养试验证明：它具有防病、抗病、促生长、提高消化吸收率和成活率及除臭、净化环境、节约饲料等功能，改善肉、蛋、奶的品质和风味有较好的功效，是高附加值的菌体蛋白饲料，有利于改善生态环境，保障人体健康。

世界卫生组织（WHO）、联合国粮农组织（FAD）及美、日等国积极开展高蛋白质饲料的研制工作。美国自20世纪70年代开发直接饲用的微生物研究并已用于生产。美国FDA和美国饲料控制官员协会曾公布可直接饲用的安全微生物42种，而真正用于配合饲料的活体微生物主要有乳酸菌（以嗜酸乳杆菌为主）、粪链球菌、芽孢杆菌属及酵母等。1990年从直接饲用的微生物制剂中分离出常见的菌种有嗜酸乳杆菌、保加利亚乳杆菌、植物乳杆菌、干枯乳杆菌、双歧杆菌等。日本20世纪80年代初研制成的EM-微生态制剂，其微生物种群由光和细菌、酵母菌、乳酸菌、放线菌、丝状真菌等5科10属80种微生物组成。1989年全球微生态制剂总销售额已达7500万美元，1993年为1.22亿美元，近几年发展更为迅速，估计销售额达到5亿美元。

（2）生产工艺流程

新鲜药渣经离心分离机及高速脱水后，滤渣粉碎经高温气流干燥器干燥，滤液仍含有丰富的营养成分，经减压浓缩后也进气流干燥器干燥，成品经粉碎后装袋即为产品。其生产工艺流程如图4-8所示。

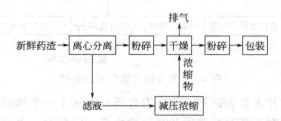

图4-8　青霉素药渣生产高蛋白饲料添加剂工艺流程

青霉素药渣生产饲料的主要技术经济指标可见表4-4。

表4-4　青霉素药渣生产饲料的主要技术经济指标

生产规模 /(t/a)	药渣 /(t/a)	包装袋 /(只/a)	水 /(t/a)	电量 /(kW·h)	蒸汽 /(t/a)	定员/人	占地面积 /m²	设备投资 /万元	总投资 /万元
500	3500	20000	1500	15万	1500	12	360	194	291.78

（3）效益分析

该产品质量好、成本低，在市场上有很强的竞争力。销往韩国，每吨销售价格 320 美元，年销售收入约 16 万美元（折合人民币约 135 万元）。扣去生产成本（能耗、包装费、维修费、管理费、工资、设备折旧等）36 万元，该项目年利润可达到 99 万元人民币。同时，项目总投资回收期为 3 年，效益比可达到 3.8。

该项目可消除青霉素药渣污染环境。同时不产生二次污染。

（二）抗生素清洁生产

从抗生素制药废水的水质特点可以看出，该种废水的生物处理具有一定的难度。因此，在对该类废水进行处理时，应尽可能考虑将整个生产过程实现清洁生产，使进入废水处理前的水质得到改善，既可以减少污染，又降低污水的处理费用。

事实上，抗生素废水中的物质大都是原料的组分，综合利用原料资源提高原料转化率始终是清洁生产技术的一个重要方向，因此需要对原料成分进行分析，并建立组分在生产过程中的物料平衡，掌握它们的流向，以实现对原料的"吃光榨尽"；同时生产用水也要合理节约，一水多用，采用合理的净水技术。生产工艺和设备的改进是一个关键性的问题，工艺改进主要是在原有发酵工艺的基础上，采用新技术使工艺水平大大提高。所采用的新技术主要应用于三个方面：

① 工艺改进、新药研制和菌种改造，加强原料的预处理，提高发酵效率，减少生产用水，降低发酵过程中可能出现的染菌等工艺问题；

② 逐渐采用无废少废的设备，淘汰低效多废的设备；

③ 菌种改造主要利用基因工程原理及技术。

在废水生物处理前，主要的工作任务则是微生物制药用菌的选育、发酵以及产品的分离和纯化等工艺，研究用于各类药物发酵的微生物来源和改造、微生物药物的生物合成和调控机制、发酵工艺与主要参数的确定、药物发酵工程的优化控制、质量控制等。目前，生物新技术已得到了广泛的应用，主要包括大规模筛选的采用与创新，高效分离纯化系统的采用，对于制药厂为改善排放污水水质，大大地提高了微生物发酵技术和效率，使该类制药废水的可处理性得到提高。另外，应充分考虑生产过程中废水的回收和再利用，既可以回收废水中存在的抗生素等有用物质，提高原料的利用率，又可以减少废水排放量，改善排放废水水质。具有较为可观的综合利用价值，能产生较好的环境、经济和社会效益。

中国在这方面做了大量的研究，取得了一定成绩。例如，从庆大霉素工艺废水中回收提取菌丝蛋白；从土霉素提炼废水中回收土霉素钙盐；从土霉素发酵废液中回收制取高蛋白饲料添加剂；从生产中间体氯代土霉素母液中蒸馏回收甲醇；从淀粉废水中回收玉米浆、玉米油、蛋白粉。又如生产四环素，对其中一股乙二酸废水投加硫酸钙，反应得到乙二酸钙，再经酸化回收乙二酸。以青霉素生产废水为例，其发酵废水在中合并分离戊基乙酸盐后，废水水质有了很大的提高，如表 4-5 所示。

青霉素是目前生产规模最大、应用最广的抗生素之一，具有抗菌作用强，疗效高和毒性低的优点，是治疗敏感性细菌感染的首选药物。

在提取过程中，应用最广泛的是溶剂萃取方法，而且多用乙酸丁酯为萃取剂，碳酸氢钠

表 4-5   预处理后的青霉素发酵废水水质

参数	预处理前含量/(mg/L)	预处理后含量/(mg/L)
BOD_5	13500	4190
总固体	28030	26800
挥发性固体	11000	10800
还原性碳水化合物（按葡萄糖计）	650	416
总碳水化合物	240	213
NH_3-N	1200	91
亚硝酸钠	350	28
硝酸氮	105	1.9

水溶液为反萃取剂，此工艺存在以下明显的缺点：

① 在 pH 酸性条件下萃取，青霉素降解损失严重；

② 低温操作，生产能耗大；

③ 乙酸丁酯水溶性大，溶剂损失大而且回收困难；

④ 反复萃取次数很多，导致废酸和废水量大。

为了降低成本，减少污染物排放，提高成品收率，进而增强企业竞争力，改革旧工艺实施清洁生产工艺迫在眉睫，下面几种提取新工艺能较好地克服上述弊端。

（1）液膜法提取青霉素工艺

液膜法提取青霉素工艺见图 4-9，是将溶于正癸醇的胺类试剂（LA-2）支撑在多孔的聚丙烯膜上，利用青霉素与胺类的化学反应，把青霉素从膜一侧的溶液中的选择性吸收转入另外一侧，而且母液中回收青霉素烷酸（6-APA）的收率也较高。膜分离是一种选择性高、操作简单和能耗低的分离方法，它在分离过程中不需要加入任何别的化学试剂，无新的污染源。

（2）双水相萃取提取青霉素工艺

采用双水相体系（ATPS）从发酵液中提取青霉素见图 4-10。

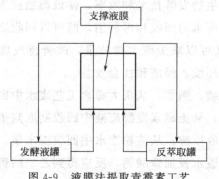

图 4-9   液膜法提取青霉素工艺

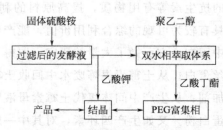

图 4-10   双水相萃取提取青霉素工艺

ATPS 萃取青霉素工艺过程为：首先在发酵液中加入 8％（质量分数，下同）的聚乙二醇（PEG2000）和 20％的硫酸铵进行萃取分相，青霉素富集于轻相，在用乙酸丁酯从轻相中萃取青霉素。

其操作工艺条件和结果如下：料液，1L，10.25g/L；双水相体系富集，$pH=5.0$，T

$=293K$，$Y_t=93.67\%$；乙酸丁酯萃取，pH$=1.7$，$T=293K$，$Y_t=92.42\%$；结晶，晶体质量7.228g，纯度为88.48%。

双水相体系从发酵液中直接提取青霉素，工艺简单，收率高，避免了发酵液的过滤预处理和酸化操作；不会引起青霉素活性的降低；所需的有机溶剂量大大减少，更减少了废液和废渣的排放量。

四、抗生素制药废水治理

早在20世纪40年代，随着抗生素大规模的生产，人们就开始对抗生素生产废水的处理进行研究。美国、日本等生物技术发达国家于20世纪50~60年代试验和建设的处理设施，几乎全部采用好氧生物处理技术。20世纪60~70年代后，人们对抗生素生产废水的处理研究更加深入细致。表4-6是国内、外关于抗生素生产废水处理试验和实际应用情况。

表 4-6 国内、外关于抗生素生产废水处理实验和实际应用情况

生产企业	废水类型	处理方法	BOD$_5$				停留时间/h
			进水/(mg/L)	出水/(mg/L)	去除率/%	去除BOD$_5$负荷/[kg/(m^3·d)]	
礼莱	抗生素	厌氧+曝气等三级生物处理	1000~2500	37	90~95		
明治岐阜	发酵废水	鼓风曝气	600	42	93	1.2	
雅培	发酵废水	表面曝气	3100	稀至16	95	3	
园田赖	青霉素	接触氧化	10000	1400	86	2.3	
法门塔	发酵废水	鼓风曝气	4000	100	97.5	1.95	
天台制药	洁霉素	缺氧+接触氧化	350	100	94.8		10.5
施贵宝	发酵废水	表面曝气	1600	<25	98.0	0.69	21
天津制药	抗生素	气浮+好氧+气浮	3349[1]	101[1]			
仙居制药	合成废水	接触氧化+气浮	2000[1]	200	90		24
浦城生化	金霉素废水	厌氧消化	33944[1]	5016	85		200
上药三厂	四环素	接触氧化	847	41	95	1.9	10
	红霉素	流化床	950	30	97	2.6	14
济宁药厂	抗生素	流化床	2000[1]	500	75		13.3
东北制药	黄连素	流化床	1683[1]	249	85.2	4.41	10
上药四厂	氨苄青霉素	接触氧化	1000[1]	~200	80	1.5~2.0	10~14
镇江制药	红霉素、痢特灵	厌氧消化	20178[1]	3397	83		480
东北制药	抗生素	单级高效消化器	27350~30010[1]	~2000	90	2	300
上药四厂	核糖霉素	厌氧+好氧	10000~40000[1]	2000~10000	80	4~6	24~350

① 为BOD$_5$的数据。

中国除少数大型企业具有二级生物处理设施并运行正常以外，相当大的一部分企业没有筹建生物处理设施或已建成但运行不正常。如河北省石家庄市某制药厂是生物化学制药中抗生素的主要生产厂，该厂采用的厌氧-好氧法治理厂区废水，其 COD 去除率达到 80% 以上，而且很稳定。再如辽宁省某制药厂，该厂采用二级生物处理废水，其 COD、硝基苯等污染物去除率也在 70%~75% 之间。抗生素生产废水中主要的污染物是发酵母液，为高浓度有机废水，含有相当数量的有机物，其主要成分及含量随抗生素品种数和提取方法不同而有显著的差别。但 COD 高达 5000~20000mg/L，总氮量为 600~1000mg/L。对于不同的抗生素废水需选择适当的工艺组合，方可满足排放标准要求。一般而言对于这一类废水采用图 4-11 所示的抗生素制药废水处理基本工艺流程。表 4-7 为部分抗生素制药废水采用厌氧-好氧工艺的情况。表 4-8 为部分制药废水厌氧处理情况。

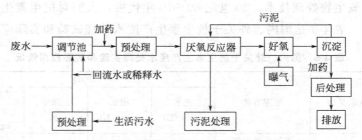

图 4-11　高浓度制药废水处理的基本工艺流程

表 4-7　国内部分抗生素制药废水采用厌氧-好氧工艺的情况

抗生素种类	规模/(m³/d)	处理工艺	进水 COD/(mg/L)	出水 COD/(mg/L)	去除率/%
洁霉丁醇提取	200	水解-厌氧-好氧-混凝吸附	21575	83.5	99.6
利福平、氧氟沙星、环丙沙星	450	筛网-调节-气浮-缺氧-好氧-沉淀-气浮-过滤	15000~32000	80~230	99.3
螺旋霉素	中试	调节-气浮-厌氧-好氧-沉淀-过滤	14000	150	99
青霉素、土霉素、麦迪霉素、庆大霉素	小试、中试	调节-气浮-厌氧-好氧-沉淀-过滤	4000~10000	110~200	98
某原料及中间体药厂	1500	调节-隔油-AB 法	1600	120	92.5

表 4-8　部分制药废水厌氧处理情况

种类	进水 COD/(mg/L)	COD 负荷/[kg/(m³·d)]	COD 去除率/%
卡那霉素及味精废水	5000	10~13	80~90
庆大、螺旋霉素及柠檬酸	23450	11.75	90~93.5
维生素 C	100000	11.2	96
抗生素提取废水	40000~60000	3	90
链霉素废水	7600~13000	20~26	75~85
青霉素等抗生素废水	4000	3~5	75~85

（一）深井曝气工艺处理制药废水

1. 深井曝气工艺在制药行业的应用

北京市某设计院从 20 世纪 70 年代起，首先进行了深井工艺的开发研究，并在研究的基础上，吸取国外的新成果，推出多种形式的深井装置，进行技术的推广应用工作。该设计院在对深井曝气工艺研究探讨的基础上，1980～1983 年同辽宁某制药厂协作，开展了深井曝气处理制药废水的试验研究。试验井规模 $\phi 0.5m \times H80m$，同心圆式结构，分离采用真空脱气加重力沉淀方式。处理制药工业废水的效果如表 4-9 所示。结果表明，深井曝气法能在高 COD 负荷 ［27kg/（m³·d）］ 和 BOD 负荷 ［2kg/（kgMLSS·d）］ 条件下运转，处理废水快速高效，且具有占地省、能耗低，能直接处理高浓度废水、产泥量少、耐受冲击负荷能力强、不发生污泥膨胀、处理效果不受严寒气温影响、操作管理简单等突出优点。

表 4-9　深井法与普通曝气法处理制药废水试验数据

项目	深井法			普通法
处理水量/（m³/d）	96	80.4	36	0.05
停留时间/h	4.9	5.8	13.2	14.5
进水 COD 浓度/（mg/L）	3105	6707	11142	3300
进水 BOD 浓度/（mg/L）	2021	4141	6468	1900
COD 去除率/%	84.5	84.6	82	77.7
BOD 去除率/%	94.5	96.5	96.1	93.3
MLSS/（g/L）	6.59	10.1	11.64	4.9
MLVSS/（g/L）	5.48	7.93	9.12	3.63
SVI/（mL/g）	84	96	72	160～280
COD-V 负荷/［kg/（m³·d）］	15.2	27.6	20.3	5.52
COD-VSS 负荷/（kg·kg/d）	2.69	3.49	2.22	1.52
BOD-V 负荷/［kg/（m³/d）］	9.9	17.1	11.8	3.14
BOD-VSS 负荷/（kg·kg/d）	1.87	2.15	1.29	0.86
BOD(去除)处理电耗/（kW·h/kg）	0.419	0.277	0.401	0.76

在已经取得试验研究成果的基础上，结合目前国内深井施工设备与技术的现状，按照因地制宜和充分吸取国外深井技术发展的新成果的原则，深井曝气工艺已得到很好的推广，先后多个制药厂家采用深井曝气工艺处理制药废水，其概况示于表 4-10。

表 4-10　深井曝气废水处理工程一览表

厂家	设计水量/（m³/d）	原水水质 COD/（mg/L）	深井尺寸（φ×H）/m	形式	备注
S 市制药厂	500	2000	1.0×96	同心圆形，水泵循环	已运转
S 市制药厂	600	2000	0.7×80(2 座)	自吸 U 形，气提循环	施工中
S 市制药厂	200	1000	0.7×80	同心圆形，水泵循环	施工中
T 市制药厂	4000	2000		自吸多种气提循环	施工中
B 市制药厂	3000	3500	4.5×50	U 形，气提循环	施工中
SH 市制药厂	100	3000	0.5×100	同心圆形，水泵循环	设计中
HA 市制药厂	4000～6000	4000	5.5×65	自吸 U 形，气提循环	设计中

深井运转实例的出水都没有达到国家的排放标准，这是由于各厂家用于废水处理上的投资有限，只设一段深井难于把浓度较高的农药与制药工业废水处理达标，只能是经济有效地

去除有机物污染物的绝大部分。如果再由后续一段其他生物处理或适当的深度处理，最终出水的达标是没有问题的。

2. 苏州某厂污水处理运转情况

（1）水质、水量的确定

废水水量 $q_V = 1250 \text{m}^3/\text{d}$；COD＝2800mg/L；BOD＝1400mg/L。

（2）设计参数

根据苏州某厂林可霉素生产废水的水质特点，该厂原有深井曝气装置的运行效果、运行费用、管理维护经验及苏州市环保部门规定该厂污染物排放总量要求，废水处理工程设计采用深井曝气法后续组合填料接触氧化法的二段生化处理工艺。各构筑物的主要参数如下。

① 初沉池。采用斜板沉降池，平面尺寸 3.2m×3.2m，总高为 5m。

② 调节池。水质水量均化时间按 16h 设计，池长 14.35m，宽 12.55m，高 5.0m，池内设置穿孔曝气管进行预曝气。

③ 深井曝气。按污泥 COD 负荷 2.1～2.5kg/（kgMLSS·d）、COD 容积负荷为 17kg/（m³·d）、污泥浓度 6～8g/L、水力停留时间 4h、曝气量 360m³/h 设计。深井结构为同心圆式，直径 1.8m，中心下降管直径 1.15m，井容 208m³。采用气提方式运行，降流管与升流管曝气量比为 2∶1，穿孔管曝气器设在水面以下 40m 处。空气在水中的溶解度在一定压力下为一定值。为了有利于混合液排除废气，增加氧的溶解量及促进混合液在井内循环流动，井上部设敞口式气流分离池，直径 4.0m，高 3.2m，水深 2.7m，有效容积 34m³。

④ 脱气池。由于深井内静水压力高，井底溶解气体在出流中一部分以微气泡的形式裹在活性污泥中，影响活性污泥沉降性能，因此必须在污泥进入中间沉淀池之前进行脱气处理。脱气采用机械搅拌方式，脱气时间 45min，脱气池采用圆形结构，直径 4.0m，高 4.0m，水深 3.2m，有效容积 40m³。

⑤ 中间沉淀池。按固体负荷 190～252kg/（m³·d）、水力负荷 3.0m/（m³·d）、水力停留时间 2h 设计。平面尺寸 6.3m×6.3m，池深 8.5m，2 池；污泥回流比 100%。

⑥ 组合填料接触氧化池。按 COD 容积负荷 1.0kg/（m³·d）、水力停留时间 8.5h 设计，池长 10.65m，宽 9.3m，高 5.2m，水深 4.7m，有效容积 452m³，填料体积 288m³，池体分两格，并联运行。

⑦ 二沉池。采用斜管沉淀池，按水力停留时间 1.0h 设计，平面尺寸 3.2m×3.2m，总高 4.5m，池内设 ϕ100mm×L1000mm 玻璃钢斜管，共 2 池。

⑧ 污泥浓缩池。设计规格为 3.2m×3.2m×3.6m，2 池交替运行。污泥在浓缩池内用聚合氯化铝絮凝浓缩。

⑨ 污泥脱水采用板框压滤机，脱水滤饼外运处置。

3. 生产运转

废水处理工程竣工后，开始进行深井装置活性污泥的培养驯化与生物接触池组合填料的挂膜培养，6月中旬投入试运行和运行，年底通过了环保局及医药公司组织的验收鉴定。生产运行情况表明，深井曝气装置 COD 平均去除效率 80%，接触氧化池 COD 平均去除效率 50%，全流程对 COD 去除效率 90% 以上。废水处理设施的运行状况见表 4-11。

表 4-11 苏州某厂污水处理设施的运行情况

项目	深井	接触氧化	总去除率/%
进水水温/℃	18		
处理水量/(m³/d)	720	720	
水力停留时间/h	6.9	14.8	
进水 COD/(mg/L)	4097(2214~6467)	832(440~1293)	
出水 COD/(mg/L)	832(440~1293)	413(206~616)	90
去除率/%	80(77~81)	53(51~56)	
MLSS/(g/L)	3.69(3.16~4.21)		
COD 容积负荷/[kg/(m³·d)]	14.2	1.33	
COD 污泥负荷/[kg/(kgMLSS·d)]	3.84		

从表 4-11 可见，深井曝气装置污泥 COD 负荷为 3.84kg/（kgMLSS·d），大于设计值 2.8kg/（kgMLSS·d），组合填料接触氧化池 COD 容积负荷 1.33kg/（m³·d），大于设计值 1.0kg/（m³·d），全流程 COD 去除效率为 90%。说明本工艺流程抗冲击负荷能力强，在水质变化较大的情况下，仍可取得良好的 COD 去除效率。

运行初期，深井曝气装置中污泥浓度偏低，一般在 3.1~4.3gMLSS/L 范围内。分析原因认为，废水中缺氮、无磷，碳、氮、磷比例失调，丝状菌繁殖量较大；另一方面，由于资金问题，深井曝气的空压机未购置备用设备，两台空压机连续运转，常发生故障，有时只有 1 台空压机供气，造成深井中溶解氧不足。这些因素均引起污泥沉降性能变差(SVI 为 150~200)，使深井的回流污泥浓度过低，导致深井中 MLSS 低。若适量补充氮、磷元素，改善废水中的碳、氮、磷比例，加强供气设备的维护保养，在深井中维持足够的溶解氧，深井曝气装置的有机物去除效率还可进一步提高。

按废水处理量 720m³/d，COD 去除量 2654kg/d 计，处理废水耗电 1.85kW·h/m³，电费 0.55 元［按 0.30 元/（kW·h）计］，絮凝剂费用 0.11 元/m³ 废水，设备折旧 0.485 元/m³ 废水，工人工资 0.16 元/m³ 废水，总处理成本为 1.31 元/m³ 废水，0.35 元/kg 去除 COD。

（二）某制药厂庆大霉素好氧处理

山东省泰安市某制药厂是一个生产庆大霉素的中外合资企业，该厂排放的废水具有流量小、COD 和 SS 浓度高、有抗菌性等特点。处理工艺采用低氧-好氧工艺，处理后各项指标稳定，处理水与低污染废水混合后排放符合《医疗机构水污染物排放标准》GB 18466—2005。

1. 废水水质、水量

该厂排放废水中含有大量菌丝体，BOD$_5$、COD、SS、色度等指标均很高。庆大霉素废水水量为 51m³/d，其他废水 20m³/h。废水主要污染指标为：COD19000mg/L；SS10000mg/L；BOD$_5$7500mg/L；pH＝5.48。

2. 废水处理工艺流程

废水处理工艺流程如图 4-12 所示。废水经格栅后进入曝气调节池，经低氧处理后由泵提升进入初沉池中，出水进入生物接触氧化池，其出水与低污染废水混合经二沉池泥水分离后排放。初沉池、二沉池剩余污泥经浓缩后由板框压滤成泥饼焚烧。

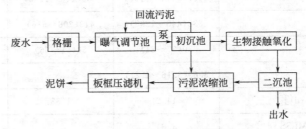

图 4-12　废水处理工艺流程

3. 主要构筑物

主要构筑物和设备工艺参数见表 4-12。

表 4-12　主要构筑物和设备工艺参数

构筑物	规格型号	设计及运行参数	数量
曝气调节池（第一段低氧活性污泥池）	钢筋混凝土	13m×6.5m×3.5m；0＜ρ(DO)＜1mg/L，曝气时间 50～100h，MLSS 10g/L，污泥回流率 80%，COD 容积负荷 7.6kg/(m³·d)	1 座
初沉池	钢筋混凝土	ϕ2.5m×8.1m，沉淀时间 7.5h	1 座
生物接触氧化（第二段好氧池）	钢筋混凝土	3.8m×3.8m×3.75m；曝气时间 48h，膜外的 MLSS 4.5g/L，COD 容积负荷 7.7kg/(m³·d)	2 座
二沉池	钢筋混凝土	4m×2m×3m（合建）；沉淀时间 2.5h	2 座
格栅	WGS—500 型		1 台
双螺旋曝气器	YX420 型		12 台
污水泵	IS 50—32—200 型	1用1备	2 台
罗茨鼓风机	L32—15/0.35 型	1用1备	2 台
板框压滤机	BAS—4/320—25 型	每周运转 8h	1 台

工艺的设计特点如下。

① 利用曝气调节池作为第一段低氧状态的活性污泥池，曝气调节池兼有储存、调节、均化和低氧生物处理多种功能，降低了基建投资及运转费用；

② 第二段生物好氧处理池为生物接触氧化池，该生物膜法具有操作管理方便、可靠、污泥产量少、处理效果稳定等优点。

4. 调试运行

曝气调节池取肉联厂二沉池剩余污泥 $60m^3$ 作为接种污泥，加适量庆大霉素废水、粪便水及其他水等配置后（混合液 COD 为 1000mg/L 左右）进行闷曝，每天排走过量上清液，补充微生物繁殖生长所需要的营养物质，此过程经 10d 左右结束。生物接触氧化池挂膜过程为将调节池培养成熟的污泥加入生物接触氧化池中闷曝，定期排走上清液，15d 左右填料上的生物膜生长较好。驯化运行过程从培养菌结束后开始，经过 3个月，分低负荷运行阶段（COD 为 10000mg/L 左右）和中高负荷运行阶段（COD 为 16800～25600mg/L）运行。

5. 运行情况

调试运行期间水温为 14～25℃。低负荷运行的进水 COD 为 9668mg/L，第一段处理后出水 COD 为 5751mg/L，去除率为 40.5%；第二段处理后出水 COD 为 549mg/L，总去除率为 94.3%；中、高负荷运行结果表明当庆大霉素废水的进水 COD 为 16800～25600mg/L（平均为 20193mg/L），SS 为 7.1～12.0g/L（平均为 9.1g/L）变化范围内，经第一阶段低氧处理后，出水 COD 为 14122mg/L，去除率为 30.1%，SS 为 8.8g/L，去处率为 4.1%；经二段好氧处理后的最终出水 COD 为 1514mg/L，总去处率为 92.5%，SS 为 276mg/L，总去除率为 96.8%。

庆大霉素是小单孢菌在含糖蛋白质培养基中发酵代谢的产物，它是一种杀菌力较强的广谱抗生素，对多种革兰氏菌均有较强的抗菌作用，培养的细菌主要是革兰氏菌，因此需要较长时间驯化过程。由于一些突发原因，在两段微生物相较好情况下，负荷提高过快，结果造成污泥重堵问题，污泥解体，沉降性能很差，通过降低负荷和闷曝等措施使活性污泥得到恢复。

（三） 抗生素制药废水的水解-好氧处理

抗生素制药废水中的残余抗生素、盐类和一些添加剂，会严重抑制厌氧微生物的正常代谢活动。如在厌氧之前采用各种预处理去除抑制物质，则使工艺流程复杂而且提高了基建和运行费用；如采用常规好氧活性污泥法处理，而一般的好氧回流工艺不能直接处理 COD 浓度高达 10g/L 以上的废水，需要用大量的清水稀释后才能处理，这导致运行费用也相应增加。通过对水解-生物接触氧化法工艺（或序批式活性污泥法）的研究表明，该工艺为处理抗生素有机废水提供一条新的途径。

1. 山东某大型抗生素厂废水处理工艺

该厂采用水解-生物接触氧化法处理青霉素、庆大霉素、链霉素等 10 多种产品的废水，取得了良好的效果。

（1）设计水质、水量

水量 $q_v = 2700\text{m}^3/\text{d}$；COD 4200～6000mg/L；BOD 1600～2200mg/L；SS 1000～2400mg/L；pH＝6～8。

废水处理工艺流程如图 4-13 所示。

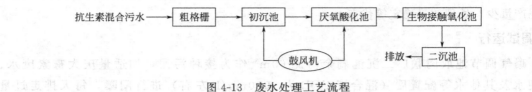

图 4-13　废水处理工艺流程

抗生素生产混合污水流经粗格栅、初沉池后进入水解酸化池，利用厌氧发酵过程的水解、酸化作用，使水中不溶性有机物转化为可溶性的有机物，将难降解的大分子物质转化为易生物降解的小分子物质，大大提高了污水的可生化性。

在生物接触氧化池，废水自下向上流动，在填料下直接布气，生物膜直接接收到气流的搅动，加速了生物膜的更新，使其经常保持较高的活性，而且能够克服填料的堵塞弊病。本工艺处理能力大，对冲击负荷有较强的适应性，污泥生成量少，不会产生污泥膨胀，无需污泥回流，易于维护管理，便于操作。

（2）主要处理构筑物

① 水解池。矩形钢筋混凝土结构，一座分两格，每格尺寸 20m×10m×5m，总容积 2000m³，池内设半软性填料 720m³，填料高度 1.8m，有效停留时间 17.0h。

② 生物接触氧化池。矩形钢筋混凝土结构，尺寸 20m×20m×5.5m，总容积 2200m³，池内设半软性填料 1800m³，填料高度 4.5m，底部设有微孔曝气系统，有效停留时间 14.3h，气水比 45∶1。

（3）运行效果

厌氧酸化-接触氧化法处理单元从接种、驯化到正常运行历时 2 个月。接种污泥取自啤酒厂生物接触氧化池。调试时，分别向水解酸化池和生物接触氧化池投加一定量的污泥，之后通入 COD 为 2000mg/L 的生产废水进行闷曝。4d 后连续进水，投配青霉素、麦迪霉素、链霉素、螺旋霉素等 10 多种生产废水混合液，间断调整进水浓度、投配负荷和气水比。45d 时填料挂膜，运行基本正常。厌氧酸化池的去除 COD 负荷容积可达 4.93kg/（m³·d）；当氧化池气水比为 45∶1 时，生物接触氧化池的去除 COD 容积负荷为 5.51kg/（m³·d）以上。出水 COD 可降至 443mg/L，有机污染负荷大幅度降低。但要实现达标排放，还需对污水进一步处理。

2. 河北省某抗生素生产企业污水处理工艺

抗生素生产的特点决定了抗生素废水的复杂性，抗生素废水周期水量变化大，而且水质相当复杂，有机物浓度高，单单靠好氧工艺或厌氧工艺很难实现污水处理达标排放的要求，该制药厂采用水体酸化-SBR 工艺，该工艺很好地实现了污水达标处理。

（1）废水水质

各种废水水质数据如表 4-13 所示。

表 4-13　各种废水水质

废水类型	COD_{Cr}(mg/L)
高浓度生产废水	15000～25000
中浓度生产废水	3000～4000
杂用水	200～300

（2）设计水质

根据污水处理工程的设计参数，取设计水质如下：

COD_{Cr} 为 5000mg/L；BOD_5 为 2900mg/L；SS 为 2400mg/L；NH_3-N 为 29.66mg/L；pH＝6；硫化物为 11.76mg/L；挥发酚为 2.16mg/L；石油类为 13.1mg/L；色度为 100。

（3）排放标准

COD_{Cr}≤300mg/L；BOD_5≤60mg/L；SS≤200mg/L；NH_3-N≤25mg/L；pH＝6～9；硫化物≤1mg/L；挥发酚≤0.5mg/L；石油类≤10mg/L；色度≤80。

（4）废水处理方案设计依据

《序批式活性污泥法设计指南》《给排水设计快速设计手册》《室外排水设计规范》《给排水设计手册》《环境工程手册》《给水排水》。

（5）废水处理工艺方案

SBR 工艺具有抗冲击负荷、运行稳定等特点，根据中试实验结果，处理制药废水可以很好地实现高进水浓度、高容积负荷、高去除率的目的。实践证明废水治理的工艺路线"絮凝反应沉淀＋水解酸化＋SBR 工艺"是比较适合该厂废水治理的工艺路线，其运行效果稳定，可保证出水达标排放。

（6）工艺流程及描述

污水处理工艺流程见图 4-14。

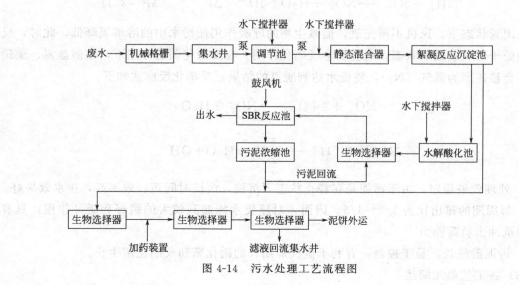

图 4-14　污水处理工艺流程图

（7）工艺流程描述

主体工艺：絮凝反应沉淀＋水解酸化＋SBR工艺。

① 絮凝反应沉淀池。絮凝反应对抗生素废水抑菌效力有明显的削减作用。其作用机理是絮凝剂中的C、Al、Fe及氢氧化物和有机聚合物PAM等与抗生素分子的活性基团（如OH^-、NH^{2-}等）形成了难溶复合体而丧失活性，使抗生素药物药效被去除。絮凝处理后，会使废水中的微生物种类和数量增多，生长正常，废水性质趋于普通有机废水；同时，通过混凝沉淀后，为后续好氧生物降解较大的减轻了有机负荷。

② 水解酸化池。在水解酸化阶段，大量的兼氧菌将废水中的固体物质和胶体物质迅速截留和吸附，截留下来的物质吸附在污泥表面，在大量兼氧菌的作用下，将不溶性有机物水解为可溶性有机物，同时在产酸菌作用下将大分子物质、难于生化降解的物质转化为易于生化降解的小分子物质，提高废水的可生物降解性，使得后续的好氧处理所需停留时间缩短，能耗降低。还可使部分污泥得到消化和稳定，提高了污泥的脱水性能，减轻污泥处理负荷。

③ SBR池。在SBR池进水端设置了生物选择器，与进水同步回流75％～100％活性污泥，使回流的大量生物菌得到适应、淘汰和优选等过程，从而能够培育、驯化、诱导出活性很强的微生物群体，使之对原污水的毒性、pH、温度的变化具有适应性，对后续好氧降解有机物可起到非常有利的稳定作用，同时对抑制丝状菌繁殖，避免污泥膨胀具有重要作用。

SBR工艺又称序批式活性污泥工艺，是一种近10年来发展起来的活性污泥法运行方式，是集中生物降解、沉淀、排水、排泥功能于一体的污水生化处理工艺。它具有以下特点。

a. 由于SBR法为间歇式运行，因此，它的曝气充氧时间和闲置时间可根据废水的性质进行调节。如果曝气时间足够长，则在曝气充氧的后期，反应池内会发生硝化反应：

$$NH_4^+ + 2O_2 \longrightarrow NO_3^- + H_2O + 2H^+ - \Delta F \qquad \Delta F = 351J$$

在闲置状态下，风机不再充氧，而微生物的呼吸作用使污水中的溶解氧降低，此时，反应池内处于低氧或兼氧状态，则会发生反硝化作用。在反硝化菌的作用下，硝酸盐氮、亚硝酸盐氮会被还原为氮气（N_2），使废水达到脱氮的结果。反硝化反应式如下：

$$NO_3^- + 2[H] \longrightarrow NO_2^- + H_2O$$

$$NO_2^- + 3[H] \longrightarrow \frac{1}{2}N_2 + H_2O + OH^-$$

b. 处理效果稳定，由于污泥是在静止状态下沉淀，沉淀时间短、效率高，排水效果好。

c. 每周期的排出比为1/3～1/5，因而，对原废水能起到较大的稀释和缓冲作用，具有较高的抗冲击负荷能力。

d. 污泥龄较长，易于控制，有利于世代周期长的硝化菌和反硝化菌生长。

（8）各工艺单元简述

① 格栅。废水由厂区管线输送至处理系统，首先流经格栅。本工艺采用机械格栅，位于格栅井中，格栅宽800mm，栅隙5mm，去除较大固体物质，以保护后续水泵的正常运

行。被截留的杂物定期清理运走。

② 流量计。在格栅前面的沟槽内设置流量计，可显示瞬时流量和累计流量；操作使用简单，性能稳定可靠。

③ 集水井。废水经格栅后进入集水井，集水井内增设一级污水提升泵。

④ 调节池。根据该厂废水的排放规律，废水连续 24h 排放，排放的水质及水量不均匀，考虑到后序处理工艺的稳定，需对水质及水量进行调节，调节池内增设二级污水提升泵。

⑤ 絮凝反应沉淀池。调节池出水提升至絮凝反应沉淀池，在进絮凝反应沉淀池前经静态混合器投加絮凝剂，絮凝加药装置位于加药间内。絮凝反应沉淀池包括网格反应池和斜板沉淀池。

⑥ 水解酸化池。水解酸化停留时间为 16h，池前半段设半软性填料 $1296m^3$，池后半段设置 12 台水下搅拌，防止悬浮物沉淀。

⑦ SBR 反应池。絮凝反应沉淀池出水重力流入 SBR 反应池。SBR 反应池设 3 池，运行周期为 12h，每池每天运行 2 周期，每天共运行 6 周期。排出比为 1/5。SBR 反应池有效容积为 $5000m^3$。每座尺寸为 $40m×25m×6m$。SBR 工艺的一个完整的操作过程，即每个间歇反应器在废水处理时的操作过程，包括进水及污泥回流工序、曝气工序、沉淀工序、排水排泥工序、闲置工序五个工序。

每座 SBR 池每周期的运行模式见图 4-15。

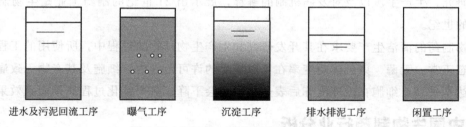

进水及污泥回流工序　　曝气工序　　沉淀工序　　排水排泥工序　　闲置工序

图 4-15　SBR 池一个周期内的操作过程

由于车间排水是连续的，而 SBR 池的间歇反应器运行是间歇的。为此本工艺设置了 3 座 SBR 池并联运行，每池每天运行 2 周期，设计每周期 12h，一期工程每天共运行 6 周期。运行周期组合如图 4-16 所示。

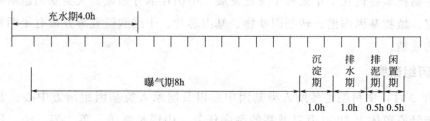

图 4-16　运行周期组合

⑧ 鼓风机。SBR 反应池采用鼓风曝气，风量经计算需要 4 台鼓风机，3 用 1 备。SBR 反应池内进行 DO 检测，通过对溶解氧的测定来调节鼓风机的风量。

⑨ 污泥处理。污泥浓缩池内的污泥通过排泥泵排入污泥储存池，絮凝反应沉淀池内的泥重力流入污泥储存池，然后由污泥泵将污泥提升至污泥脱水机房内的污泥混合分配器，加药混合后，进入带式压滤机脱水。带式压滤机设在脱水机房内，脱水后的泥饼含水率可降到 80% 左右，由胶带运输机输送至等候车辆外运，滤液回流水解酸化池。

第四节　生物制药清洁生产

生物技术产业是 21 世纪最具发展潜力的行业，是和人类健康紧密相关的高科技产业，是被公认为在 21 世纪唯一有可能超过信息科技的高科技行业，也是我国最优先发展的重点领域之一，它对中国实施科技兴国战略产生积极的推动作用，是我国跻身于国际高科技先进行列的一个重要突破口。

生物制药已成为制药工业的重要分支之一。生物制药即利用生物技术生产药物，这些药物将为目前疑难杂症的治疗提供更多更好的有效药物，并将在所有的前沿性医学形成新领域。例如用基因工程抗体治疗肿瘤；如采用神经生长因子用于治疗末梢神经炎，肌萎缩硬化症；神经生长因子还可治疗自身免疫性疾病、心血管疾病和病毒感染性疾病；除以上所述外，还可以用基因治疗和转基因技术治疗各种疾病。生物技术提供的药物及新药物的发现、设计、研究、生产手段以及对发病机制的解释，展示出 21 世纪的制药工业是生物制药工业为主体的世纪。

生物制药的清洁生产要求在其开发研究和生产生物药物的过程中，所使用的工程细胞应该是形态正常、无菌、染色体畸变率在可以接受的许可范围内，细胞及其产物无致瘤性；克隆的表达水平高，细胞在冷冻复苏后表达水平不会下降；分离纯化过程简单而且效果好。

一、 中国生物制药行业分析

中国目前生物技术行业的现实情况如何，是否已具备了快速发展的条件，下面就这一问题做一些分析。

（一） 中国生物技术的进展

全球生物技术在近几十年来有了飞速发展。中国在部分领域如人类基因组研究及疾病相关基因研究、植物基因图谱、转基因动物、基因芯片、干细胞研究等方面有了明显进展，取得了较好的成绩。

1. 人类基因组研究

1999 年 9 月，中科院遗传所人类基因中心以及国家人类基因组南方中心、北方中心承接了人类 3 号染色体上 3000 万对碱基的测序任务。中国是继美、英、德、法、日之后参与该计划的国家。中国测序的这段染色体是基因密集区域，有较高的开发价值。经过科学家们的全力工作，中国于 2000 年 4 月完成了 3 号染色体上 3000 万对碱基的框架图的绘制工作，这标志着中国在人类基因组的测序能力方面已走在世界前列，为今后中国人类基因组的进一步研究开发奠定了坚实的基础。

2. 疾病相关基因的研究

由于中国有很好的基因样本和特殊疾病的资源，使得中国在疾病相关基因的研究上占有独特的优势。在此方面的开发与应用的研究将带来巨额利润。中国如果能较好地利用自己独特的资源优势和良好的基因研究基础，在这个领域应该能够获得较好的发展。

3. 其他基因研究

中国继完成人类基因组测序任务后，现着手对一些重要生物资源进行开发，如将对猪的基因组进行测序，破译它的遗传密码。该项研究将为器官移植、生物医药产品的开发，提供很好的生物资源。杂交水稻为中国农作物开发的优势项目，目前中国在该领域又有重大举措，启动了超级杂交水稻的基因组计划，目的是为生产更加优质、高产的水稻，储备遗传信息资源。

4. 干细胞及细胞克隆研究

干细胞具有较强的再生能力，有巨大的医学价值。中国目前已掌握了脐血干细胞分离、纯化、保存等一整套技术。2000年中国首例脐血干细胞移植成功。近来协和医科大学在肌肉组织中发现了具有造血潜力的干细胞，丰富了干细胞的种类。这些研究成果将大大推进白血病、再生障碍性贫血的治疗效果和组织器官的制造技术。

5. 基因芯片的研究

中国在基因表达谱芯片的研究开发及产业化方面走在世界的前列。上海联合基因目前已是全球规模最大的基因芯片生产、开发基地，具有很强的基因芯片产业化实力。第一军医大学采用创新的基因扩增技术，研制出中国第一片应用型基因芯片；陕西超群科技公司研制并试生产DNA芯片，并将应用于临床诊断。

基因芯片是目前应用较成熟、极有可能实现产业化的生物高科技项目，它对迅速、精确的检测基因序列和进行临床疾病快速诊断工作将产生革命性的改变，将彻底代替以往的传统技术手段，它将成为中国在生物技术领域获得重大突破的一个方面。

（二）中国生物技术现状和面临的问题

中国生物技术的研究起步晚、基础较差、产业化水平低，在生物技术领域的资金投入力度、新产品开发能力上远远落后于美、欧、日等发达国家。据估计，中国生物工程上游技术与国际先进水平比较接近，但下游技术相差10年左右，中试力量薄弱，大部分技术成果尚无法向产业化转化，具有自主知识产权的创新产品较少。当前面临的主要问题如下。

1. 科技体制不合理，不利于科技成果转化

长期以来，计划经济造成中国各生物技术研究所、公司各自为政，不同学科间、单位间缺乏良好的交流与合作，使中国至今尚未建立起具有特色的技术支撑体系，群体优势难以发挥，同时中国在高科技产业的成果转化机制、风险投资机制、人才激励机制等方面也缺乏力

度。因此改革的关键在于推进生物科技与市场经济相结合，加速以企业为主体的技术创新体系的建设，推动科研院所转制。

2. 科研经费投入明显不足

一种新药从发现到上市，平均需要 10 年时间，耗资 1 亿～3 亿美元。1999 年美国医药公司用于研究开发的费用为 240 亿美元，美国生物医药公司在过去的 20 年中，研发费用占销售收入的比例由 11.9％上升到 20％。

在目前的条件下，中国"863"计划对生物技术的投入仅能满足基础研究，向产业化转化过程所需费用还需有其他途径。故中国应该力促企业和资本市场介入生物高科技的研究开发，重点扶持生物医药高科技企业和研发能力强的科研院所，彻底摆脱生物技术研究仅靠国家那么一点投入的不利局面，成为开发中国创新产品的生力军。

3. 拥有自主知识产权的创新产品少，仿制、重复产品多

目前全球已正式上市的基因工程药品有 140 种，还有 1700 多种正处于临床试验和即将上市阶段。中国自 20 世纪 80 年代末第一个基因药物 a-1b 干扰素在深圳高新区成功生产以来，已有近 20 个生物工程药物投放市场，但其中绝大部分为仿制品种，拥有自主知识产权和专利技术的产品极少。同时由于国家宏观调控不当，生物项目上马重复状况严重，其中干扰素生产厂家达 30 多家，促红细胞生成素（EPO）已有生产厂家 8 家，巨噬细胞集落刺激因子（CSF）有 5 家生产，另有 40 家在申报这种基因药物。这种重复生产、竞相上马的局面导致企业难以依靠这些高科技的产品获取高额的利润，同时由于没有独立的自主知识产权，故中国加入 WTO，将面临严峻考验和受到市场冲击。因此，中国生物技术企业必须加强技术创新力度和开发新产品的能力，才能获取巨额利润和立于不败之地。

二、　中国生物技术产业展望

虽然中国生物技术领域起步较晚，现有的研究开发水平还比较低，但中国政府对生物技术予以高度重视，将它列为最优先发展的项目。目前中国已有生物技术公司、科研机构 1000 多家，从事生物技术研究开发的人员 1 万多人，使得中国的生物技术有了相当的发展，人类基因组研究、植物基因图谱动物转基因技术及疾病相关基因研究等领域已达到国际先进水平。广大生物技术工作者、企业和金融界正通过各种途径通力合作，共同努力，去除原有的弊端，加大研发费用投入力度，积极促进科技成果的产业化转化，逐步形成具有中国特色的生物技术支撑体系和创新产品开发能力。随着基因研究的不断深入，海外学者大量回国创业，中国生物技术高级人才和一流项目储备明显增加，预示着中国生物科技产业巨大的发展潜力和美好前景。

三、　客观、理性的对待生物高技术

生物技术是通过研究生命活动现象来达到提高人类生存水平、改善健康和环境的生命科学。从 19 世纪初开始，以达尔文、摩根、巴甫诺夫为代表的生物学家开辟了生命科学研究的先河，与其他自然科学研究相比，生物科技是一门比较年轻的科学，虽然经过了生物科技

工作者近百年的艰苦工作和不懈努力，但由于生命体的复杂性和深奥性，人类对生物体及生命现象只是有了初步的了解。

随着分子生物学的基础研究和技术手段有了突破性进展，出现了分子杂交、基因克隆、PCR和生物芯片等一批新技术，为大规模研究生命本质奠定了可靠基础。1992年，美国发起了被称为继曼哈顿原子弹计划、阿波罗登月计划后又一次划时代的科技革命——人类基因组计划（Human Genome Project，HGP），这个生命研究计划的完成，使人类能够彻底破译生命的奥秘和了解疾病产生的原因，它对人类社会的深远影响不可估量。2000年6月26日，经过美、英、德、法、日、中科学家的共同努力，人类基因组工作草图绘制完成，为人类找到了进入这座神秘金库大门的进口，同时也预示着人类已具备探索生命本质和异常情况发生的基本条件和可能性。但这只能说明有了一个好的开头，并不意味着人类就能很快彻底了解和把握自己的命运了，还需本着客观、冷静和真实的态度来分析这个问题。

生命活动现象是自然界中复杂、深奥的现象，目前人类只是知道了生命活动是由细胞核内染色体上的基因控制的，至于这些基因是如何来调控生命活动的还没有搞清楚，现在这些基因草图仅仅显示了人类基因组的碱基排列顺序，因此只是一张工作框架图，要彻底搞清楚这些碱基排序的作用和意义及改变这种顺序会产生什么变化，尚需进行大量艰苦、耐心的研究工作。即使当前最迫切需要了解的有关危害人类健康的疾病发生机理和衰老的演变过程，估计短时间也不能彻底弄清。目前的生物技术手段和产品还无法高效、快捷地完成这个任务，生物技术还必须和其他高科技手段紧密结合，并借助信息科技的方法，加快自身的发展和创新，产生更好、更能解决难题的技术手段，才能完成这个工程巨大而又复杂的任务，这显然需要较长的一段时间。

除了需要发展更新、更好的技术方法外，现存的生物技术及产品所存在的诸多问题也有待解决。例如生物芯片，人们还无法非常熟练地运用、掌握它，大规模的产业化短时间内也无法实现，这将大大制约这个生物尖端技术的实际应用。基因治疗本是目前人类治疗某些和基因改变相关疾病的最有效手段，人们对它寄予了很大期望，但基因治疗虽然在动物身上效果较理想，但一旦应用到人体上则效果欠佳，并且所用的基因载体——逆转录病毒等对人体可能造成危害，使得这项技术应用最广的美国也不得不放慢进程，等待该技术手段的进一步改善。同样生物技术应用最广、最成熟的方面——基因工程制药也面临一些问题，比如表达量不稳定，在体内半衰期过短，特异性不够等，使得在目前治疗肿瘤的四大手段中，它不得不排在最后。近来国际制药界出现了新的观点，改变了过去一味认为生物制药是尖端、理想的制药模式。他们现在更趋向于小分子药物的开发，认为小分子药物是目前最为实际，效果又理想的制药目标。小分子药物的技术含量虽然不是最高，但它的作用点、作用机理确切，专一性强，人体生理利用度和适应性好，成为较为理想的创新药物模式。比如小分子抗栓药，它能专一抑制凝血酶，比目前最先进的抗栓药物——重组TPA（纤溶酶原激活剂）的抗栓效果更为理想。

生命科学及生物技术的研究是如此的艰辛，生物科技产业化的难度就更加可想而知了，从生物技术产业来看，美国几千家的生物技术公司中仅有几家刚刚开始盈利，生物技术成果要转化成产业需要投入大量的研发费用，并要很长的周期，因此评价这些公司的价值不能从它的经济效益和盈利能力来评判，应着重考察他们的技术实力、未来发展的前景和社会意义，这就是为什么美国资本市场生物技术股的市值巨大，市盈率居高不下的原因所在，反映了生物技术股未来巨大的价值回归。

第五章
钢铁工业清洁生产

第一节　钢铁工业生产概述

一、　钢铁工业在国民经济中的作用及发展现状

　　钢铁工业是采、选、冶及金属加工的工业，是国民经济中的重要基础产业，在中国现代化经济建设中具有极为重要的战略地位，为国民经济各生产部门提供钢铁等黑色金属材料。中国钢铁工业经过了新中国成立后 60 多年来的发展，特别是近 10 余年的快速发展，从 2001～2010 年，中国的钢铁产能进入一个快速扩张时期；2010 年中国粗钢产能为 7.48 亿吨，年平均增长率接近 20%，成为世界第一产钢大国。2013 年中国粗钢产能已经将近 10 亿吨，2014 年粗钢产能进一步增长至 11.4 亿吨。

二、　钢铁工业产业特点

　　钢铁工业是资源—能源密集型产业，开发的主要对象是黑色金属和非金属矿物资源。从选矿、烧煤、炼铁、炼钢到轧钢，每个生产工序都要消耗大量的能源和辅助原材料。

　　中国钢铁工业铁金属一次综合收得率为 65%，比世界先进水平的 72.88% 相差 7% 左右。由于铁金属综合收得率低，要生产更多的钢材，就必须多采矿、多选矿、多烧结、多炼铁、多炼钢，投入多、产出少，必然流失大，造成恶性循环。

　　中国钢铁工业能耗高，能源消耗占全国的 10% 以上，中国钢铁工业每生产 1 吨钢需消耗 6～7t 原料和燃料，其中 80% 以上，即 5～6t 以各种废物形式排入环境。全行业吨钢综合能耗、吨钢可比能耗比国外先进产钢国高出 9.9%～17.2%，能源的适量消耗，更加剧了钢铁工业对环境的污染。

　　中国早已经是钢铁第一大国，但远非钢铁强国。尽管经过多年发展，我国钢铁产业在技术引进与吸收再创新方面取得了一些成就，但总体上产业技术水平仍处于中低端，绝大多数企业高附加值品种钢的占比都在一半以下，其中真正属于国际先进水平的比例更是低得可怜。高强中厚宽钢带、特厚板、汽车用热镀锌板等高技术、高质量的钢材品种，与日本、德国等钢铁强国的差距十分明显。国外特殊钢产量占钢总产量的比重约 10% 以上，我国特钢占比仅 5%；而且以优 Q345C 钢板、合金钢为代表的中低端特钢产品比重高达 80%，工模具钢、高速钢等毛利率高的高端产品主要依赖进口。

三、　钢铁工业污染物排放及其特点

（一）钢铁工业污染物排放情况

　　钢铁工业生产要消耗大量的资源和能源，而金属收得率相对较低，这就决定了在钢铁生

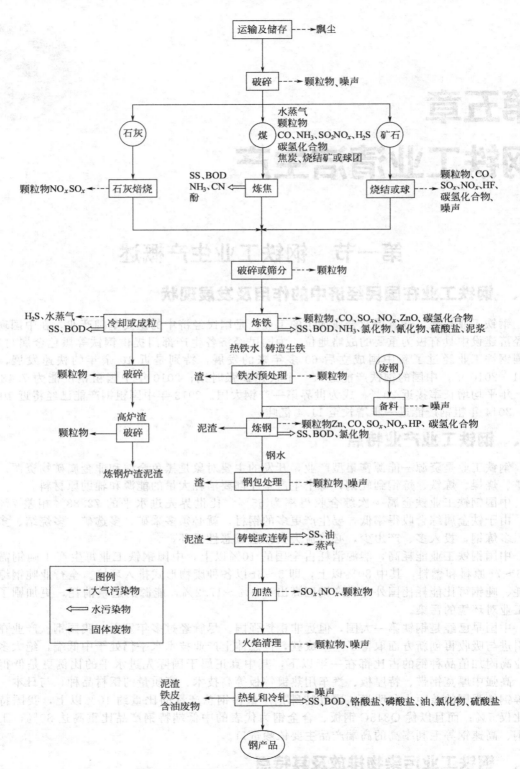

图 5-1　钢铁联合企业主要工艺及其污染物排放

产整个过程中将会有大量的废气、废水、废渣及其他污染物的排出（参阅图 5-1）。换言之，每生产出 1t 钢铁产品，将伴随着大量的污染环境的各种废物排出。表 5-1 为联合国环境规划署提供的"钢铁工厂环境管理指南"中列举的钢铁厂每吨轧材（钢铁工业最终产品）所排放的污染物。

表 5-1　钢铁厂每吨轧材排放的污染物

污染物	因子	烧结 /[kg/t(材)]	炼焦 /[kg/t(材)]	炼铁 /[kg/t(材)]	炼钢 /[kg/t(材)]	轧钢 /[kg/t(材)]	综合 /[kg/t(材)]	总量 /[kg/t(材)]
颗粒物	粉尘	3	1	2	0.5	0.6	—	7.1
	烟尘							
烟气	SO_x	4	0.3	0.32	0.2	2.0	—	6.82
	NO_x	1	0.2	0.2	0.1	0.5	—	2.0
	CO	40	0.3	5	15	0.33	—	60.63
	HF	0.04	微量	微量	0.01	不定	—	0.05
	C_xH_y	0.1	0.2	0.05	0.05	0.2	—	0.60
废水	SS	0.28	0.06	0.24	0.07	0.20	—	0.85
	COD	0.05	0.08	0.16	0.20	0.14	—	0.63
	NH_3	—	0.03	0.08	—	—	—	0.11
	酚	—	0.005	—	—	—	—	0.005
	氰化物	—	0.02	0.03	—	—	—	0.05
	氯化物	—	—	0.05	0.05	0.20	—	0.30
	硫酸盐	0.004	—	0.003	—	0.40	—	0.407
固体物	粉尘	循环利用	2	12	30		—	79
	泥渣			12	15	10	—	
	渣			300	100	—	—	400
	氧化铁皮	—	—	—	—	30	—	30
	含油废物	—	—	—	—	10	—	10
其他	耐火材料	—	—	—	—	—	20	20
	工业垃圾	—	—	—	—	—	40	40
	生活垃圾	—	—	—	—	—	10	10

（二）烟气排放及其特点

钢铁厂的烧结、球团、炼焦、化学副产品、炼铁、炼钢、轧钢、锻压、金属制品与铁合金、耐火材料、碳素制品及动力等生产环节，拥有排放大量烟尘的各种窑炉。全国钢铁工业每年废气排放量可达 12000 亿立方米左右，其中，二氧化硫等外排放废气约占全国 1/6，排放量仅次于电力工业，居全国第二位。钢铁工业在各工业部门中是废气污染环境的大户之一。

根据钢铁企业排放的废气，大体可分为三类：第一类是生产工艺过程化学反应中排放的废气，如冶炼、烧焦、化工产品和钢材酸洗过程中产生的烟尘和有害气体；第二类是燃料在炉、窑中燃烧产生的烟气和有害气体；第三类是原料、燃料运输，装卸和加工等过程产生的粉尘。现将排放量大的烟尘、粉尘和二氧化硫的来源列于表 5-2。

表 5-2　钢铁企业烟尘、粉尘、二氧化硫的主要来源一览表

生产工艺	主要污染物	排放源
原料处理	粉尘	原料堆场
	粉尘	原料运输机转运
	粉尘	矿石破碎筛分设备
	粉尘	煤粉碎设备

生产工艺	主要污染物	排放源
烧结(球团)	烟尘、二氧化硫	烧结机机关
	烟尘、二氧化硫	带式(或竖炉)球团设备
	粉尘	烧结机机尾
	粉尘	烧结矿筛分系统
	粉尘	储矿槽
	粉尘	粉焦粉碎系统
炼铁	粉尘	炉前原料储存槽
	粉尘	原料转运站
	烟尘	高炉出铁场
	烟尘	高炉煤气放散
	烟尘	铸铁机
	烟尘	混铁炉
炼钢	烟尘、二氧化硫	平炉(吹氧平炉)
	烟尘	转炉(顶吹氧转炉)
	烟尘	连铸、火焰清理机
	烟尘	电炉
	烟尘	炉外精炼炉
	烟尘	化铁炉
	烟尘	混铁炉
	烟尘	铁水脱硫
	粉尘	散状料转运站
	粉尘	辅助物料破碎
轧钢	烟尘、二氧化硫	加热炉(烧煤)
	粉尘	钢坯火焰清理机
	粉尘	机械清理机
	粉尘	热带连轧、精轧机
铁合金	烟尘	冷带连轧、双平整机
	粉尘	敞开式电炉
	烟尘	封闭式电炉
	烟尘	精炼电弧炉
	烟尘	回转窑
	烟尘	熔炼炉
炼焦	烟尘	焦炉装煤设备
	烟尘	出焦设备
	烟尘	熄焦设备
	烟尘	焦炉
	烟尘	煤及焦粉碎、筛分、转运点
耐火	烟尘	竖窑
	烟尘	回转窑
	烟尘	隧道室
	粉尘	破碎、筛分设备
	粉尘	运输系统
碳素制品	烟尘	煅烧炉
	烟尘	焙烧炉
	烟尘	石墨化炉
	烟尘	浸焙炉
	粉尘	原料破碎、筛分转运点
机修	烟尘	化铁炉
动力	烟尘、二氧化硫	锅炉
辅助原料加工	烟尘	石灰窑
	烟尘	白云石窑
	粉尘	矿石破碎、筛分、转运点

钢铁工业废气的特点如下。

（1）排放量大、污染面广

钢铁工业生产过程中释放的废气，每吨钢的废气排放量约为 20000m³（标），在全国 40 个行业中，钢铁工业废气年排放量占全国总排放量的 18%，位居第二。

钢铁企业的工业窑炉规模庞大、设备集中。全国 40 个行业中，废气排放量在 100 万立方米（标）以上的 76 个大户中，钢铁企业即有 14 户，占 18.4%。

（2）烟尘颗粒细，吸附力强

钢铁冶炼过程中排放的多为氧化铁烟尘，其粒径在 1μm 以下的占多数。由于尘粒细，比表面积大，吸附力强，易成为吸附有害气体的载体。

（3）废气温度高，治理难度大

冶金窑炉排出的废气温度一般为 400～1000℃，最高可达 1400～1600℃。在钢铁企业中，有 1/3 烟气净化系统处理高温烟气，处理烟气量占整个钢铁企业总烟气量的 2/3。由于烟气温度高，对管道材质、构件结构，以及净化设备的选择均有特殊要求；高温烟气中含硫、一氧化碳，使烟气在净化处理时，必须妥善处理好"露点"及防火、防爆问题。所有这些特点，构成了高温烟气治理中的艰巨性和复杂性，使处理技术难度大、设备投资高。

（4）烟气阵发性强，无组织排放多

金属冶炼是非常复杂的反应过程。其间，烟气的产生具有阵发性，而且随着冶炼过程的不同，散发烟气的成分及数量也不同，波动极大。一般净化系统主要是控制烟气最大的冶炼过程（即一次烟气），而对一次集尘系统未捕集到以及其他辅助工艺过程所散发的烟气（即二次烟气），形成了无组织地通过厂房或天窗外逸。二次烟气中的烟尘虽一般仅占总烟尘量的 7%～10% 左右，但其尘粒细、分散度高，对环境的污染影响更大。

（5）废气具有回收价值

钢铁生产排出的废气虽然对环境有害，但高温烟气中的余热可通过热能回收装置转换为蒸汽或电能；可燃成分如煤气可作为燃料；净化过程收集的尘泥多数富含氧化铁，可以回收利用。

（三）废水排放及其特点

钢铁工业用水量很大，每炼 1t 钢用 200～250m³ 水，外排废水量约占全国的 1/7，仅次于化工，位居第二。钢铁生产过程中排出的废水，主要来源于生产工艺过程用水、设备与产品冷却水、设备和场地清洗水等。70% 的废水来源于冷却用水，生产工艺过程排出的只占一小部分。废水含有随水流失的生产用原料、中间产物和产品以及生产过程中产生的污染物。

钢铁工业废水通常按下述方法分为三类：第一类，按所含的主要污染物性质，可分为含有机污染物为主的有机废水和含无机污染物（主要为悬浮物）为主的无机废水以及仅受热污染的冷却水；第二类，按所含污染物的主要成分，可分含酚氰污水、含油废水、含铬废水、酸性废水、碱性废水和含氟废水等；第三类，按生产和加工对象，可分为烧结厂废水、焦化厂废水、炼铁厂废水、炼钢厂废水和轧钢厂废水等。各厂又有几种主要废水以及这些废水处理工艺的选择，如表 5-3 所示。

表 5-3　钢铁企业主要废水及其单元处理工艺选择一览表

排放废水的工厂	按污染物主要成分分类的废水								单元处理工艺选择															
	含酚氰废水	含氟废水	含油废水	重金属废水	含悬浮物废水	热废水	酸废∧液∨水	碱废水	沉淀	混凝沉淀	过滤	冷却	中和	气浮	化学氧化	生物处理	离子交换	膜分离	活性炭	磁分离	蒸发结晶	化学沉淀	混凝气浮	萃取
烧结厂					●	●			●		●	●												
焦化厂	●	●																				●		●
炼铁厂	●																					●		
炼钢厂																						●		
轧钢厂			●	●	●				●	●	●	●	●				●					●	●	
铁合金	●			●	●	●			●	●	●	●	●	●								●	●	
其他			●	●	●	●			●	●	●	●	●	●								●	●	

　　钢铁工业废水的特点如下。

　　（1）废水量大，污染面广

　　钢铁工业生产过程中，从原料准备到钢铁冶炼以致成品轧制的全过程中，几乎所有工序都要用水，都有废水排放。

　　（2）废水成分复杂、污染物质多

　　表 5-4 列出了钢铁工业废水的污染特征和主要污染物质。从中可以看出钢铁工业废水污染特征不仅多样，而且往往含有严重污染环境的各种重金属和多种化学毒物。

表 5-4　钢铁工业废水的污染特征和主要污染物质

排放废水的单元(车间)	污染特征						主要污染物															
	浑浊	臭味	颜色	有机污染物	无机污染物	热污染	酚	苯	硫化物	氟化物	氰化物	油	酸	碱	锌	镉	砷	铅	铬	镍	铜	锰	钒
烧结	●		●		●																		
焦化	●	●	●	●	●		●	●	●		●												
炼铁	●				●				●									●					●
炼钢	●				●					●													
轧钢	●		●		●							●											
酸洗	●		●		●								●	●	●	●	●		●	●	●		
铁合金	●		●	●	●				●													●	●

　　（3）废水水质变化大，造成废水处理难度大

　　钢铁工业废水的水质因生产工艺和生产方式不同而有很大的差异。有的即使采用同一种工艺，水质也有很大变化。如氧气顶吹转炉除尘污水，在同一炉钢的不同吹炼期，废水的pH 可在 4～13 之间，悬浮物可在 250～25000mg/L 之间变化。间接冷却水在使用过程中仅受热污染，经冷却后即可回用。直接冷却水因与物料等直接接触，含有同原料、燃料、产品等成分有关的各种物质。由于钢铁工业废水水质的差异大、变化大，无疑加大废水处理工艺

的难度。

（四）固体废物排放及其特点

钢铁工业固体废物（即冶金渣或废渣）是指钢铁生产过程中产生的固体、半固体或泥浆废物。主要包括：采矿废石、矿石洗选过程排出的尾矿、冶炼过程产生的各种冶炼矿渣、轧钢过程中产生的氧化铁皮和各生产环节净化装置收集的各种粉尘、污泥以及工业垃圾。此外，按固体废物管理范畴还包括容器盛装的酸洗废液和废油等。

钢铁工业固体废物产生于钢铁生产的各个环节，换言之，伴随着从矿石的采掘到钢铁成品的出厂，每一步工序都有其特定的固体废物的产生、排放，其品种因工序而异，其发生量因工艺技术而增减。表 5-5 列出了钢铁厂通常产生的固体废物和副产品。

表 5-5 钢铁工业中的固体废物和副产品（节选）

生产阶段	副产品和废物	生产阶段	副产品和废物
焦炭生产	硫酸铵、苯、煤焦油、萘、沥青、粗酚、硫酸 锅炉与冷却器清除残渣 氨生产中排出的石灰泥浆 焦化废水机械澄清排出的污泥 熄焦水与湿法除尘器排出的湿尘泥 焦化废水处理的活性污泥 粉尘	精加工	来自表面机械处理的铁屑 工艺水处理产生的铁屑 粉尘 再生设备产生的 Fe_2O_3 再生设备产生的 $FeSO_4 \cdot 7H_2O$ 酸洗废液 中和污泥 废热处理盐 来自金属表面除油与清洗的残渣
烧结厂	废气净化产生的粉尘 二次烟尘产生的粉尘		
高炉	高炉渣 铸造场烟气除尘产生的粉尘 煤气净化产生的粉尘 煤气洗涤水净化产生的污泥	其他辅助部门	含油废物 液态废物：如废油和废油乳化液，含油污泥 含油固体废物：如润滑剂生成的固体废物及含油的金属切削物轧钢废料，建造和拆除的废钢 废耐火材料 屋顶集尘 挖掘出的土 下水道污泥 家庭废物 大块的废物
炼钢	钢渣 二次排放控制产生的粉尘 干法烟气除尘产生的粉尘 钢厂除尘用工艺水产生的污泥		
热成型和连铸	铁屑 轧机污泥 铁皮坑渣 辗磨与切削废物 轧辊辗磨产生的污泥		

钢铁工业固体废物的特点如下。

（1）量大面广，种类繁多

如前所述，钢铁生产消耗原材料和燃料多，但 80% 以上的消耗又以各种形式的废物排出。其中除废水外；以重量计又以固体废物为主，即每生产 1 吨钢，固体废物排放量即超过 0.5t。我国现已成为世界第一产钢大国，其固体废物产生量之大不言而喻，约占我国工业固体废物发生总量的 1/5，排在矿业和电力行业之后，位居第三。

从表 5-5 中又可以看出固体废物产生于钢铁生产的各个环节，不仅涉及面广，而且种类各异、品种繁多。

（2）蕴含有价元素，综合利用价值高

钢铁工业原料多为各种元素共生矿物。生产过程中"取主弃辅"，必然导致排出废物中蕴含各种不同的有价元素，如：铁、锰、钒、铬、钼、铝等金属元素和钙、硅、硫等非金属元素。这些元素对主产品或许是无益甚至是有害的，但对其他产品生产则可能是重要原料。

因此，钢铁工业固体废物是一项可再利用的大宗二次资源。有些固体废物稍加处理即可成为其他生产部门的宝贵原料，如高炉渣经水淬处理成为粒化高炉矿渣，是生产矿渣水泥的重要原料。尤其应指出的是，含铁固体废物即是钢铁厂内部循环利用的金属资源，不仅综合利用价值高，而且减少废物外排，有利于减少污染。

从图 5-2 "综合性钢铁企业中主要的副产品与废物流程图"中不难看出，相当一部分固体废物（确切地说应是副产品）可以在本企业中循环利用。

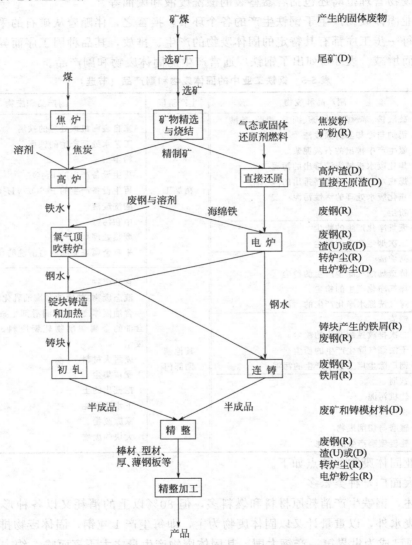

图 5-2 综合性钢铁企业中主要的副产品与废物流程图

（3）有毒废物少，便于处理与利用

钢铁工业除金属铬与五氧化二钒生产过程产生的水浸出铬渣和钒渣；特殊钢厂铬合金钢生产过程中产生的电炉粉尘以及碳素制品厂产生的焦油、轧钢过程表面处理废水治理产生的含铬污泥等少量有毒有害废物外，其他固体废物，如尾矿、钢铁渣、含铁尘泥等，虽然量大，但基本属于一般工业固体废物。因而，较易燃、易爆、腐蚀性、有毒等危害的危险固体废物易于收集、输送、加工、处理，也便于作为二次资源加以利用。

第二节　钢铁生产工艺过程

一、概述

目前钢铁生产有两种主要工艺流程，主要差异是它们所用的含铁原料和类型不同。同时还存在着这两种工艺流程的变化和组合。以这两种主要工艺流程构成钢铁联合企业（高炉、转炉法）和电炉（EAF 法）钢厂，即"长流程"和"短流程"的钢铁生产。

1. "长流程" 钢铁生产（高炉、转炉法）

长流程的钢铁联合企业主要使用铁矿石以及少量废钢铁。在生产过程中，首先是从矿石炼铁，随后将铁炼成钢。这一工艺流程所用的原料包括：铁矿石、煤、石灰石以及回收的废钢、能源和其他数量不同的各种辅助材料，如油料、耐火材料、合金材料、水等。其基本生产工艺流程见图 5-3。目前高炉、转炉法长流程炼钢生产约占世界钢产量的 60%。

我国某钢铁联合企业生产工艺流程如图 5-4 所示。

2. "短流程" 电炉炼钢（EAF 法）

电炉炼钢主要使用废钢或越来越多地使用其他来源的金属铁，例如，直接还原铁（DRI）。EAF 炼钢主要工艺过程示意如图 5-5 所示。电炉炼钢不需要钢铁联合企业所采用的炼铁工序，而是直接在电炉内熔炼回收的废钢铁，并通过通常在较小的钢包炉（LF）中添加合金元素来调节金属的化学成分。用于熔炼的能源主要是电力，也可直接喷入电炉氧气和其他矿物燃料来代替或补充电能。EAF 法主要投入和产出的主要物料平衡如图 5-6 所示。

与钢铁联合企业炼钢相比，电炉炼钢工艺工序简单，占地较少。下游工艺步骤如浇铸或连铸、轧制，与联合企业类似。目前电炉（EAF 法）钢厂生产约占世界总产量 1/3。

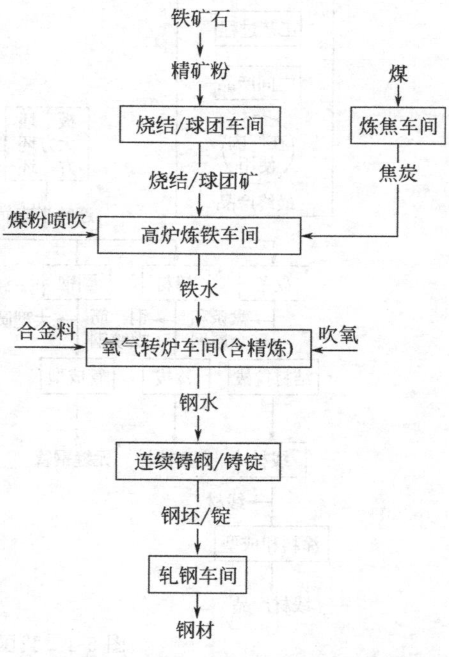

平炉炼钢以铁水、部分废钢为主要原料并入熔剂，以燃油做燃料，使用高温空气，生成强烈火焰。空气通过平炉烟气余热加热，熔炼过程中亦可喷入氧气使熔池中碳组分迅速燃烧，加快冶炼过程。

平炉炼钢实质上仍属于"长流程"冶炼。但因其能耗高、效率低现已被逐步淘汰，其产量所占比重甚少。

图 5-3　钢铁联合企业基本生产工艺流程

二、钢铁生产过程

（一）原料装运、准备

原料是生产的基础，钢铁生产消耗大量的原材料与燃料。因此，钢铁企业的原料供应从

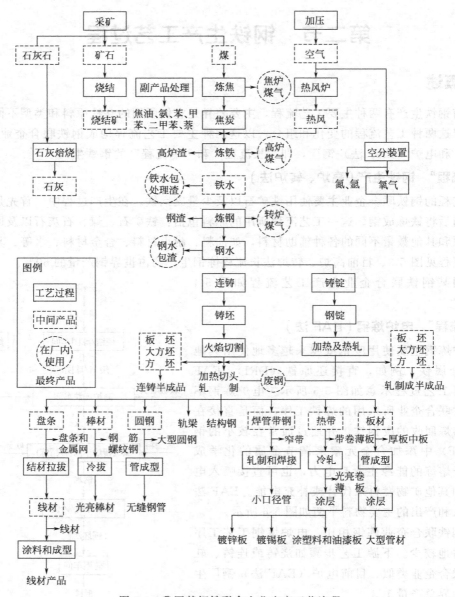

图 5-4　我国某钢铁联合企业生产工艺流程

装运到备料,系统十分庞杂。

1. 装运与准备

由于需要运输和装卸数量极大的原料,所以原料运输费用是选择钢铁联合企业位置时的一项主要因素。因此,厂址大多位于易利用当地矿石或其他原料的地区,或位于拥有必要港口设施的地区。这些设施还可以为出口成品提供便利。所以随着大型、高效远洋运矿巨轮(最大吨位可达 $32×10^4$ t)的出现,钢铁联合企业的厂址不一定为了节省成本而非要位于供矿地附近。

原料主要通过海运输送到炼钢厂,其次是通过公路、铁路或河运。铁矿粉(直接从远洋货轮或从铁路货车/公路货车/河运货船)卸下、储存,然后露天混合。混合可以提供更为均

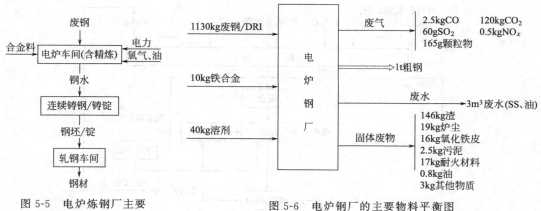

图 5-5　电炉炼钢厂主要
　　　　生产工艺流程

图 5-6　电炉钢厂的主要物料平衡图

匀的用料，以便提高生产效率和减少浪费。混合过的铁矿通过焙烧制成烧结块或烧结成球团，以供高炉使用。选用烧结矿还是球团作为高炉进料，取决于当地情况，例如原料可得性、费用、操作要求、环境法规等。煤的准备包括"清洗"以去除矿物杂质，然后在炼焦炉中炼成焦炭，以供高炉使用。非焦煤可以粉化，作为焦炭的代替物直接喷入高炉。石灰石可以直接送入高炉，或在特殊炉窑中转化为煅烧石灰，用于烧结矿或球团生产，或用作炼钢的添加剂。废钢的准备包括：切碎、分类和筛选，以便大量去除不需要的有色金属，以及部分去除有机涂料和其他杂质。

2. 装运、准备过程的环境问题

与原料装运有关的主要环境问题是，卸料过程中产生的粉尘、来自储料堆的粉尘以及车辆运输产生的粉尘和噪声。这些问题通常通过下列方法来加以控制：向储料堆喷水或结壳剂；确保车轮和道路保持清洁；以及使装卸作业区远离居民区。

来自原料装卸场的径流通常被收集和处理，以便去除其中的悬浮固体物和油。

（二）烧结、造球

烧结矿和球团的物理特性和化学特性，是决定高炉运行好坏的极为重要的因素，所以这些原料是炼铁过程的关键性组成部分。

1. 烧结生产工艺

烧结过程指的是对带有助熔剂和焦炭粉的细铁矿粉加热，生产一种半熔状物质，这种物质再固化成具有作为高炉进料所必需的大小和强度特性的多孔烧结物。烧结层厚度最大为 600mm 的湿料被传送到不停运行的炉箅上。在炉箅起始处料层表面被煤气喷嘴点燃，空气通过移动床抽吸，从而导致焦炭燃烧。对炉箅速度和气流加以控制，以确保"烧透"，燃烧的焦炭层到达炉箅底部的瞬间，刚好出现在烧结物排放之前。固化的烧结物在破碎机中破碎，并通过空气冷却。不符合尺寸要求的产品被筛分出来，重新破碎，粉矿返回重新烧结。烧结生产工艺流程及其排污状况如图 5-7 所示。烧结厂主要物料平衡如图 5-8 所示。

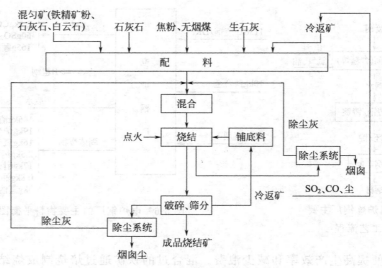

图 5-7　烧结生产工艺流程及排污示意图

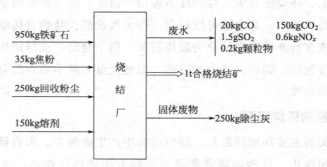

图 5-8　烧结厂的主要物料平衡

2. 球团生产工艺

球团是通过将磨碎的铁矿、水和黏合剂混合物在造球机中制成直径为 12mm 的小球而制成的。这种"湿球"通过干燥和在移动的炉箅上或在炉窑（竖窑或回转窑）中加热到 1300℃而成为适于高炉生产的球团矿。其工艺流程类似于烧结，造球过程中主要物料平衡如图 5-9 所示。

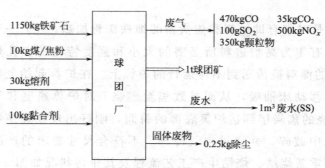

图 5-9　造球过程的主要物料平衡

3. 烧结、球团生产的主要污染问题

烧结过程的污染物排放主要来自于原料装卸作业（导致空气含尘）和炉算上的燃烧反应，后一来源的燃烧气体含有直接由炉算产生的粉尘以及其他燃烧产物，如 CO、CO_2、SO_x、NO_x 和颗粒物。它们的浓度取决于燃烧条件以及所用的原料。其他排放物包括：由焦炭屑、含油轧制铁鳞中的挥发物生成的挥发性有机物质（VOCS）；在某些操作条件下由有机物生成的二噁英；从所用原料中挥发出的金属（包括放射性同位素）；以及由所用原料的卤化成分生成的酸蒸气（如 HCl 和 HF）。

燃烧废气通常采用干式静电除尘器（ESP）来净化，这类除尘器能处理烧结过程中产生的大量含尘气体。它们虽然可以大大降低粉尘排放量，但对所提及的其他排放物产生的效果很差，这些排放物可以通过工艺参数和原料选择来加以控制。通常用单独的小型除尘器来净化来自不同输料点、破碎装置和筛分装置的充满粉尘的废气。除尘器收集的粉尘，通常返回混料场。

球团生产过程污染物产生同烧结厂中基本相同，这些污染物在很大程度上取决于生产操作条件和所有的原料。

（三）炼焦

1. 焦炭及其作用

炼焦煤经破碎、筛分、配煤后装入炼焦炉中，在隔绝空气条件下高温干馏生成焦炭。焦炭在高炉中的主要作用是将氧化铁还原成铁金属。焦炭还充当燃料，提供骨架作用以让气体顺利通过高炉料层。由于煤在熔融条件下会软化和变得不透气，所以它无法发挥这些作用。因此，煤必须在无氧环境中加热 15～21h 到 1100℃转化为焦炭。

2. 炼焦工艺过程

炼焦炉是焦化厂最主要的生产设备，一个焦炉组可能拥有 40 个或更多个被加热室隔开的、带有耐火墙的炭化室。每个炭化室一般宽 0.4～0.6m，高 4～7m，长 12～18m，两端都装有可移动的炉门。煤通过一辆沿焦炉组顶部运行的装煤车，从每个炭化室上方 3～4 个直径为 300mm 的装煤孔装填。装满后，炭化室门和装煤孔即被密封，并开始加热（下部燃烧）。加热过程中干馏出的以焦油和焦炉气（COG）形式出现的干馏产物，被收集在焦炉组的集气管中，并被送往回收装置。当加热周期结束时，焦炉与集气管分离开，炉门被打开，固体焦炭被推入熄焦车。熄焦车沿焦炉组一侧行至熄焦塔，在那里，将新水或循环水喷洒在炽热的焦炭上，使其温度降至 200℃以下。另外一种可选择的干熄焦法是：使惰性气体（N_2）重复循环地通过热焦炭，回收的热量被用于发生蒸汽。

炼焦生产工艺流程及排污状况如图 5-10 所示。图 5-11 为焦化厂主要物料平衡图。

3. 炼焦生产的污染

在钢铁联合企业中，焦化厂是一污染大户。其主要污染物为废气、废水以及少量固体废物。

炼焦厂的废气排放有间歇的和连续的，它们与下部燃烧、装煤、推焦、熄焦、运输和筛分等作业有关。一种排放物可能出自很多分散的来源，例如炉门、炉盖、出焦、下部加热烟囱等。

烟尘排放产生于下部燃烧、装煤、推焦和冷却作业。这些排放可以通过下列方法加以控

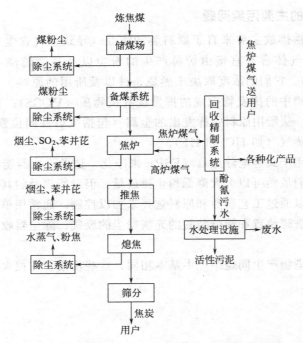

图 5-10　炼焦生产工艺流程及排污示意图

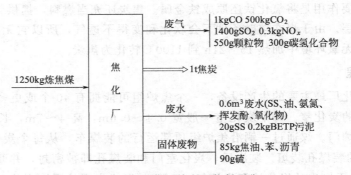

图 5-11　焦化厂的主要物料平衡

制，不断维护保养焦炉耐火墙；改进装煤方法；严密控制加热周期；以及为某些作业安装萃取、气体净化系统。

焦炉煤气（COG）是炼焦过程中馏出的一种复杂的混合物，它含有氢、甲烷、一氧化碳、二氧化碳、氮氧化物、水蒸气、氧、氮、硫化氢、氰化物、氨、苯、轻油、焦油蒸气、萘、烃、多环芳烃（PAHs）和凝聚的颗粒物。这种气体排放可能来自门、盖、罩等没有得到密封的地方，只能通过密切注意维修保养和密封作业来减少这类排放。

在作为燃料气分配之前，COG 在化产工序中处理，在那里，某些成分（如苯、焦油或硫）被去除和收集。用于这一过程的各种罐、通气孔、泵、阀等，都是潜在的排放源。当泄漏长期未被发现时，这些常常位于地下的罐也是一种潜在的地面污染源。

化产工序所用的水在排放之前，先经生化处理场（BETP）中进行处理，以便去除氰化物、挥发酚、NH_3-N、硫氰酸盐和 SS。

固体废物包括用过的耐火材料、焦油渣、BETP 渣等。

（四）高炉炼铁

1. 高炉炼铁主要工艺

目前世界上绝大部分铁是在高炉中生产的，每年产高达 5×10^8 t 铁水。高炉消耗了大约 97% 的开采出的铁矿石；其余铁矿石在以天然气或煤为基础的直接还原铁（DRI）厂中被制成海绵铁，供 EAF 用。

高炉是一个封闭的系统，含铁原料（铁矿石、烧结物和球团）、添加剂（造渣剂如石灰石）和还原剂（焦炭），通过加料系统装置连续加入炉身顶部，该加料系统可防止高炉煤气逸出。热风（有时富含氧）和辅助燃料从底部注入，以便提供逆流还原气体；这种鼓风与焦炭反应生成一氧化碳（CO），后者再将氧化铁还原成铁。铁水连同渣被聚集在炉膛内定期排出。铁水通过混铁罐车运往炼钢厂，炉渣则被加工生产成骨料、粒料，可供公路建设和水泥制造综合利用。高炉炉顶部的煤气经过净化，然后配送到其他工序作为燃料。

图 5-12 为炼铁生产工艺流程及其排污示意图，图 5-13 为高炉生产主要物料平衡。

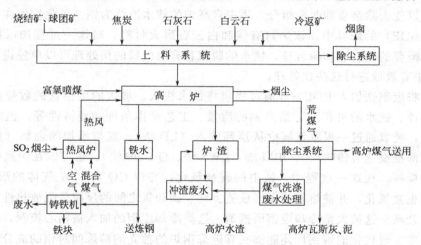

图 5-12　炼铁生产工艺流程及排污示意图

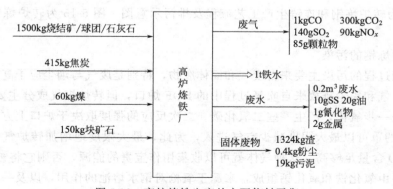

图 5-13　高炉炼铁生产的主要物料平衡

2. 炼铁生产的污染

炼铁生产排出的污染物数量大，且废气、废水和固体废物几乎数量相当。

炼铁产生的主要污染物包括：基本上为氧化铁的颗粒物（含铁粉尘），它们主要是在出铁作业期间以及一些辅助作业排放的；渣处理过程排出的不同数量的 H_2S 和 SO_2，这些排放物会产生气味问题。高炉出铁场可装有排气、袋滤净化装置，或设有可用来减少颗粒物形成和排放的系统。在拥有高炉出铁场排气系统的情况下，收集的颗粒物通常可以完全返回烧结厂。

废水产生于高炉煤气湿式净化和炉渣处理工序。这些工序往往采用循环装置，但出水在排放之前要经过处理，以便去除 SS、金属和油。

（五）炼钢、 二次精炼和铸造

钢铁联合企业的炼钢厂实际包括三种作业类型，即炼钢（转炉、电炉）、二次精炼和铸造，这三种作业的目的是：首先获得钢水；其次是调节钢水适当的组分和洁净度，以便生产适应各种用途的产品；将其固化成适合于轧制的形状。

1. 氧气转炉炼钢

（1）转炉炼钢工艺

氧气炼钢包括：通过采用纯氧（主要是去除碳，但也去除硅和其他元素）和添加助熔剂和合金元素以便去除杂质和改变组分，将来自高炉的铁水冶炼为钢。氧化发生在被称为碱性氧气转炉（BOF）的炉身中，该炉衬有镁和白云石耐火材料，对这一过程加以控制，以便达到成品钢需要的碳、硅和磷含量，铁水的脱硫和有时脱磷的预处理可以单独进行，因为无法在 BOF 中有效地进行这些预处理。

首先，将废钢铁加入 BOF，并通过浇包将铁水注入。加入的废钢铁的数量将取决于废钢铁的可得性、铁水的可得性、最终钢的质量、工艺操作条件和经济性等，但它很少超过30％。然后，纯氧通过一根垂直氧枪从顶部吹入（LD 法），或与添加的燃料（如丙烷或天然气）从底部浸没透气砖吹入（OBM 法、LWS 法、Q-BOP 法）。也可以在炉底吹入惰性气体，以帮助搅拌。在这一过程中，铁中的碳被氧化，并以 CO 和 CO_2 气体的形式被释放。硅、锰和磷也被氧化，并被熔剂捕集形成渣。硅、碳和氧之间的反应是强放热性的，从而导致炉内温度升高。这被大量冷却废钢所抵消。这类冷却废钢的加入被精心控制，以便确保正确的出钢温度。现代化的炼钢厂还能够在靠近炼钢炉的独立的精炼间对钢的成分和温度进行微调。当达到成品钢的成分和温度要求，钢水就被输送到铸造区。

图 5-14 为转炉炼钢和连铸生产工艺流程及排污示意图。图 5-15 为转炉炼钢厂主要物料平衡图。

（2）转炉炼钢的污染

转炉炼钢过程的污染主要来自废气和固体废物，特别是废气与烟尘应予高度关注。转炉炼钢主要的废气和粉尘排放来自吹氧过程中的 BOF 炉口，但转炉煤气成分主要是一氧化碳，通过炉内的进一步氧化，产生一些二氧化碳。二次反应的强度取决于炉口上方烟雾罩的设计（即特别合适的罩可以最大限度减少空气进入，为此，最大限度地增加转炉气中的 CO 的含量）。如果 CO 含量足够高，这种气体就可以收集用作宝贵的能源，否则它将被烧掉。

烟尘主要由氧化铁和氧化钙组成，来源于氧枪对钢水熔池的作用，以及一些铁被氧化成细微氧化铁颗粒。粉尘可能含有废钢铁所产生的重金属（如锌）以及渣和石灰微粒。所产生的粉尘量取决于吹氧系统、操作条件（如流速）和是否使用泡沫渣以及废钢的质量。

BOF 煤气的净化与回收系统包括湿式洗涤或干式技术。净化过程会产生 BOF 污泥或烟尘，它们可以根据杂元素含量来决定是否返回这一流程，作为水泥添加剂出售或被填埋处理。

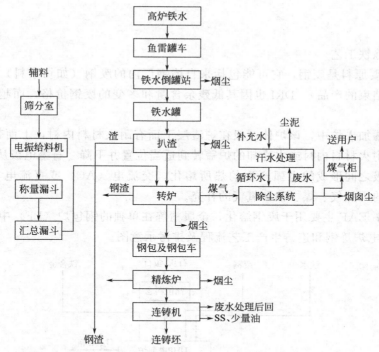

图 5-14　转炉炼钢和连铸生产工艺流程及排污示意图

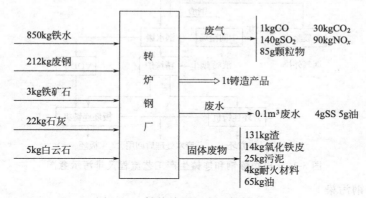

图 5-15　转炉炼钢厂主要物料平衡

当铁水浇在 BOF 炉体中的废钢上时，以及当铁水与空气接触产生氧化铁细粉尘时，出现装料废气排放；其他排放物将取决于废钢中的杂质类型。这些排放物一般升至 BOF 熔炼车间顶部，被在那里的静电除尘器或袋式过滤净化装置收集和净化后排入大气。

转炉二次烟尘出现在吹炼过程中，并来自于炉体上方密封罩周围主系统的泄漏。通常可以像装料排放那样被收集和处理。

BOF 熔炼车间中的其他废气排放，来自钢水运送和预处理作业。这些废气排气往往升至车间顶部，连同装料排放物和二次排放物一起被收集和净化，或直接排入大气。一些工厂已采用惰性气体覆盖来减少这些来源的排放物形成。

转炉煤气湿式净化装置所用的水是循环的，少量排水处理后，去除 SS 和油以及控制 pH。

固体废物、副产物包括钢凝壳、转炉渣、废耐火材料、粉尘和污泥。它们将被回收（凝壳、炉渣、粉尘、污泥）、重新利用（耐火材料）、出售（一些炉渣、粉尘和污泥），或做填埋处理。

2. 电炉炼钢

（1）电炉炼铁工艺

EAF 的主要原料是废钢，它可能包括来自炼钢厂内的废钢（如切余料）或消费后的废钢（如使用期结束的产品）。DRI 也因其低残余含量和多变的废钢价格，而越来越多地被用作原料。

废钢由料罐加入炉中，该炉体一般在炉渣层下面有耐火材料内衬，上面带有水冷却板；然后将也带有耐火材料内衬或水冷却的炉盖转到适当位置并下降。石墨电极从顶部插下，废钢被废钢与电极之间形成的电弧产生的热所熔化。交流电（AC）或直流电（DC）产生的热，得到喷入的天然气、煤、油和氧气的补充。

现代大功率 EAF 主要用于废钢熔化，金属精炼在单独的钢包炉（LF）中进行。

图 5-16 为电炉炼钢和连铸生产工艺流程及排污示意图。

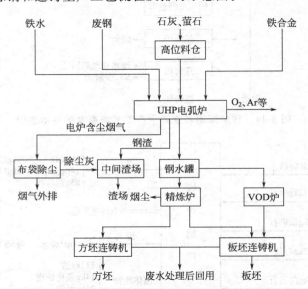

图 5-16　电炉炼钢和连铸生产工艺流程及排污示意图

（2）电炉炼钢污染

与转炉炼钢工艺类似，电炉炼钢的主要污染物仍是废气与粉尘。但固体废量相对少些。它们产生于炉内，并通过炉顶（通过所谓的第四孔）或废钢预热器排出。废气通过燃烧室去燃烧残余的一氧化碳和有机化合物，这种方法主要用来保护烟气系统低碳钢管道免受过高温度损害，也能用来减少气味和有毒有机化合物的生成。炉渣层上面或内部喷入的氧气可以帮助废气在炉内燃烧，这种方法可以增加对炉子热输入，从而减少总的电能需求量。离开炉子后，燃烧过的气体通往热交换器，以便冷却至过滤温度，然后，它们可以与在炉子上方的熔炼车间顶部收集到的二次烟气混合，这种混合废气通常在袋式除尘器中净化。

（3）主要废气污染源

主要废气污染源包括以下内容。

① 来自通过孔，如渣门、电极孔以及炉壁与炉顶之间进入炉内的空气的废气排放；其他气体包括废钢加料上的矿物燃料和有机化合物燃烧产生的燃烧产物。

② 粉尘排放主要由氧化铁和其他金属与重金属（包括锌和铅）组成，它们是从镀层钢

或合金钢挥发出来的，或产生于废钢加料中的有色金属碎片。EAF 粉尘的锌含量可能高达30％，电炉排放的粉尘总量可能为每吨钢 10～18kg 不等。EAF 粉尘总排放量中的大约90％是在一次烟气中释放的。

二次烟气产生于加料和出钢过程中，或作为易散性烟雾出现在熔炼过程中。虽然加料时间很短，但加料排放可能占二次烟气的大部分。废气的组分主要与废钢质量和加料作业的特点有关。例如，第一罐、第二罐或可能的第三罐料是否加入，以及废钢是否加在金属液上。加料排放物的量可能为 500～1500g/t（钢），若要保护操作人员健康免受损害，通常设有屋顶大罩式或全封闭罩系统，以便处理大量废气以及作业过程中可能产生的短时的温度骤增，同时减少电炉熔炼时产生的强噪声。

EAF 作业通常设有闭路净环水系统，这类系统很少需要废水处理。来自 EAF 作业的固体废物、副产物包括电炉渣、炉尘和耐火材料。这些东西可以出售（如炉渣用于公路建设，EAF 粉尘于炼锌厂），重新利用（如 EAF 粉尘、耐火材料）或填埋处置（如炉渣、粉尘和耐火材料）。

3. 二次精炼

（1）二次精炼与其工艺过程

在 BOF 或 EAF 加工处理之后，钢水被浇入钢水包，并通过添加铁合金来调整组分。在铸造之前，钢水可能要做成分和温度的进一步调整，其中包括钢包炉精炼、真空脱气或惰性气体搅拌。

为了对钢水特性进行微调，很多炼钢厂都已安装了钢包炉（LF）。钢包炉由带有能在钢包中钢水上方定位的电极系统的包盖组成。加热钢可弥补添加合金时的热量损失，并给炼钢者更多的灵活性。这种处理是在通过添加适当的造渣剂而形成的合成渣的情况下进行的，电磁搅拌或惰性气体搅拌被用来将合金元素混入钢水。

LF 的应用大大提高了 EAF 的效率和生产率。通过将粗炼作业转给小功率装置——LF，大功率的 EAF 可以在最佳动力输入情况下自由地熔化废钢。这可以大大减少出钢的次数，从而可以减少热量和动力损失。

（2）二次精炼的污染

LF 较低的动力输入和作业方法（不用吹氧管或氧气烧嘴）意味着所产生的粉尘要少得多，而且由于不加入废钢，所以其他成分排放的可能性很小。

由于只采用闭路循环冷却系统，所以 LF 本身并不产生废水，但其他二次精炼作业（如真空脱气 VD 等）会产生需要处理以便去除 SS 的废水。

4. 铸造

钢水浇铸有模铸和连铸两种工艺。模铸是将钢水包中钢水注入钢锭模内进行冷却固化，固化后的钢锭由模中脱出，连铸是将钢水包中钢水注入连铸机直接浇铸成钢坯。

目前 2/3 以上的钢生产是根据成品钢以及冶金和轧制要求，通过连铸成半成品如板坯、小方坯或大方坯，其余则是浇铸入独立的铸模生产钢锭。

（1）连铸工艺

在连铸过程中，装有钢水的钢水包被置于称之为中间包的带有耐火衬的容器上方，钢水在预定高度浇入中间包；钢水流可被耐火管所覆盖，以便最大限度减少与空气的接触，从而减少烟雾生成以及提高产量和质量。中间包常常被设计成带有一系列挡板，目的是改善钢水流动以及帮助夹杂物的上浮或去除。电磁制动系统也可用于这一相同目的。将中间包底部的塞棒或滑动浇口打开，钢水流入一个或多个水冷振动式铜铸模，铸造粉被加入铸模，以便提高钢水流过铜表面的速度，以及使钢水保温。保温粉也被加到中间包表面，以便减少温度损失。

钢水与铸模接触在周围形成固态壳，这种壳和液芯通过铸模底部被拉出，并通过导辊被带走，在喷水的帮助下完成凝固。对进入铸模的钢水的流速和铸坯抽出速度进行控制，所以铸模中钢水的高度保持不变。铸造速度通常为 1.5～4.0m/min，这取决于钢坯尺寸（如薄板坯的铸造速度就快得多）和钢的质量。完全凝固的钢根据产品厚度用机械剪切机或火焰割炬切割成一定长度。

与模铸相比，连铸是一种很平稳的作业，因为通常使用罩盖来防止氧化，所以钢水几乎不暴露于大气。火焰切割废气污染不大。在方坯铸造中，植物油被用来润滑铸模与铸造产品的交接面，这种油的燃烧产物应从铸模顶部排出并适当净化。铸造作业可能会产生粉尘排放，但这类排放往往较少，而且是间歇性的。

喷雾室中的冷却水可以收集铸造产品表面的氧化铁皮，这种水在重新使用之前必须要进行沉淀处理。主要处理 SS、油。

（2）模铸工艺

在模铸过程中，钢水通过钢水包送往浇铸车间，在那里被浇注入生铁铸模，以便凝固。从铸模中移出之后，固态钢坯在均热炉中被加热到轧制温度（1200℃）。

在模铸过程中，金属液暴露于空气，从而产生大量烟雾。烟雾可能产生于有机涂层，这些涂层有时涂在铸模表面以便提高钢锭质量。对于某些钢来说，需要添加热绝缘化合物或放热化合物，其他一些钢则需要添加熔剂或排放化合物。所有这些作业都伴随有潜在有害的易散性排放物。由于模铸过程较长，金属损失较大，从而导致该法的单位能源费用较高，因此模铸将被淘汰。

5. 轧钢

轧钢有热轧与冷轧两种工艺。热轧是将加热到符合轧制要求温度的钢坯或钢锭，通过可逆式轧机或连轧机组，生产不同规格的钢材产品。冷轧是将热轧钢板或钢带，经酸洗后在常温下通过可逆式轧机或连轧机组轧成冷轧钢板或带材。

轧钢生产工艺流程及排污示意如图 5-17 所示。

（1）热轧

① 热轧工艺。热轧通过在电动轧辊间反复挤压加热的金属，改变板坯、小方坯或大方坯的形状和冶金特性。这些产品属于传统称为带材和长线产品类，它们要分别经过带材热轧机、线材轧机、钢板轧机或型钢轧机加工处理。热轧可能需要几步轧制，以便将铸造材料变为最终产品。这一过程从初轧机开始，并以精轧机作业告终，达到最终产品的规格。

在热轧之后，热轧产品要么以卷材形式被送往冷轧机供进一步加工，作为卷材出售，要么切割和作为薄板、钢板、棒材或型材出售。

图 5-18 为热轧厂的主要物料平衡图。

② 热轧生产的污染。热轧阶段的主要排放物包括来自加热炉和（或）均热炉的燃烧废气（如 CO、CO_2、SO_2、NO_x、颗粒物），它们将取决于燃料类型和燃烧条件，还包括来自轧制和润滑油的挥发性有机化合物（VOCS）。

在轧钢过程的每一个阶段，都用高压喷水管去除表面铁鳞。这种水含有铁鳞和油，虽然

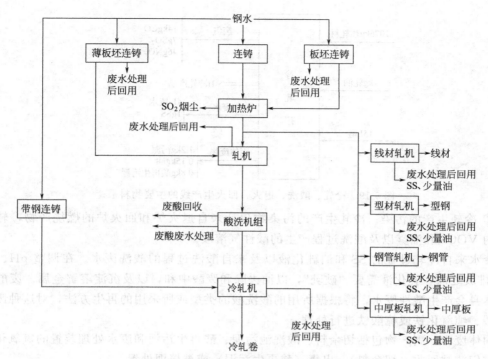

图 5-17　轧钢生产工艺流程及排污示意图

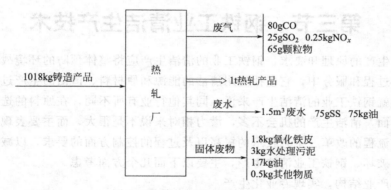

图 5-18　热轧厂的主要物料平衡

往往会采用闭路循环水系统，但这些系统的出水在排放之前必须经过处理，以便去除 SS 和油。

　　固体废物、副产物包括铁鳞皮和切余料，它们经常被分别返回烧结厂和 BOF。加热炉的废耐火材料通常被作填埋处置。

　　（2）冷轧

　　① 冷轧工艺。热轧产品常常经过冷轧机的进一步加工。第一道工序是酸洗，即用盐酸、硫酸或硝酸来去除热轧过程中形成的氧化膜。然后在轧辊之间被挤压冷还原，并且在脱脂之后，通过退火改变其冶金特性。最后一个轧制阶段或"表面光轧"，可使产品平滑，并提高表面硬度。冷轧产品具有高质量的表面粗糙度以及精确的冶金特性，适合用于高技术要求的产品，如汽车、白色产品等。

　　图 5-19 给出冷轧、酸洗、退火、回火生产线主要物料平衡。

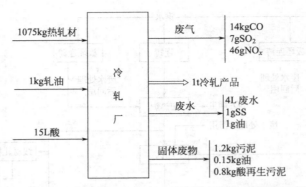

图 5-19   冷轧、酸洗、退火、回火生产线的主要物料平衡

② 冷轧生产的污染。冷轧生产的污染物包括来自退火炉和回火炉的燃烧产物，轧钢油产生的 VOCS 和油雾以及酸洗过程产生的酸性气溶胶。

废水来自冷轧过程的 SS 和油乳化液以及来自酸洗过程的酸洗废水。在调整 pH、去除 SS 和排放之前，乳化液需要"破乳"，以油去除和废酸中和，以及沉淀溶解金属。废酸再生装置本身会产生酸性废水，将根据所用的酸洗酸的类型或所采用的再生方法，对这种废水中的废酸、纯氧化铁或硫酸铁进行处理。

固体废物、副产物包括切余料、酸洗池污泥、酸再生污泥和废水处理装置的氢氧化物污泥。它们或被回收（切余料）、出售（酸再生污泥）或被填埋处置。

第三节   钢铁工业清洁生产技术

根据清洁生产的原理和要求，钢铁工业的清洁生产应将整体预防的环境战略持续地应用于产品、生产过程和服务中，它包括使用清洁的能源和原材料、清洁的生产过程和生产出清洁的产品。但就钢铁工业的清洁生产来说，同其他行业有所不同，在原料的选择和替代以及产品的更新方面，清洁生产的机会不多，潜力相对来说不是很大，而主要表现在对资源的高效利用、工艺流程的改革、工艺技术的提高以及过程的控制方面的要求，以减轻资源强度和对生态环境的破坏。钢铁工业清洁生产，主要以下面几个方面考虑。

（1）调整产业结构，实现专业化生产

随着冶金技术的发展和广泛应用，钢铁生产工艺结构发生了根本的转变，日益向紧凑化、连续化和专业化的方面向发展，传统的"铸锭—开坯—轧钢"生产工艺的松散型、万能化钢铁联合企业生产模式将逐步被淘汰，代之以"原料—炼钢—精炼—连铸—连轧"四位一体的新流程生产模式。

（2）发展高效生产技术，节能降耗，降低生产成本

为提高企业的市场竞争力和使有限的环境资源得到有效合理的利用，国外钢铁企业高度重视各种设备的高效化生产技术，以提高生产效率，减少能耗和各种原材料消耗，降低钢铁产品生产成本。

（3）提高产品质量，建立洁净钢体系

为满足市场对高品质产品的需求，特别是高附加值钢种对纯净度的特殊要求，欧美及日本的许多企业都在致力于建立生产大量洁净钢的生产体系。

（4）加强资源综合利用和环境保护，走可持续发展道路

　　钢铁工业生产对环境的影响较大，它的清洁生产将对改善环境质量，和可持续性发展起到重要作用。

一、烧结工序清洁生产技术

（一）球团烧结、小球烧结工艺

　　随着钢铁工业的发展，天然的富矿从产量和质量上都不能满足高炉冶炼的要求。而我国贫矿和多金属共生复合矿占有相当大的比例，这些矿石经过破碎选矿之后粒度很细，如天然富矿的粒度一般为 $0 \sim 8mm$，精矿粉的粒度小于 $0.074mm$（200 网目）的占 40% 以上，所以必须事先造成块状，然后才能装入高炉冶炼。

　　矿石经过烧结或球团成块以后，一般称为"熟料"。原料经过造块不仅可以满足冶炼对原料粒度的要求，而且在造块过程中加入溶剂可以使原料达到自熔，这样高炉炼铁就可以少加或不加石灰石。另外，在造块的焙烧过程中可以除去原料中的有害杂质硫等，对原料中的其他有益元素也可进行综合回收，因此各国都非常重视入炉的熟料比。中国烧结矿以细精矿为主，粒度细，料层透气性差，产量低，能耗高。小球烧结是解决上述问题的成熟技术，投资少，效益明显，集中了低温烧结和厚料层操作的优点，适合于精矿配比较高的烧结机。

　　球团烧结、小球烧结工艺与传统烧结和球团工艺比较有以下异同点。

　　传统的烧结法是将粉矿、燃料和熔剂按一定比例混合，利用其中燃料燃烧产生的热量使局部生成液相物，利用生成的熔融体使散料颗料黏结成块状烧结矿。而传统球团矿是将精矿粉和熔剂、黏结剂混合之后，压成或滚成直径 $10 \sim 30mm$ 的生球，然后经过干燥和焙烧使之固结。球团烧结、小球烧结工艺是先将矿粉和熔剂按一定比例混合造球，并在球外滚上一层焦粉，然后再在烧结机上进行烧结。图 5-20 给出小球烧结工艺流程图。

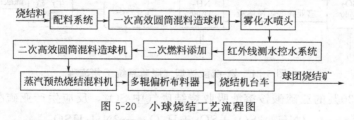

图 5-20　小球烧结工艺流程图

　　球团烧结、小球烧结工艺与传统烧结、球团工艺相比有如下优点。

　　① 小球烧结工艺可在一个简单生产工艺中，同时使用烧结原料和球团原料。而以前这两种原料需要采用两种工艺来处理。

　　② 球团烧结、小球烧结工艺生成的产品为球团烧结矿，其还原度和低温还原粉化率均有所改善。克服了烧结矿粒度不够均匀和球团矿的高温还原度低和软化性能差的缺点，特别适合于细精矿等难烧矿种。

　　③ 球团烧结、小球烧结可提高产量 $10\% \sim 15\%$。因为小球烧结料粒度均匀，强度较好，改善了料层内部的气体动力分布状况，使原始混合料透气性能比普通烧结料提高了 30%，同时也改善了水分蒸发条件，使干燥带厚度减薄。

　　④ 由于小球料的堆积密度和粒度较大，燃料分布均匀，使小球在烧结软化后生成的烧结饼的单位阻力比普通料略高，克服了普通烧结过程中风量分布不合理的现象，提高了产品的强度。

⑤ 采用球团烧结、小球烧结工艺可降低能耗 20％左右。

（二） 烧结烟气的氨-硫酸铵法脱硫技术

烧结矿主要原料精矿粉中含有硫铁矿，精矿粉中含硫量多少决定于铁矿石产地、埋藏深度和开采年限，一般矿山开采年限越久，埋藏深度愈深，精矿粉中含硫量愈高。

钢铁厂烧结工序二氧化硫排放量占总排放量 50％左右。就钢铁工厂 SO_2 控制而言，控制烧结工序排放是个非常重要的环节。可采取的措施有：增加烟囱高度、降低烧结矿原料（精矿粉、燃料）的含硫量以及烟气脱硫。

采用高烟囱扩散稀释的方法没有根本解决烧结二氧化硫排放总量，只有利用局部区域内的污染控制，不利于较大区域内的污染控制。用低硫矿代替高硫矿是控制烧结二氧化硫排放的有效方法，但受到低硫矿原料资源的制约。

解决烧结烟气二氧化硫排放的最终手段是烟气脱硫。因烧结烟气排量很大（吨烧结矿 $4000 \sim 6000 m^3$），给烟气脱硫带来一定困难，为此付出的代价也较高；但随着排放标准愈来愈严，环保要求愈来愈高，从清洁生产角度讲，烧结烟气脱硫是必然趋势。

氨-硫酸铵法烧结烟气脱硫技术如下。

氨-硫酸铵烟气脱硫工艺由两部分组成，一是焦炉煤气中氨的利用，二是焦炉煤气中的氨与烧结废气中二氧化硫反应副产品——硫酸铵的回收。对有焦炉的钢铁联合企业来说，这是最经济有效的烟气脱硫方法。

氨-硫酸铵烟气脱硫系统流程见图 5-21。

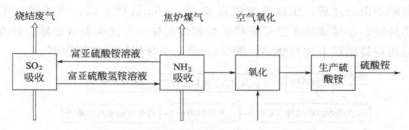

图 5-21 氨-硫酸铵烟气脱硫系统工艺流程

使用浓度为 30％的亚硫酸铵溶液吸收烧结废气中 SO_2，反应生产亚硫酸氢铵

$$(NH_4)_2SO_3 + SO_2 + H_2O \longrightarrow 2NH_4HSO_3$$

部分亚硫酸氢铵溶液送至焦化副产品工序的氨吸收塔，与焦炉煤气接触，吸收其中的氨，吸收剂又转换成亚硫酸铵

$$NH_4HSO_3 + NH_3 \longrightarrow (NH_4)_2SO_3$$

由于吸收液在二氧化硫和氨两个吸收段中循环使用，浓度便会提高。将部分溶液取出，与空气发生氧化反应，生成硫酸铵。

$$(NH_4)_2SO_3 + \frac{1}{2}O_2 \longrightarrow (NH_4)_2SO_3$$

该工艺的最大特点是既能去除烧结废气中的 SO_2，又能去除焦炉煤气中的氨，而且还合理利用了回收的 SO_2，生成硫酸铵化肥。氨-硫酸铵法烧结烟气脱硫效率是各种方法中最高的，当吸收塔 SO_2 入口浓度为 $(100 \sim 200) \times 10^{-6}$ 时，出口含量在 2×10^{-6} 以下，脱率效率在 99％以上。

除上述方法外，还有石灰、石灰石-石膏法，氧化钙、氢氧化钙-石膏法，氢氧化镁法、活性炭-硫酸法等脱硫工艺。

二、 焦化工序清洁生产技术

炼焦生产是钢铁联合企业的重点工序，是钢铁工业的主要废水、废气污染源之一。下面介绍几个钢铁企业的以节能为重点，同时可提高焦炭质量、提高生产效率的焦化清洁生产技术。

表 5-6 列出钢铁企业炼焦工序的节能方案。

表 5-6　炼焦工艺的节能方案

分类	节能技术	技术概况	效果
提高热效率	焦炉燃烧管理控制自动化	由计算机根据煤炭特性、操作信息实现燃烧管理自动化	节约燃料
	程序加热法	根据干馏情况控制投入的燃料气体量	节约燃料
	调整煤炭温度	煤炭水分调整到 6% 左右，装入焦炉	节约燃料 提高生产率 提高质量
	防止边火道升温	对散热大的边火道增加供应燃料、空气，炉体各部位使用相应的绝热耐火材料	节约燃料
	加强炉体绝热		节约燃料
废热回收	干熄焦（CDQ）	用惰性气体冷却红焦，由锅炉回收热量	回收蒸汽或电
	焦炉煤气（COG）显热回收	在上升管用高温有机媒体等回收 COG 显热，焦油处理等是有待今后解决的课题，使用高温有机媒体等回收热量	提高质量 回收蒸汽或用作调温的热源
	燃烧废气显热回收		回收热量
节电	控制风扇转速	采用 VVVF、液力联轴节等	节电

炼焦工序的节能大致上分为：降低干馏热量、提高焦炉热效率的措施，回收干馏时产生各种废热的措施及辅助设备的节电措施。

提高热效率的措施，是根据装入的煤炭特性及干馏情况的信息，采取恒定控制干馏时间的燃烧管理自动控制与程序加热法。此外，在减少装入煤炭水分、降低干馏热量的同时，也采取提高生产率及改进焦炭强度的煤炭调湿法。

余热回收方面是采用干熄焦法（CDQ），把干馏后拥有最大潜热量的焦炭显热回收，以蒸汽或电力形式加以利用；其他的废热有焦炉煤气（COG）及焦炉燃烧废气的显热。

此外，辅助设备的节能措施是节约除尘风机等的用电。此外还可以调整装煤湿度，焦炉燃烧管理自动化控制，干熄焦技术，降低炉体散热技术，提高焦油化工副产物的回收率及利用率等措施实现焦化工序清洁生产。

三、 炼铁工序清洁生产技术

炼铁工序是钢铁生产的主要工序，也是钢铁联合企业的耗能和用水大户，其工序能耗约占总能耗的 41%，用水量占总用量的 20% 左右。炼铁生产的废气废水污染也比较严重。因此，在炼铁工序大力推行清洁生产，对企业的节能、降耗、减污和增效，具有十分重要的作用。

（一） 高炉富氧喷煤技术

高炉富氧喷煤技术，是世界炼铁工业迅速发展的重大技术之一，受到各国的重视，取得了飞速发展。该技术是通过在高炉冶炼过程中喷入大量的煤粉和一定量的氧气，强化高炉冶炼，达到提高产量、节约焦炭、降低能耗的目的，随着钢铁工业的发展，炼焦煤变得日益紧张，再加上世界上焦炉正趋于老化，新建焦炉投资巨大，环保要求日益严格等原因，用大煤量喷吹代替部分价格昂贵而紧缺的冶金焦是一发展趋势。

高炉富氧喷煤的特点如下。

① 高炉富氧喷煤技术可以大幅度增产节焦。根据工业试验，富氧量 1%；可增加喷煤量 23kg/t（铁），综合焦比降低 1.28%，煤焦置换比提高到 0.88，增铁 3% 左右，吨铁成本降低 6.91 元。鼓风含氧量与喷煤量的一般关系为：不富氧，吨铁喷煤量应达到 80～100kg；鼓风含氧量 23%～25%，喷煤量可达到 150kg 左右；鼓风含氧量达到 26%～28%，喷煤量可达到 200kg 左右。

② 喷吹煤种应就近优化，选择灰分、硫分含量低的煤。根据我国煤炭资源特点，为解决喷吹用煤的供应问题，大多数企业应就近选择喷吹烟煤或烟煤与无烟煤混合喷吹，以减少煤炭运输量。

③ 高炉采用富氧鼓风和喷煤后，吨铁可比能耗有所降低，高炉煤气热值有所提高。

④ 节省投资，降低成本，减少污染。

当扩大炼铁能力时，采用富氧喷煤技术与传统的新建高炉和焦炉相比，当净增生铁能力相同时，大约节约投资 25%，生产成本也有所降低，因此，高炉采用大量喷煤技术具有明显的经济效益和环境效益，结合我国钢铁工业的发展，高炉采用这项技术是非常必要的。

（二）　高炉炉顶余压发电

为了回收高炉煤气的物理能，设置高炉炉顶余压透平设施（以下简称 TPT），将煤气的压力能、热能转换为电能，是一种回收能源的有效方法。其工艺流程为：从高炉炉顶出来的煤气（0.2MPa 左右），经过重力除尘器和一级、二级文氏管（湿式）、布袋除尘器（干式）除尘以后，从 TRT 煤气管道经过截止阀、紧急截止阀和流量调节阀进入透平机，利用高炉煤气的余压和热能，带动发电机发电，发电后的煤气进入调压阀组后的煤气管网。发出的电能可供公司使用也可进入电网。

（三）　炼铁废水零排放技术

高炉、热风炉的冷却，高炉煤气的洗涤、鼓风机及其附属设备的冷却，铸铁机及其产品的冷却，炉渣的粒化处理和水力输送都是用水的主要设施。此外，还有一些用量较小或间断用水的地方，如上料系统的润湿、除尘、冲洗、煤气水封等。水在使用过程中的作用可大致分为：设备间接冷却用水，设备及产品的直接冷却用水，生产工艺过程用水及其他杂用水。经以上各种用途使用过的水，都可以称作炼铁废水。根据使用条件的不同，这些水又可供分为间接冷却废水，直接冷却废水，生产工艺废水等。

1. 设备间接冷却废水

高炉炉体、风口、热风炉的热风阀以及其他不与产品或物料直接接触的冷却水都属于间接冷却废水。因为这种废水不与产品或物料接触，使用后只是水温升高，如果直接排放至水体，一方面浪费了宝贵的水资源，同时也可能造成一定范围的热污染。所以到目前为止，这种间冷水一般多设计成循环供水系统，在系统中设置冷却设施，使废水降温后循环使用。不过水在循环过程中还要解决水质稳定问题。

2. 设备和产品的直接冷却废水

设备的直接冷却主要指高炉炉缸喷水冷却、高炉在生产后期的炉皮喷水冷却以及铸铁的喷水冷却。产品的直接冷却主要指铸铁块的喷水冷却。其特点是水与设备或产品直接接触，不但水温升高，而且水质被污染。由于设备或产品的直接冷却对水质要求不高，对水温控制不十分严格，一般经沉淀、冷却后即可循环使用。这一类系统的供水原则应该是尽量循环使用，只补充循环过程中损失水量，其"排污"量尽可能控制在最小限度。

3. 生产工艺过程废水

（1）高炉煤气洗涤水

高炉炼铁使用大量的焦炭和铁矿石（一般为烧结矿），每炼 1t 铁大约需要 $400\sim600\text{kg}$ 焦炭，每消耗 1t 焦炭可生产 $3500\sim4000\text{m}^3$ 的高炉煤气。煤气中含有大量可燃成分，也夹杂大量灰尘，而且温度也较高，通常为 $150\sim400℃$。一般处理方法是将炉顶煤气管道引入重力除尘器（干式），除去大颗粒的灰尘，然后用管道引入煤气洗涤系统，如：两级文丘里洗涤器进行清洗冷却，清洗冷却后的水就是高炉煤气洗涤水。这种废水温度达 $60℃$ 以上，悬浮物 $600\sim3000\text{mg/L}$，水中还含有酚、氰等有毒有害物质，这种水不允许直接排放。因此必须进行处理，一般可采用石灰碳化法和石灰药剂法治理高炉煤气洗涤水，可以做到洗涤水的循环使用。

（2）炉渣粒化用水

高炉炼铁生产中产生大量的炉渣，处理方法通常是利用水将炽热的炉渣急冷水淬，粒化成水渣，以便作为水泥的原料加以利用。

冲制水渣要使用大量的水，一般出 1t 渣需要 $7\sim10\text{t}$ 水进行粒化，粒化后的渣水混合物经过脱水后，即得到成品水渣和冲渣废水，冲渣废水可以循环使用。

生铁冶炼是钢铁生产的主要工艺过程之一，其生产用水量和外排废水量，在钢铁企业中占有很大比重。据统计，我国钢铁企业中炼铁生产用水约占钢铁企业用水总量的 22.5%。因此，采用上述节水和治理措施后可以减少炼铁厂用水量，提高炼铁厂废水的重复利用率，做到少排或不排废水，对于节约水资源、保护环境具有重大意义。

（四）　热风炉余热利用

提高热风温度是降低高炉焦比的有效措施，利用高炉热风炉燃烧烟气余热（$250\sim350℃$），将进入高炉热风炉燃烧的煤气和空气进行预热，是提高热风炉拱顶温度和使用风温的有效手段。

双预热器是高炉采用的一项节能新技术。其运行与实践对高炉节能和废能再利用有着积极的推广作用，对提高风温、节能增铁及降低煤气消耗有着重要意义。

双预热器热风炉余热利用工艺流程为：利用热风炉排出的高温烟气，使烟气换热管内介质吸收热量汽化，蒸汽汇集后经蒸汽导管输送到空气、煤气换热器管束内。蒸汽冷凝放出的气化潜热使管束外的空气和煤气得到加热，冷凝后的介质，通过回流管导回烟气热器管束继续蒸发。如此不断循环，达到煤气和空气双预热的目的。

双预热器的主要技术参数见表 5-7。

表 5-7　双预热器主要技术参数

烟气换热器	入口温度 250℃	出口温度 135℃
空气预热器	入口温度 16℃	出口温度 134℃
煤气预热器	入口温度 50℃	出口温度 133℃

双预热器投入运行前后情况比较见表 5-8。

表 5-8 双预热器投入运行前后情况比较

时段	平均风温/℃	吨铁煤消耗/(GJ/t)	单炉煤气消耗/(×10⁴m³/h)	拱顶温度/℃
运行前	1081.6	2.192	7.2	1210
运行后	1124	2.090	5.6	1288

由上表可知，双预热器投入运行后，平均风温提高 42.4℃，吨铁煤气消耗减少 0.102GJ，单炉煤气消耗减少 $1.6×10^4m^3/h$，拱顶温度提高 78℃。

在炼铁工艺中除了采用高炉炼铁外还发展了直接还原炼铁工艺，熔融还原炼铁短流程工艺，各有其优缺点，也是炼铁工艺改革的一个方向。

四、 炼钢工序清洁生产技术

（一） 连铸技术

钢的生产过程主要有冶炼（包括精炼）和浇铸两大环节。浇铸是炼钢和轧钢的中间工序，从转炉、电炉、平炉、精炼得到了合格钢水之后，还必须将钢水铸造成适合轧制、锻压等加工需要的钢锭或钢坯。

1. 目前的两种浇铸工艺

（1）钢锭模浇铸工艺—模铸

将合格钢水装入钢水包，浇铸到钢锭模内，使钢水凝固成钢锭的全过程称为模铸。模铸钢锭尚需送至初轧工序，初脱锭、加热、开坯后，主育轧制成材。

（2）连续铸钢工艺—连铸

将合格钢水连续不断地浇铸到一个或一组实行强制水冷的，并带有"活底"的结晶器内，钢水沿结晶器周边逐渐凝成钢壳，待钢水凝固到一定坯壳厚度，结晶器液面上升至一定高度后，钢水便与"活底"黏结在一起，由拉矫机咬住与"活底"相连的装置，把铸坯拉出。这种使高温钢水直接浇铸成钢坯的新工艺叫连续铸钢。

2. 连铸工艺的优点

连铸与传统的"模铸—开坯"工艺相比，具有下述优点。

（1）简化生产钢坯的工艺流程

连铸可直接从钢水浇铸成钢坯，省去了脱锭、整模、均热、开坯等一系列中间工序的设备，使钢坯的生产流程大为缩短和简化，由此可节省大量资金。据统计，设备投资和操作费用均可节省 40%，占地面积减少 5%，设备费用减少 70%，耐火材料消耗降低 15%，成本下降 10%～20%。

（2）降低能量消耗

由于连铸省掉了均热炉内再加热工序，可使能量消耗减少 50%～70%。据日本各厂统计，生产 1t 连铸坯比原来模铸—开坯方式节能 0.42～1.26GJ，中国某钢厂省去初轧开坯工序，吨坯节能 1.3GJ；太钢二钢连铸吨坯能耗比初轧开坯吨能耗降低 1.38GJ。

（3）提高金属收得率和成材率

由于连铸从根本上消除了模铸的中注管和汤道的残钢损失，因而使钢水收得率提高；又因连铸钢坯减少了初轧开坯时金属损耗和不需要每根钢锭切去 5%～7% 的坯头，因而成材率可提高 10%～15%。

（4）改善劳动条件

模铸生产是在高温多尘条件下工作的，连铸机使铸锭工作机械化，从根本上改变了模铸工作条件，并为钢铁生产向连续化、自动化发展创造了有利条件。

（5）提高钢坯质量

连铸的最大特点，就是边浇铸，边凝固，通过调节冷却条件，实现合理的冷却，使铸坯结晶过程稳定。内部组织致密，化学成分偏析及内部低倍缺陷都减少了。目前各产钢大国和地区均多采用该技术见表5-9。

表 5-9　世界主要产钢国和地区连铸比

国家	日本	中国	中国台湾	韩国	德国	意大利	英国	法国	世界平均
连铸比%	96.6	60.7	100	98.7	96	96.5	90	94.9	79.8

（二）转炉煤气净化回收

氧气转炉吹炼时产生大量含有CO和氧化铁粉尘的高温烟气，其中CO浓度一般在60%以上，最高（吹氧中期）可达90%以上。当烟气含CO高于30%时，即可用作燃料或化工原料（合成氨、合成甲醇等）。转炉煤气是一种优质气体燃料（有害成分含量少）。回收转炉煤气热值可达 $6273\sim7527kJ/m^3$，通常每吨转炉钢可回收煤气量 $60\sim80m^3$，如宝钢平均吨钢煤气回收量已达 $100m^3$ 以上。

转炉烟气净化及热能回收方法按转炉烟气进入净化系统时是否燃烧，热能回收方法有燃烧法和未燃烧法两大类。

燃烧法：利用设在炉口的水冷烟罩将转炉烟气抽出的同时，引进大量过剩空气，使炉气中可燃成分全部燃烧，利用设置的废热锅炉回收其热能。回收余热后废气经两级文丘管洗涤后排放，洗涤后含尘污水，经污水、污泥处理系统复用或达标排放。

未燃法：当前世界上有代表性的未燃法转炉烟气净化及煤气回收方法有法国的I-C法（敞缝烟罩）、德国的KRUPP法（双烟罩）和日本的OG法（单烟罩）以及德国LT（干式电除尘）法等。

1. OG法

由于OG法技术先进，运行安全可靠，目前已成为世界上广泛采用的方法。

OG装置主要由烟气冷却系统，烟气净化系统以及其他附属设备组成。

烟气冷却系统包括活动裙罩、固定烟罩和汽化冷却烟道，其中活动裙罩和固定烟罩采用密闭热水循环冷却，烟道采用强制汽化冷却，并对冷却高温烟气所产生的蒸汽加以回收利用。

活动裙罩通过液压装置进行升降，在回收期，为充分限制炉气在炉口燃烧，进行闭罩操作。在吹氧初期和吹氧末期的数分钟内，因炉气发生量少，并且CO含量较低，可操作活动裙罩，使炉气在炉口与一定比例的空气混合燃烧。闭罩操作高温烟气通过汽化冷却烟道，温度由1450℃降到1000℃以下，然后进入烟气净化系统。

烟气净化系统包括两级文氏管洗涤器和附属的90°弯管脱水器及挡水板、水雾分离器等设备。第一级文氏管采用手动可调喉口形式，烟气由1000℃降至饱和温度75℃，并进行粗除尘。第二级文氏管采用R-D形式，由炉口微差压装置自动调节二级文氏管喉开度，以适应烟气量变化，控制烟气高速通过喉口，进行精除尘。二级文氏管后的烟气温度继续下降，一般在67℃左右。烟气经文氏管降温净化后，通过90°弯管脱水器、挡水板及水雾分离器进行脱水。净化后的烟气通过文氏管型流量计由引风机排出。

排出的烟气（煤气）根据时间顺序控制装置，由气动三通切换阀进行自动切换，分别进行回收（煤气经水封逆止阀和 V 型水封阀送入煤气柜储存）或放散（烟气通过高 80m 放散塔点火后放散）。

2. LT 法

LT 法是德国鲁奇公司自 20 世纪 60 年代开始研究开发，到第一套工业设备开始投入运行，经历了十余年的时间，1980 年鲁奇（Lurgi）在蒂森（Thgssen）公司 400t 转炉上采用 LT 法投入生产，取得成功。自此 LT 法正式确立（即取用了 Lurgi 的字头 L 与 Thgssen 的字头 T 合并成 LT）。

LT 系统设备主要包括：废气冷却器、干式电除尘器、ID 风机、切换站和煤气冷却器。

五、 轧钢工序清洁生产技术

1. 连铸与轧钢的衔接方式

钢材生产中连铸与轧钢两个工序的衔接模式一般有以下五种类型。

（1）连铸坯冷装炉加热轧制工艺（CC-CCR）

高温铸坯温度降至常温，加热到轧制温度后进行轧制，该工艺为常规长流程加热轧制工艺。

（2）连铸坯热装或热送装炉轧制工艺（CC-HCR）

高温连铸坯温度有所降低，加热到轧制温度后进行轧制。该工艺有高温热装轧制工艺（CC-γHCR）和低温热装轧制工艺（CC-αHCR）两种类型。

（3）连铸坯直接轧制工艺（CC-HDR）

高温连铸坯不需进入加热炉加热，只略经补偿加热即可直接进行粗轧机轧制。

（4）薄板坯连铸连轧工艺

高温薄板连铸坯直接进行精轧机轧制，ISP、CSP、PTSR 等薄板坯连铸连轧工艺即属这种类型。

（5）带钢连续铸轧工艺

由钢水直接铸轧出成品卷材，使其断面一次达到产品所要求的尺寸，是当今世界最先进，流程最短的轧制工艺。目前法国、韩国、德国、日本已投入大量人力和财力开展此项研究工作，并铸轧出厚度为 0.1～5.0mm，宽度为 200～600mm 的带钢热轧卷。

2. 连铸坯热装轧制和直接轧制工艺特点

① 利用连铸坯冶金热能，节约能源消耗，其节能量与热装或补偿加热入炉温度有关。例如，铸坯在 500℃ 热装时，可节能 $0.25 \times 10^6 kJ/t$；800℃ 热装时，可节能 $0.514 \times 10^6 kJ/t$。即入炉温度愈高，则节能愈多。而直接轧制节能效果更为显著，据日本界厂经验，约可比常规冷装炉加热轧制工艺节能 80%～85%。

② 提高成材率，节约金属消耗。由于加热时间缩短，使铸坯烧损减少，高温热装和直接轧制，可使成材率提高 0.5%～1.5%。

③ 简化生产工艺流程，减少占用厂房面积和运输等各项设备，节约基建投资和生产费用。

④ 大大缩短生产周期，从投料炼钢到轧出成品仅需要几个小时；直接轧制时，从钢水

浇铸到轧出成品只需要十几分钟，从而增加生产调度及资金周转的灵活性。

⑤ 提高产品质量。由于加热时间短，氧化铁皮少，直接轧制工艺生产的钢材表面质量要比常规工艺生产的产品好得多。直接轧制工艺由于铸坯无加热炉滑道冷却痕（水印），使产品厚度精度也得到提高。连铸连轧工艺有利于微合金化技术及控轧控冷技术作用的发挥，使钢材组织性能有更大的提高。

第六章
钢铁企业清洁生产审核案例

第一节 前言

钢铁工业是国民经济的重要基础产业，是国家经济水平和综合国力的重要标志。2010年，我国生铁、粗钢和钢材产量分别为 59022 万吨、62665 万吨和 79627 万吨，依据 7 月份出台的《钢铁行业生产经营规范条件》，省工信厅展开了钢铁产能的清理工作，把符合条件的企业纳入"合规企业名单"。

××钢铁有限公司拥有得天独厚的区位优势，资源保障坚实。××钢铁现已发展成为集烧结、炼铁、炼钢、轧钢、制氧为一体，具备年产铁、钢、材各 $850 \times 10^4 t$ 生产能力的特大型钢铁联合企业。

××钢铁被列为"省 2011 年度清洁生产审核重点企业"，根据省环境保护厅、市环境保护局的意见和有关要求，于 2010 年 12 月起开展清洁生产审核工作的前期准备工作，并于 2011 年 2 月 16 日制定并下发了《关于开展清洁生产审核工作的通知》，成立了清洁生产审核领导小组和工作小组，制定了清洁生产审核工作计划，并委托某清洁生产技术服务公司对××钢铁本轮清洁生产审核工作进行技术指导。审核工作开展以来，审核小组按照清洁生产审核的方法、步骤及计划各项工作均已完成，在总结以上工作的基础上编制完成了清洁生产审核报告。

审核报告编制依据：

(1)《中华人民共和国清洁生产促进法》；

(2)《清洁生产审核暂行办法》（国家发改委、原国家环保总局）；

(3)《××省清洁生产审核暂行办法》；

(4)《关于印发聚氯乙烯等 17 个重点行业清洁生产技术推行方案的通知》（工信部节 [2010] 104 号）；

(5)《清洁生产标准·钢铁行业》（HJ/T 189—2006）；

(6)《清洁生产标准·钢铁行业（烧结）》（HJ/T 426—2008）；

(7)《清洁生产标准·钢铁行业（炼铁）》（HJ/T 427—2008）；

(8)《清洁生产标准·钢铁行业（炼钢）》（HJ/T 428—2008）；

(9)《清洁生产标准·钢铁行业（中厚板轧钢）》（HJ/T 318—2006）；

(10)《烧结厂设计规范》（GB 50408—2007）；

（11）《钢铁行业清洁生产评价指标体系（试行）》；

（12）《钢铁行业生产经营规范条件》；

（13）《钢铁有色建材化工行业能效标杆》

（14）《工业炉窑大气污染物排放标准》（GB 9078—1996）；

（15）《产业结构调整指导目录（2011 年版）》；

（16）《部分工业行业淘汰落后生产工艺装备和产品指导目录（2010 年本）》（工信部）

（17）《钢铁工业除尘工程技术规范》（HJ 435—2008）；

（18）《中华人民共和国环境保护法》；

（19）《中华人民共和国大气污染防治法》；

（20）《中华人民共和国水污染防治法》；

（21）《中华人民共和国固体废物污染环境防治法》；

（22）《中华人民共和国环境噪声污染防治法》；

（23）《大气污染物综合排放标准》（GB 16297—1996）

（24）《关于印发重点企业清洁生产审核程序的规定的通知》（环发〔2005〕151 号）；

（25）《关于进一步加强重点企业清洁生产审核工作的通知》（环发〔2008〕60 号）；

（26）《关于深入推进重点企业清洁生产的通知》（环发〔2010〕54 号）；

（27）《关于进一步加强重点企业清洁生产审核工作的通知》（环防〔2010〕384 号）；

（28）《企业清洁生产审核手册》；

（29）《钢铁行业清洁生产审核指南》；

（30）某市"十二五"规划纲要草案；

（31）某区"十二五"环境保护规划；

（32）某区分区规划（2009～2020）。

第二节　筹划与组织

在公司领导的高度重视下，委托某清洁生产技术服务公司进行了清洁生产审核动员暨宣贯会议，另外，还通过宣传栏、印发宣传材料、班组学习等多种形式在全公司职工中进行了清洁生产知识宣传，介绍了清洁生产的工作思路、途径以及清洁生产审核的工作程序。通过宣传使公司各级领导和职工对清洁生产的目的和意义、清洁生产审核的工作内容、要求及工作程序有了较深刻的认识，消除了他们思想和观念上有关清洁生产的误区。同时，审核工作取得了公司高层领导的支持和帮助，保证了清洁生产审核工作的顺利实施。

一、　取得领导支持

2011 年 2 月 14 日，某清洁生产技术服务公司的专家在××钢铁组织召开了清洁生产审核动员暨宣贯会议，公司中高层领导、各职能部门负责人、各工序负责人及相关人员参加了会议。公司中高层领导十分重视本次清洁生产审核工作，会议由办公室主任主持，常务副总动员报告、主管生产的副总以及主管环保的副总参加了宣贯大会，在会上宣布了××钢铁清洁生产审核领导小组、各工序清洁生产审核办公室和审核工作小组人员组成，并委派集团公司安全环保处肖伟专门负责该项工作，要求所有部门通力配合，可以说从工作、人员和资金方面给予了大力支持，同时制定了详细的清洁生产审核工作计划，为本轮清洁生产审核工作的顺利实施提供了保障。

二、 健全审核机构、 成立清洁生产审核小组

根据公司清洁生产审核工作的整体部署，于 2011 年 2 月 16 日下发了《××钢铁有限公司开展清洁生产审核及节能减排工作的通知》文件，成立了由常务副总为领导小组组长，生产、环保副总为副组长的清洁生产审核领导小组，成员及各自职责见表 6-1。

清洁生产审核是一项综合性较强的工作，涉及公司的各个部门，为深入和有效开展清洁生产审核工作，确保清洁生产审核的工作进程和审核质量，协调清洁生产审核过程中各个部门及各审核阶段的工作任务，成立了××钢铁烧结、炼铁、炼钢、轧钢各工序以及薄板厂、制氧厂清洁生产审核工作小组，成员和各自职责见表 6-1。

表 6-1　××钢铁清洁生产审核领导小组

姓名	审核小组职务	来自部门及职务职称	职责
	组长	副总经理	总负责
	副组长	副总经理	审核重点负责
	副组长	副总经理	协助总协调
	副组长	副总经理	协助总协调
	副组长	总经理助理、炼铁厂厂长	生产协调
	专职成员	总经理助理安环部部长	环保协调
	成员	总调室总调度长	生产协调
	成员	机动部部长	设备协调
	成员	综合业务部部长	物资协调
	成员	财务部部长	财务协调
	成员	总办室、管理部、保卫部部长	后勤协调
	成员	技术部部长	技术协调
	成员	计监部部长	计量协调
	成员	南区综合治理指挥部总指挥	技改项目协调
	成员	炼铁厂厂长	生产协调
	成员	炼钢厂厂长	生产协调
	成员	热轧薄板厂厂长	生产协调
	成员	轧钢厂厂长	生产协调
	成员	制氧厂厂长	生产协调

三、 制定审核工作计划

为保障审核各阶段工作顺利开展和按期完成，××钢铁对审核整体进度做了统一安排和部署，制定了详细的审核工作计划（具体见表 6-2），以保证审核小组成员能够各负其责、积极运作，达到资源的合理配置和有效利用。

四、 宣传教育和培训

为使清洁生产审核按计划要求顺利实施，争取公司内部各部门和广大职工的支持，尤其是现场操作人员的积极参与，我公司委托某清洁生产技术服务公司专家分层次对公司中高层领导及各职能部门的管理人员、清洁生产审核小组以及各分厂全体员工进行了宣传教育和培训。

1. 公司高层领导培训

中高层干部培训现场情况见图（图略）。

2. 公司全员培训

全员培训现场照片见图（图略）。

3. 公司审核技术人员专项培训

分别是审核专题培训和物料平衡专题培训。专项培训现场见图（图略）。

4. 发放宣传材料

宣传手册见图（图略）。

5. 各工序的培训与考试

各工序分别进行清洁生产基础知识的考试。烧结、炼铁、炼钢、轧钢等各工序讨论现场见图（图略）。

表 6-2 清洁生产审核工作计划表

阶段	工作内容	完成时间	责任部门及责任人	产出
1. 筹划和组织	配合技术服务单位现场考察和调研,基础资料收集、汇总、分析并向技术服务单位提供	2010.12～2011.1月	公司环保监察部	① 基础资料 ② 培训教材
	① 成立领导小组和工作小组;培训工作小组审核知识; ② 中层以上干部培训(含各分厂、各工序审核小组成员); ③ 进行审核小组成员审核前期技术方法培训; ④ 进行全员宣传教育,学习清洁生产意义、内容及相关的知识,向全体职工征集方案	2011.2月中旬	公司环保监察部负责组织 各工序审核小组负责具体落实	① 领导及全员参与 ② 成立领导小组、审核小组 ③ 掌握审核技巧 ④ 制定并下发审核工作计划 ⑤ 征集清洁生产方案
2. 预审核	① 进行资料整理,数据分析、合规分析,汇总存在问题、研究确立各工序审核重点; ② 设定各工序清洁生产目标; ③ 制定审核阶段工作程序,收集审核重点资料,布置审核重点工作内容,讲解技术方法; ④ 收集整理无低费方案予以落实	2011.2月下旬	公司审核办负责组织,审核小组在各相关单位的配合下负责具体实施	① 现场调查,确立审核重点 ② 收集内部相关数据并与同行业对比分析 ③ 确定审核重点,制定清洁生产目标 ④ 考察、产生并实施无/低费方案
3. 审核	① 对各工序审核重点进行实测,数据汇总; ② 物料平衡、效率分析等; ③ 找到问题或清洁生产潜力点; ④ 收集整理方案予以落实; ⑤ 继续收集整理无低费方案予以落实,收集提出中高费方案	2011.3月	公司审核办负责组织,审核小组在审核重点配合下进行	① 平衡测算和分析 ② 查找废物产生原因 ③ 查找单位产品消耗与同行相比偏高的原因 ④ 制定组织实施无低费方案

续表

阶段	工作内容	完成时间	责任部门及责任人	产出
4. 方案产生筛选	① 针对审核重点问题提方案,方案的分析与筛选,确定各工序中高费方案; ② 继续实施无低费方案; ③ 汇总无低费方案实施效果,形成中期报告; ④ 组织专家内审	2011.4月上旬	公司审核办负责组织,审核小组在全厂开展	① 汇总各类清洁生产方案,并进行分析 ② 推荐可行性分析的方案,继续实施无/低费方案 ③ 中期评估已实施无/低费方案的效果并宣传 ④ 中期审核报告
5. 可行性分析	对被选的中高费方案进行技术、环境、经济评估,推荐可实施方案	2011.3～2011.4月	公司审核办负责组织,审核小组和相关部门参与	① 方案的可行性分析结果 ② 推荐可实施的方案 ③ 配备必要的资源
6. 方案实施	① 制定确定的中高费方案实施计划,组织、实施; ② 汇总审核无/低费方案实施效果,分析审核给企业带来的变化; ③ 进行宣传	2011.2～2011.6月	公司审核办负责组织,审核小组和相关基层单位予以落实	① 按规定实施推荐方案 ② 保存实施中的所有数据 ③ 已实施方案的成果分析结论
7. 持续清洁生产	① 落实机构、形成制度,制定计划; ② 编写清洁生产报告; ③ 组织专家内审; ④ 申请评估并准备迎接评估	2011.7～	公司审核办负责组织,审核小组落实	① 落实清洁生产组织机构 ② 制定清洁生产管理制度 ③ 持续清洁生产计划 ④ 编写清洁生产审核报告

第三节　预审核

一、现状调研及现场考察

1. 集团概况

××钢铁有限公司是一家合资企业。现在××钢铁占地3779亩,是一家集烧结、炼铁、炼钢、轧钢为一体的大型钢铁联合企业,总资产222亿元,综合生产能力为年产铁、钢、材各$850×10^4$t,主导产品为热轧卷板和热轧带钢,现有员工14500人。2010年生产铁水$778.74×10^4$t、钢坯$749.23×10^4$t、钢材$730.79×10^4$t;实现销售收入276.64亿元、利税20.14亿元,其中利润15.12亿元。

各工序概况如下,具体内容详见各工序分报告。

××钢铁烧结工序　共有烧结机11台套,配套除尘设施32台套。其中第一炼铁厂烧结,有$230m^2$烧结机两台,$132m^2$烧结机两台,$72m^2$烧结机两台;第二炼铁厂烧结,有$110m^2$烧结机两台,$36m^2$烧结机3台。

××钢铁炼铁工序　第一炼铁厂炼铁,主要专业设备有968台套,其中$450m^3$高炉5座、$1780m^3$高炉2座,TRT发电系统7套,废气脱硫设备2套;现生产能力:铁水$600×10^4$t/a、高炉煤气$54.2×10^8$m³/a、水渣$226×10^4$t/a。第二炼铁厂炼铁,主要设备有$450m^3$高炉3座、$350m^3$高炉1座,顶燃球式热风炉3座,卡鲁金式热风炉9座等;生产能力:铁水$201.14×10^4$t/a、高炉煤气$36.2×10^8$m³/a、发电量$4069.0792×10^4$kW·h/a。

　　××钢铁炼钢工序　第一炼钢厂，2010年，年炼钢553.60×10⁴t。第二炼钢厂，设转炉、连铸、机修、辅助四个车间，2010年年产钢坯178×10⁴t。

　　××钢铁轧钢工序　轧钢一车间，主导产品是宽度为225～355mm，厚度2.5～3.5mm之间的多规格带钢，年生产能力80×10⁴t；轧钢二车间为棒-带两用生产线，设计产能带钢25×10⁴t/a、螺纹钢20×10⁴t/a，主导产品是宽度为145～183mm，厚度2.5～3.5mm之间的多规格带钢，和φ12～28mm多规格带肋钢筋；轧钢三车间是热轧带钢生产线，主导产品是（2.0～4.5）mm×（270～355）mm的带钢，2010年产量为105.7805×10⁴t/a；轧钢四车间是一条型钢生产线，2010年产量为71.1091×10⁴t。

　　××钢铁薄板厂　热轧薄板厂于2004年6月建厂，两条热轧生产线产量总共500×10⁴t。

　　××钢铁制氧厂　制氧厂主要产品为氧气、氮气、氩气、液氧、液氮、液氩。设计生产能力：氧气37400m³/h，氮气37400m³/h，液氩940m³/h，液氧1100m³/h，液氮400m³/h。2010年生产氧气2.79×10⁸m³、氮气2.46×10⁸m³、液氧366.6t、液氮1329.77t、液氩6358.77t。

　　××钢铁有限责任公司组织简述见表6-3。

表6-3　××钢铁有限责任公司组织简述

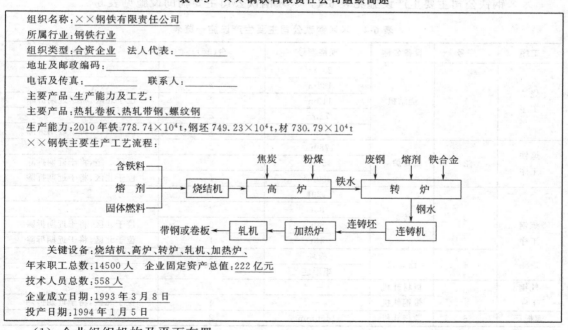

组织名称：××钢铁有限责任公司
所属行业：钢铁行业
组织类型：合资企业　　法人代表：_____
地址及邮政编码：_____
电话及传真：_____　　联系人：_____
主要产品、生产能力及工艺：
主要产品：热轧卷板、热轧带钢、螺纹钢
生产能力：2010年铁778.74×10⁴t,钢坯749.23×10⁴t,材730.79×10⁴t
××钢铁主要生产工艺流程：

关键设备：烧结机、高炉、转炉、轧机、加热炉
年末职工总数：14500人　　企业固定资产总值：222亿元
技术人员总数：558人
企业成立日期：1993年3月8日
投产日期：1994年1月5日

　　（1）企业组织机构及平面布置

　　××钢铁有限责任公司组织机构图见图（图略），平面布置图见图（图略）。

　　（2）生产工艺流程

　　××钢铁有限责任公司生产工序主要包括烧结、炼铁、炼钢、轧钢、薄板、制氧工序，烧结机利用铁精粉、生石灰等原料生产烧结矿，作为高炉主要生产原料；高炉以烧结矿为原料、以冶金焦炭、煤为燃料生产铁水；高炉生产铁水由炼钢转炉冶炼成钢水，再由连铸机铸成钢坯，钢坯再由轧钢工序轧制成带钢或卷板作为产品外售，××钢铁公司总生产流程示意图见图6-1，××钢铁公司生产辅助生产流程见图6-2。

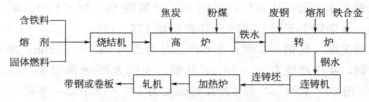

图 6-1　××钢铁公司总生产流程示意图

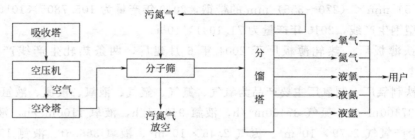

图 6-2　××钢铁公司生产辅助生产流程

2. 生产情况介绍

××钢铁公司主要生产设施见表 6-4，××钢铁公司主要辅助设施见表 6-5。

表 6-4　××钢铁公司主要生产设施一览表

工序	序号	设备名称	规格型号	台(套)	备注
烧结 工序	1	烧结机	230m²	2	—
			132m²	2	—
			110m²	2	位于北区,将于近期拆除
			72m²	2	—
			36m²	3	位于北区,将于近期拆除
炼铁 工序	2	高炉	1780m³	2	—
			450m³	8	北区 3 座,将于近期拆除
			350m³	1	位于北区,将于近期拆除
炼钢 工序	3	转炉	120t	2	—
			80t	3	—
			50t	2	位于北区,将于近期拆除
			40t	1	位于北区,将于近期拆除
	4	连铸机	板坯	4	—
			矩形坯	7	—
轧钢 工序	5	板材轧机	—	2	—
		带钢轧机	—	4	位于北区,将于近期拆除
薄板厂	6	薄板轧机	1450mm	2	—

表 6-5　××钢铁公司主要辅助设施一览表

工序	序号	设备名称	规格型号	台(套)	备注
烧结 工序	1	烧结机机头静电除尘器		11	—
	2	烧结机机尾静电除尘器		11	—
	3	烧结机氧化镁脱硫设施	—	2	132m² 烧结机配备
炼铁 工序	4	热风炉	顶燃式	31	北区 3 座,将于近期拆除
	5	热风炉	卡鲁金式	9	位于北区,将于近期拆除
	6	高炉煤气净化系统	—	11	干法除尘,北区 4 套,将拆除
	7	TRT 装置	—	10	北区 3 套,将于近期拆除

续表

工序	序号	设备名称	规格型号	台(套)	备注
炼钢工序	8	煤气净化系统	干式	6	—
	9		湿式	1	—
	10	精炼炉	—	2	—
	11	蒸汽发电设备	—	1	—
轧钢工序	12	板材加热炉	蓄热式	2	—
	13	带钢加热炉	蓄热式	4	位于北区,将于近期拆除
薄板厂	14	加热炉			
制氧厂	15	空分设备	6500m³/h	2	
	16	空分设备	3400m³/h	1	
	17		4500m³/h	1	位于北区,将于近期拆除
	18		6500m³/h	1	
	19		10000m³/h	1	

生产设施产业政策符合性分析见产业政策分析一节。

3. 原辅材料和资源能源消耗及生产技术指标

××钢铁包能源介质消耗主要是焦炭、焦粉、煤、电、水、氧气、氮气等。

××钢铁近三年主要原辅材料及能源消耗一览表见表(表略)。

××钢铁近三年产品情况一览表见表(表略)。

各工序近三年主要原辅材料、能源消耗及产品情况详见各工序分报告。

××钢铁2010年度能源消耗和资源消耗利用合规情况见表6-6。

表 6-6　××钢铁 2010 年度能源消耗和资源消耗利用合规情况

序号	指标名称	规范条件限值①	企业实际值	结论
1	烧结工序能耗	≤56kgce/t	59.95	不合规
2	高炉工序能耗	≤446kgce/t	373.75	合规
3	转炉工序能耗	≤0kgce/t	−11.08	合规
4	吨钢新水消耗	5t	0.23	合规
5	高炉渣综合利用率	≥97%	100	合规
6	转炉渣综合利用率	≥60%	100	合规

① 电力折算系数 0.1229kgce/kWh。

由表6-6可以看出,公司烧结工序能耗较高,比规范条件限值高3.95kgce/t,应在本轮审核中重点关注能耗高的原因,并找出降低能耗的措施。

公司与《钢铁有色建材化工行业能效标杆》对比结果见表6-7。

表 6-7　钢铁行业能效标杆对比一览表

序号	指标名称	单位	能效标杆指标	企业实际	结论
粗钢综合性能效标杆指标					
1	全厂高炉煤气放散率	%	0	4.5	有提升潜力
2	全厂吨钢二次能源回收量	kgce/t	500	300	有提升潜力
3	全厂吨钢二次能源利用量	kgce/t	460	298	有提升潜力
4	利用余热、余压、余能的自发电比例	%	50	35	有提升潜力

序号	指标名称	单位	能效标杆指标	企业实际	结论
烧结工序标杆指标					
一、能耗指标					
5	工序能耗	kgce/t	42.17	59.74	有提升潜力
6	吨烧结矿固体燃料消耗	kg/t	39	48.82	有提升潜力
7	吨烧结矿电耗	kW·h/t	38	49.73	有提升潜力
8	吨烧结矿点火煤气消耗	GJ/t	0.06	0.179	有提升潜力
二、能源回收指标					
9	吨烧结矿余热回收量（折蒸汽）	kgce/t	4.6	0	有提升潜力
炼铁工序能效标杆指标					
一、能耗指标					
10	工序能耗	kgce/t	378.22	375.75	优于标杆
11	入炉焦比	kg/t	264	375.09	有提升潜力
12	喷煤比	kg/t	200	158.27	有提升潜力
13	燃料比	kg/t	464	533.57	有提升潜力
14	吨铁电耗	kW·h/t	110	101.285	差于标杆
15	吨铁新水耗	m³/t	0.12	0.15	有提升潜力
16	吨铁蒸汽消耗	kg/t	13.32	15	有提升潜力
17	高炉热风炉吨铁燃料消耗	GJ/t	1.89	2.23	有提升潜力
二、能源回收指标					
18	吨铁TRT发电量（干法除尘）	kW·h/t	52	66	优于标杆
三、其他重要指标					
19	TRT配备率	%	100	100	同标杆
20	入炉风温	℃	1250	1200	有提升潜力
21	高炉富氧率	%	4.18	3.6	有提升潜力
转炉炼钢工序能效标杆指标					
22	工序能耗	kgce/t	−24	−11.08	有提升潜力
23	吨钢（水）氧气消耗	Nm³/t	46	54.24	有提升潜力
24	吨钢（水）电耗	kW·h/t	12	63.18	有提升潜力
25	吨钢（水）新水耗	m³/t	0.24	0.23	优于标杆
26	吨钢（水）燃料消耗	GJ/t	0.08		
27	吨钢转炉煤气回收量	Nm³/t	100	91.38	有提升潜力
28	吨钢转炉蒸汽回收量	kg/t	100	50	有提升潜力

4. 环境保护情况

公司目前污染物主要有生活污水、浓盐水、SO_2、NO_x、烟粉尘、高炉水冲渣、高炉返矿、除尘灰、钢渣、甩废、废油、噪声等，各污染物的产生及控制措施如下。

（1）废水

公司生产废水经公司污水处理站处理后循环使用，只有少量浓盐水和生活污水外排。

××钢铁新鲜水用量及废水排放情况见表6-4（表略）。××钢铁废水处理工艺流程见

图 6-3。××钢铁中水深度处理工艺流程见图 6-4。

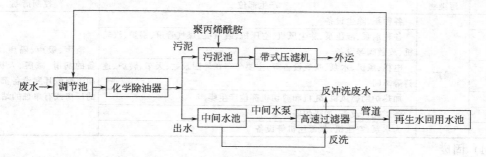

图 6-3　××钢铁废水处理工艺流程

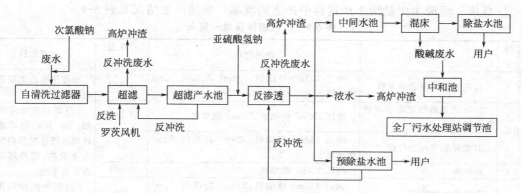

图 6-4　××钢铁中水深度处理工艺流程

（2）废气

① 烧结工序。原料、燃料装卸、破碎、储运及配料等过程产生的粉尘；混合料烧结过程中产生的含烟尘和 SO_2 的高温烟气，烧结矿在热破、热筛、冷却过程产生的具有一定温度的含尘废气。

② 炼铁工序。主要来源于入炉物料在转运、筛分、破碎及称量落料过程中产生的含尘废气，高炉出铁和出渣过程中产生的大量烟气，高炉热风炉以高炉煤气为燃料，燃烧产生的烟气。

③ 炼钢工序。主要为一次烟气、二次烟气和散装料粉尘。

④ 轧钢工序。主要为加热炉加热过程中产生二氧化硫和烟尘，粗轧、中轧和精轧过程中产生粉尘。

⑤ 薄板工序。主要为加热炉加热过程中产生少量烟尘和 SO_2。

⑥ 制氧工序。生产过程中基本没有废气或粉尘产生。

2010 年实际监测的烟粉尘排放量为 450t；核发的 SO_2 排放总量为 6690t，2010 年实际监测的 SO_2 排放量为 1560t，因此，烟粉尘和 SO_2 排放总量符合环保要求。

由于××钢铁公司无近期系统污染源完整监测数据，建议进行废气污染源监测。

（3）噪声

××钢铁各工序主要噪声设备概况见表 6-8，具体情况见各工序分报告。

由设备噪声监测表可知，公司主要噪声设备在采取噪声控制措施后，噪声值均达标。

表6-8　××钢铁各工序噪声概况一览表

工序	污染物	产生部位	控制措施
烧结		各种泵、除尘设备	消声、吸声、隔声、加强设备的润滑、减震、人机分离、职工佩戴耳塞设备都在封闭的厂房或有单独的站室
炼铁		各种水泵、液压泵、除尘风机、空压机、鼓风机、煤气管道、锅炉、汽轮机、放散阀等设备	
炼钢	噪声	电机、风机、水泵、吹氧设备等,主要分布在外围泵站、天车、转炉、连铸等车间	
轧钢		加热炉助燃风机、轧机和剪切机部位产生噪声	
薄板		各类轧机设备、加热炉等	
制氧		为水泵、空压机、氧氮压机等设备	

（4）固废

××钢铁固废可分为危废、可回收固废和普通固废三种。公司固废概况见下,具体内容详见各工序分报告。

① 危废。危废主要是指生产过程中产生的废油,废油产生情况见表6-9。

表6-9　××钢铁废油一览表

工序	序号	油品名称	使用地点	产生量/(t/a)	处理措施
烧结	1	1611高品质复合磺基脂	南区132m² 烧结机、230m² 烧结机、72m² 烧结机	3.822	所使用油品定期进行跟踪化验。(1)部分废油降级使用。如:板坯振动液压站油品清洁度及内在指标要求高,更换后可用在普通系统。(2)部分油脂用作输送辊道链条润滑。(3)部分齿轮油给辅助车间
	2	1615高温高稳定集中润滑复合脂	南区132m² 烧结机、230m² 烧结机	2.366	
	3	SJ烧结机专用润滑脂	南区132m² 烧结机、230m² 烧结机、72m² 烧结机	46	
	4	柴机油	南区132m² 烧结机	0.035	
	5	高温轴承润滑脂	南区132m² 烧结机、230m² 烧结机、72m² 烧结机	5.5	
	6	油脂	南区230m² 烧结机	0.6	
	7	SJ-100润滑脂	南区烧结72m² 烧结	2.5	
	8	中基压齿轮油	北区烧结减速机	0.2	
		小计		61.023	
炼铁工序	9	1# 1611高品质复合磺基脂	450m³ 高炉、1# 1780m³ 高炉、2# 1780m³ 高炉	1.82	
	10	KOOP486合成轴承润滑油	450m³ 高炉	0.208	
	11	0# 极压锂基脂	450m³ 高炉	0.875	
	12	1# 极压锂基脂	450m³ 高炉、1# 1780m³ 高炉、2# 1780m³ 高炉	2.45	
	13	L-HM100# 抗磨液压油	450m³ 高炉	0.34	
	14	0# 锂基润滑脂	450m³ 高炉	1.05	
	15	3# 锂基润滑脂	450m³ 高炉、1# 1780m³ 高炉、2# 1780m³ 高炉	1.775	
	16	3# 锂基脂	450m³ 高炉	0.62	
	17	轻捷-08特种耐高温润滑脂	450m³ 高炉、1# 1780m³ 高炉	2.47	
	18	0# 通用锂基脂（长城）	450m³ 高炉	0.875	
	19	3# 1615高温高稳定集中润滑复合脂	1# 1780m³ 高炉、2# 1780m³ 高炉	2.485	
	20	1# 壳牌爱万力EP	1# 1780m³ 高炉	0.91	
	21	2# 锂基脂	1# 1780m³ 高炉、2# 1780m³ 高炉	1.225	
	22	铅油	1# 1780m³ 高炉	0.02	
	23	1# 通用锂基脂	1# 1780m³ 高炉、2# 1780m³ 高炉	7.175	

续表

工序	序号	油品名称	使用地点	产生量/(t/a)	处理措施
			小计：	24.298	
炼钢工序	24	水乙二醇	板坯连铸、精炼炉、120t RH、滑板液压站、80t 1#方坯中间罐车液压站、80t方坯滑动水口液压站	15	所使用油品定期进行跟踪化验，如内部指标偏差过大时才进行更换。 (1)部分废油降级使用。如：板坯振动液压站油品清洁度及内在指标要求高，更换后可用在普通系统。 (2)部分油脂用作输送辊道链条润滑。 (3)部分齿轮油给辅助车间
	25	46#抗磨液压油	120t 八级八流方坯、120t 干法除尘、120t 脱硫站、80t方坯连铸、80t转炉喉口液压系统	2	
	26	32#汽轮机油	120t 除尘风机　80t 除尘风机	3	
	27	100#齿轮油	转炉稀油站	6	
	28	320#齿轮油	天车减速机及其他各类减速机	3	
	29	46#液压油	1#、2#、3#方坯连铸机液压站、1#、2#滑板液压站	5	
	30	46#酯型难燃液压油	3#方坯连铸机液压站	1	
	31	46#抗磨液压油	拆炉车	0.5	
	32	100#齿轮油	转炉稀油站、1#、4#连铸拉矫机拉矫辊	2.5	
	33	220#齿轮油	天车减速机、冷却塔及其他各类减速机	5	
	34	2#锂基脂	2#、3#连铸拉矫机拉矫辊	2.5	
			小计：	45.5	
轧钢工序	35	68#机械油	润滑站	30	交给公司统一处置
	36	220#齿轮油	粗轧、精轧、卷取机使用	40	精整慢速链小轮，辊道减速机、天车减速机、卷取机等润滑
	37	3#锂基脂	辊道齿轮轴、夹送辊减速机	12	随清理随时使用，清理出的废油为翻钢机、拨料臂润滑
			小计：	82	
薄板厂	38	废液压油	所有液压站	83.25	交给公司统一处置
	39	废干油	磨辊间工作辊轴承	3.7	
	40	废煤油	磨辊间清洗工作辊轴承	0.37	
	41	废水乙二醇	加热炉液压站，卷曲液压站	6.475	
	42	废磨削液	磨辊间磨床	1.85	
			小计：	95.645	
制氧厂没有废油产生					
			合计	308.466	

由上表可知，××钢铁年产生废油308.466t，部分废油经降级使用，其余133.3t废油由具有危废处置资质的某油脂化工有限公司统一处置。

② 可回收固废。××钢铁可回收固废产生情况见表6-10。

表6-10　××钢铁各工序可回收固废产生情况一览表

工序	序号	固废名称	产生量/(t/a)	处理措施及去向
烧结	1	除尘设施收集的烟(粉)尘	—	均返回烧结工艺过程再利用
炼铁	2	高炉水冲渣	2475000	外销
	3	除尘灰	132700	返回烧结工序重复使用
炼钢	4	含铁沉泥	180366.6	送烧结工序作为烧结原料
	5	钢渣	781558.32	炼钢冷料和送烧结工序作为烧结原料
	6	氧化铁皮	21086.04	送烧结工序作为烧结原料

续表

工序	序号	固废名称	产生量/(t/a)	处理措施及去向
轧钢	7	氧化铁皮	35073.96	返回烧结或炼钢
	8	边角废料	5739.8	返回炼钢厂
薄板	9	废旧轧辊	1500	厂家回收
制氧	10	无	—	—

由上表可以看出，这些固废或厂家回收，或外销，或返回别的工序重复利用，不外排。

③ 普通固废。××钢铁普通固废主要指生活垃圾，各厂先将生活垃圾统一存放在公司指定地点，统一处理。

5. 环评及"三同时"等相关的法律法规执行情况

××钢铁公司成立时间长，企业布局、设备、技术等先进性参差不齐，由于历史原因，部分项目没有环评手续，正在补办。公司环评及三同时执行情况见表（表略）。

6. 产业政策分析

根据规划要求，近期将拆除公司北区所有工序，因此产业政策及相关政策法规对比只针对南区工序。

（1）产业政策对比

××钢铁南区各工序现状与国家《产业结构调整指导目录（2011年版）》符合性分析见表6-11。

表6-11　国家产业结构调整指导目录符合性分析结果一览表

相关政策法规名称	类别	相关政策法规内容	工序现状	分析结果
《产业结构调整指导目录（2011年版）》	鼓励类	鼓励类钢铁行业中第8条:焦炉、高炉、热风炉用长寿节能环保耐火材料生产工艺;精炼钢用低碳、无碳耐火材料和高效连铸用功能环保性耐火材料生产工艺	炼铁:高炉、热风炉采用环保耐火材料 炼钢:精炼刚和高效连铸均采用低碳材料	符合《产业结构调整指导目录（2011年版）》鼓励类中相关条款的要求
		鼓励类钢铁行业中第9条:生产过程在线质量检测技术应用	轧钢工序实现轧线温度在线监控	
		鼓励类钢铁行业中第13条:冶金固体废物(含冶金矿山废石、尾矿、钢铁厂产生的各类尘、泥、渣、铁皮等)综合利用先进工艺技术	××钢铁各工序产生的各类尘、泥、渣、铁皮等均重复利用,无外排	
		鼓励类钢铁行业中第17条:高炉、转炉煤气干法除尘	高炉:干法除尘 转炉:120t转炉煤气为干法除尘	
	淘汰类	淘汰类钢铁行业中第16条:热轧窄带钢轧机	轧钢:生产带钢和螺纹钢的轧机均为热轧窄带钢轧机	轧机为淘汰类设备

由上表可知，××钢铁轧钢工序生产带钢和螺纹钢的热轧窄带钢轧机为《产业结构调整指导目录（2011年版）》中淘汰类设备，将于近期拆除公司南区轧钢工序，该方案列入持续清洁生产。

（2）设备产业政策符合性分析

根据《高耗能落后机电设备（产品）淘汰目录》，经对比我公司南区各工序电机、泵、变压器等没有属于淘汰的设备与产品；北区共有7台S7变压器，属于高耗能淘汰设备。

二、清洁生产水平现状

下面只针对××钢铁南区各工序进行清洁生产水平对比。

1. 清洁生产标准对比

××钢铁南区整体情况同《清洁生产标准·钢铁行业》（HJ/T 189—2006）发布稿进行对标，对标结果见表6-12。各工序的清洁生产标准对标结果详见各工序分报告。

××钢铁有17项指标达到清洁生产标准一级水平，11项指标达到清洁生产标准二级水平，有2项为三级水平，2项符合要求。××钢铁公司整体水平为三级。

表 6-12　　××钢铁南区整体现状与清洁生产标准对标表

项目		一级	二级	三级	企业实际	结论
一、生产工艺装备与技术指标						
(1)新型熄焦工艺		干熄焦量100%	干熄焦量≥50%，或采用新型湿法熄焦		—	—
(2)焦炉煤气脱硫		配套脱硫及硫回收利用设施			—	—
		H_2S 含量≤200mg/m³	H_2S 含量≤300mg/m³	H_2S 含量≤500mg/m³	—	—
(3)小球烧结及厚料层操作		厚料层≥600mm	厚料层≥500mm	厚料层≥400mm	700mm以上	一级
(4)烧结矿显热回收		利用余热锅炉产生蒸汽或余热发电		余热点火、保温炉助燃空气或混合料	利用余热锅炉产生蒸汽或余热发电	一级
(5)高炉炉顶煤气余压发电(TRT)		100%装备	80%装备	60%装备	100%装备	一级
(6)入炉焦比/(kg/t 铁)		≤300	≤380	≤420	平均≤365	二级
(7)高炉喷煤量/(kg/t 铁)		≥200	≥150	≥120	平均≥156	二级
(8)转炉溅渣护炉		采用该技术			采用该技术	符合要求
(9)连铸比/%①		100	≥95	≥90	100	一级
(10)连铸坯热送热装		热装温度≥600℃，热装比≥50%		热装温度≥400℃，热装比≥50%	热装温度400~500℃，热装比80%	三级
(11)双预热蓄热燃烧		中小型材、线材、中板、中宽带及窄带钢的加热炉(每小时加热能力100t左右)			双预热蓄热燃烧	符合要求
二、资源能源利用指标						
(1)可比能耗/(kgce/t 钢)		≤680	≤720	≤780	569	一级
(2)炼钢钢铁料消耗/(kg/t 钢)		≤1070	≤1080	≤1090	1086.36	三级
(3)生产取水量/(m³ 水/t 钢)		≤6.0	≤10.0	≤16.0	0.83	一级
三、污染物指标						
绩效指标②	(1)废水排放量/(m³/t 钢)	≤2.0	≤4.0	≤6.0	0	一级
	(2)COD 排放量/(kg/t 钢)	≤0.2	≤0.5	≤0.9	0	一级
	(3)石油类排放量/(kg/t 钢)	≤0.015	≤0.040	≤0.120	0	一级
	(4)烟/粉尘排放量/(kg/t 钢)	≤1.0	≤2.0	≤4.0	1.19	二级
	(5)SO₂ 排放量/(kg/t 钢)	≤1.0	≤2.0	≤2.5	1.97	二级

续表

	项目	一级	二级	三级	企业实际	结论
产生指标	a. 烧结机头					
	(6)SO$_2$/(kg/t 产品)	≤0.7	≤1.5	≤3.0	1.12	二级
	(7)烟尘/(kg/t 产品)	≤2.0	≤3.0	≤4.0	0.27	一级
	b. 炼钢					
	(8)转炉废水量/(m³/t 钢)	≤17	≤20	≤25	20	二级
	(9)连铸废水量/(m³/t 钢)	≤18	≤20	≤25	1.5	一级
	(10)电炉烟尘/(kg/t 钢)	≤12	≤14	≤16	—	—
	c. 热轧					
	(11)板/带/管材废水量/(m³/t 材)	≤40	≤50	≤60	48.8	二级
	(12)棒/线/型材废水量/(m³/t 材)	≤25	≤35	≤45	34.6	二级
	d. 冷轧					
	(13)废水量/(m³/t 材)	≤45	≤50	≤60	—	—
四、产品指标						
(1)刚材综合成材率/%		≥96	≥92	≥90	96.4	二级
(2)刚材质量合格率/%		≥99.5	≥99	≥98	99.79	一级
(3)钢材质量等级品率/%		≥110	≥100	≥90	100	二级
五、废物回收利用指标						
(1)生产水复用率/%		≥95	≥93	≥90	97	一级
(2)高炉煤气回收利用率/%		≥95		≥93	96	一级
(3)转炉煤气回收热量/(kgce/t 钢)		≥23	≥21	≥18	21.24	二级
(4)含铁沉泥回收利用率/%		100	≥95	≥90	100	一级
(5)高炉渣利用率/%③		100	≥95	≥90	100	一级
(6)转炉渣利用率/%③		100	≥95	≥90	100	一级

① 不包括铸/锻钢件一级需开坯生产的产品等；② 不包括自备电厂排污量；③ 稀土渣、钒渣等特殊渣除外。

2. 清洁生产评价指标体系对比

　　××钢铁南区同《钢铁行业清洁生产评价指标体系（试行）》进行对标，对标结果见表6-13、表6-14。

表6-13　长流程生产企业定量评价指标项目、权重及基准值

一级指标	权重值	二级指标	单位	权重值	评价基准值	企业实际	单项评价指数	考核分值
(1)能源指标	25	综合能耗	kgce/t 钢	5.263	700	545.75	1.28	6.73
		可比能耗	kgce/t 钢	7.894	680	569	1.20	9.47
		烧结工序能耗	kgce/t 矿	2.632	60	53.33	1.13	2.97
		炼铁工序能耗	kgce/t 铁	3.947	446	374	1.19	1.13
		转炉炼钢工序能耗	kgce/t 钢	2.632	20	−11.08	2.06	5.42
		轧钢工序能耗	kgce/t 材	2.632	80	42.27	1.89	4.97
(2)资源指标	20	转炉金属料消耗	kg/t 钢	3.53	1090	1086.36	1.00	3.53
		炼钢耐火材料消耗	kg/t 钢	1.178	10	33.11	0.30	0.35
		企业吨钢耗新水	m³/t 钢	9.41	6	0.23	5	47.05
		企业工业水重复利用率	%	5.882	93	97	1.04	6.12

续表

一级指标	权重值	二级指标	单位	权重值	评价基准值	企业实际	单项评价指数	考核分值
（3）生产技术特征指标	20	高炉入炉焦比	kg/t 铁	3	380	365	1.04	3.12
		高炉喷煤量	kg/t 铁	3	150	158	1.05	3.15
		高炉产渣量	kg/t 铁	3	320	315	1.01	3.03
		转炉氧气消耗	Nm³/t 钢	2	55	55.49	0.99	1.98
		连铸比	%	4	100	100	1	4
		连铸机作业率	%	1	75	80	1.06	1.06
		钢材（最终产品）综合成材率	%	4	96	97	1.00	4
（4）综合利用指标	20	高炉煤气利用率	%	3.335	97	99	1.02	3.40
		转炉煤气回收量	kgce/t 钢	3.335	21	20.24	0.96	3.20
		余热利用量	kgce/t 钢	3.335	30	10.76	0.36	1.20
		含铁尘泥回收率	%	2.22	100	100	1	2.22
		回收含铁尘泥利用率	%	2.22	100	100	1	2.22
		冶炼渣利用率	%	2.22	100	100	1	2.22
		综合利用产品产值	元/t 钢	3.335	100	70	0.7	2.33
（5）污染物指标	15	外排废水量	m³/t 钢	3	3	0	1	3
		COD 排放量	kg/t 钢	2	0.20	0	1	2
		石油类排放量	kg/t 钢	3	0.005	0	1	3
		SO₂ 排放量	kg/t 钢	4	1.0	1.97	0.51	2.04
		烟（粉）尘排放量	kg/t 钢	3	1.3	1.19	1.09	3.27
合计 P_1								138.18

注：若某项一级指标中实际参与定量评价考核的二级指标项目数少于该一级指标所含全部二级指标项目数（由于该企业没有与某二级指标相关的生产设施所造成的缺项）时，在计算中应将这类一级指标所属各二级指标的权重值均予以相应修正，修正后各相应二级指标的权重值以 K'_i 表示：

$$K'_i = K_i A_j$$

式中　A_j——第 j 项一级指标中，各二级指标权重值的修正系数。

$$A_j = A_1 / A_2$$

A_1 为第 j 项一级指标的权重值；A_2 为实际参与考核的属于该一级指标的各二级指标权重值之和。

表 6-14　长流程生产企业定性评价指标项目及权重

一级指标	指标分值	二级指标	指标分值	考核分值
（1）执行国家重点鼓励发展技术（含冶金清洁生产技术）的符合性	50	转炉溅渣护炉	4.66	4.66
		高效连铸	4.66	4.66
		连铸坯热装热送	7.675	7.675
		蓄热式加热炉	6.675	6.675
		交流电机变频调速	4.66	4.66
		高炉煤气余压发电（TRT）	4.66	4.66
		燃气蒸汽联合循环发电（CCPP）	4.66	4.66
		全厂性污水处理（二次）及回用	5.675	5.675
		综合利用（或消纳）社会废物	6.675	6.675
（2）环境管理体系建立及清洁生产审核	25	建立环境管理体系并通过认证	10	5
		开展清洁生产审核	15	10

续表

一级指标	指标分值	二级指标	指标分值	考核分值
（3）贯彻执行环境保护法规的符合性	25	建设项目环保"三同时"执行情况	5	3
		建设项目环境影响评价制度执行情况	5	3
		老污染源限期治理项目完成情况	6	3
		污染物排放总量控制情况	9	9
		合计 P_2		83

综合评价指数是描述和评价被考核企业在考核年度内清洁生产总体水平的一项综合指标。国内大中型钢铁企业之间清洁生产综合评价指数之差可以反映企业之间清洁生产水平的总体差距。综合评价指数的计算公式为：

$$P = 0.7P_1 + 0.3P_2$$

式中　　P——企业清洁生产的综合评价指数，其值一般在 100 左右；

P_1、P_2——分别为定量评价指标中各二级指标考核总分值和定性评价指标中各二级指标考核总分值。

对钢铁企业清洁生产水平的评价，是以其清洁生产综合评价指数为依据的，对达到一定综合评价指数的企业，分别评定为清洁生产先进企业或清洁生产企业。根据目前我国钢铁行业的实际情况，不同等级的清洁生产企业的综合评价指数列于表 6-15。

表 6-15　钢铁行业不同等级清洁生产企业综合评价指数

清洁生产企业等级	清洁生产综合评价指数	
	长流程生产企业	短流程生产企业
清洁生产先进企业	$P \geqslant 90$	$P \geqslant 85$
清洁生产企业	$85 \leqslant P < 90$	$75 \leqslant P < 85$

综上：公司清洁生产综合评价指数 P 为 121.63。通过《钢铁行业清洁生产评价指标体系（试行）》的对比，表明公司整体水平，已经达到了行业清洁生产先进企业水平。但通过《清洁生产标准·钢铁行业》（HJ/T 189—2006）指标的对比，在确定企业整体行业清洁生产水平的同时，还发现了公司的不足之处和薄弱环节，为公司整体水平的改进和提高，以及本次清洁生产审核重点关注问题指明了方向。

3. 各工序清洁生产水平对比情况

（1）烧结工序

烧结工序各烧结机的工序能耗和固体燃料消耗指标，目前尚未能达到行业清洁生产三级水平，未达标的原因及拟采取的措施，见烧结工序分报告。

（2）炼铁工序

××钢铁南区炼铁工序有 9 项指标达到清洁生产标准一级水平，占总清洁生产指标数的41%，有 6 项达到二级水平，占总清洁生产指标数的 27%，不分等级的指标项目全部符合清洁生产标准要求，各项清洁生产指标均达到清洁生产标准三级以上水平。

（3）炼钢工序

××钢铁炼钢工序有 12 项指标达到清洁生产标准一级水平，5 项指标达到清洁生产标准二级水平，有 1 项为三级水平，有 1 项未达到三级水平，不分等级指标的 5 项内容全部符合清洁生产标准相关要求。综合评价，炼钢工序整体未达到行业清洁生产标准三级水平。

（4）轧钢工序

因国家没有薄板和线材的清洁生产行业标准，以钢铁行业中产品规格和产品生产能力相似的其他 4 家钢铁企业进行横向对标。

通过与其他 4 家钢铁企业进行系列指标对比，可发现我公司轧钢工序在板材成材率、生产水重复利用率、氧化铁皮与废油的回收方面在同行业中处于领先地位；在带钢工序能耗、生产取水量及连铸坯热装比指标方面，还有进一步提高的潜力。同时在废水、废气处理方面，采取了相应的处理措施，达到了相关要求。

（5）薄板厂

因为目前热轧薄板没有国家清洁生产行业标准，和同类设备的生产水平进行对比，××钢铁薄板厂自动化控制在国内属较高水平，能耗控制水平较高，工序能耗略高。

（6）制氧厂

因为目前制氧没有国家清洁生产行业标准，本次审核以同行业××等三家企业。进行对比。各工序对比的标详细数据、过程见各工序分报告。

三、 确定审核重点

根据市、区城市规划，××钢铁北区各工序将于近期拆除，因此本轮清洁生产审核主要针对南区。

（1）烧结工序

根据《区城市总体规划》（2009～2020），二铁烧结生产线（110m² 烧结系统和 36m² 烧结机系统）将于近期拆除；依据工信部下发的《产业结构调整指导目录（2011 年本）》，第一炼铁 5 烧结的 72m² 烧结机也会在 2013 年底淘汰；以上相关设备均列入××钢铁的淘汰落后计划中。

根据企业实际情况，审核小组讨论研究决定，从工序能耗、废物数量、清洁生产潜力、清洁生产积极性、发展前景进行了分析，最终将 230m² 烧结机作为烧结工序本轮审核重点。

（2）炼铁工序

依据城市规划，××钢铁北区所有厂区将于近期拆除，第一炼铁厂炼铁工序共有 7 座高炉，为准确确定审核重点。通过资料调研和现场考察，利用权重总和计分排序法最终确定 2＃1780m³、4＃450m³ 高炉作为本轮清洁生产审核的审核重点。

（3）炼钢工序

根据城市规划，审核小组在第一炼钢厂审核范围内确定备选审核重点，收集整理各个备选审核重点物耗、能耗以及产排污数据，通过对比钢渣、氧化铁皮、氧耗、电耗、水耗及工序能耗，并对审核备选重点的环境问题、能耗问题、清洁生产潜力、职工积极性及发展前景方面进行权重总和计分排序，从而最终确定 120t 转炉为炼钢工序本轮清洁生产审核重点。

（4）轧钢工序

根据 2011 年中华人民共和国国家发展和改革委员会《产业结构调整指导目录》：热轧窄带钢轧机为限制类，结合工信部《部分工业行业淘汰落后生产工艺装备和产品指导目录（2010 年本）》：热轧窄带钢（600mm 及以下）轧机为 2010 年淘汰的落后淘汰生产工艺装备。同时审核小组从轧钢第一、第二车间的设备、生产技术及工艺、生产人员的比例和车间管理的水平层次出发，综合考虑生产过程中的能耗、物耗、废物产生排放量等因素，决定将轧钢第一、第二车间两条生产线，即轧钢一车间卷板生产线、轧钢二车间棒材（螺纹钢）生产线作为本轮清洁生产审核的审核重点。

（5）薄板工序

审核小组将热轧薄板厂1♯生产线、2♯生产线列为本轮清洁生产审核的备选审核重点，根据实际情况进行权重排序，最终将轧钢车间1♯生产线列为本轮清洁生产审核的重点。

（6）制氧工序

因二车间即将搬迁或重建，而且一车间氧气放散率较高，审核小组确定在一车间为本轮清洁生产审核重点。经过分析，清洁生产审核小组将主要工作放在节电节水和减少放散上。

四、 清洁生产目标

针对××钢铁总公司及各工序清洁生产审核重点，为便于落实清洁生产，并通过清洁生产达到节能、降耗、减污、增效的目的，根据对标结果和环境保护法律法规标准以及环境治理的要求，结合钢铁行业可持续发展规划等具体情况，设置清洁生产目标，见表6-16。

表 6-16　　××钢铁各工序清洁生产目标

序号	项目		现状	近期目标 本轮审核		远期目标 2014 年末	
				削减量	相对量/%	削减量	相对量/%
			烧结工序				
1	工序能耗		59.5kgce/t	11.1	20.18	0.4	0.8
2	固体燃料消耗		49.16kgce/t	2.30	4.89	6.2	13.2
			炼铁工序				
3	工序能耗	450m³ 高炉	383.6kgce/t	6.6	1.75	8.6	2.2
4		1780m³ 高炉	365.94kgce/t	5.94	1.6	7.94	2.2
5	高炉喷煤量	450m³ 高炉	149.68kg/t	增加 5.32	3.5	增加 10.32	6.9
6		1780m³ 高炉	165.08kg/t	增加 2.92	1.77	增加 4.92	3.0
7	入炉焦比	450m³ 高炉	385.77kg/t	17.77	4.6	20.77	5.4
8		1780m³ 高炉	366.62kg/t	17.62	4.8	19.62	5.4
9	高炉煤气放散率		4.5%	0.5	11	3.5	77.8
			炼钢工序				
10	钢铁料消耗		1086.07kg/t	9.07	0.84	10.07	0.93
11	氧气消耗量		55.03m³/t	2.03	3.69	2.08	3.78
12	水耗		0.67m³/t	0.12	17.91	0.16	23.88
13	电耗		81.08kW·h/t	10.85	13.38	14.08	17.37
14	工序能耗		—10.28kgce/t	1.66	16.15	3.44	33.46
			轧钢工序				
15	一车间工序能耗		45.69kgce/t	0.59	1.3	0.69	0.2
16	二车间工序能耗		53.68kgce/t	0.52	1.0	0.56	0.1
17	氧化铁皮产生量		4233.9t/a	33.9	0.8	40.9	0.2
18	边角料量		5114.86t/a	14.86	0.3	17.86	0.1
			薄板厂				
19	工序能耗		56.1kgce/t	2.67	4.76	6.3	11.23
20	电力单耗		111.25kW·h/t	3.25	2.92	6.25	5.62
21	合格率		99.97%	0	0	增加 0.01	0.01
22	氧化铁皮产生量		1.3t/a	0.05	3.85	0.07	5.38
			制氧厂				
23	电耗		0.945kW·h/m³O₂	0.125	13.23	0.145	15.34
24	水耗		0.0011t/m³O₂	0	0	0.0001	10
25	氧气放散率			0		—	—

五、 产生和实施方案汇总

××钢铁清洁生产审核小组在进行预审核阶段审核工作过程中，通过收集现状资料，发现公司存在很大的清洁生产潜力，本着清洁生产"边审核、边实施、边见效"的原则，对各工序在预审核阶段中提出的无/低费方案进行汇总，预审核阶段无/低费方案汇总见表 6-17，方案具体内容详见各工序分报告。

表 6-17　××钢铁各工序无/低费方案改造项目汇总表

序号	名称	序号	名称
烧结工序			
1	原料控制	5	配加钢渣
2	白灰进料把关	6	配加轧钢氧化铁皮
3	加强漏风检测和处理	7	优化配矿
4	节约照明用电	8	员工清洁生产培训
炼铁工序			
9	保证铁口一次开透率	15	漏料控制
10	4♯450m³ 高炉更换铜冷却器	16	原料堆放
11	球筛改造	17	提高员工责任意识
12	返矿运输	18	渣铁沟添加膨化剂
13	废油回收	19	高炉包位除尘罩密封
14	泥炮改造	20	喷煤管道并网
炼钢工序			
21	碳粉预脱氧	27	改装电源开关
22	冷却塔降温风机改为水轮机	28	更改阀门调控方式
23	照明优化	29	精炼氮气封堵改进
24	钢包渣脱氧工艺优化	30	优化 SPHC 钢渣系统
25	80t 转炉本体水冷炉口改造	31	平车接线端加装胶皮管
26	改变除尘灰入储灰罐方式	32	磁盘选的钢渣及时清运
轧钢工序			
33	导辊轴车削改用	37	技改成品辊道
34	胶木瓦再利用	38	提高员工节电节水意识
35	拖车安装电启动	39	废轴甩废再利用
36	旋流井冲渣回水管道改造	40	设备由专人管理
薄板厂			
41	安装挡风门防腐	51	将密封条剪切制作成密封圈
42	改进侧导板衬板补焊方法	52	废旧销轴回收加工再利用
43	把鼓型齿接轴挡板底部和回油箱连通	53	加高压阀门
44	调整润滑油分配器或打油时间	54	更换下来的阀门挑选出二次利用
45	提高备件利用率	55	步进梁头或梁尾加手动控制限位块
46	FH3 液压站漏水防护	56	喷号漆收集
47	调整干油分配器的出油量和打油时间	57	修改优化宽度控制程序
48	短尺带重接二次使用	58	修改优化工作辊串辊程序
49	增加润滑系统阀门	59	在平整线安装检斤秤
50	在油缸销轴两侧加积油盒		
制氧厂			
60	一车间氧氮压机三级排气管道更换优质止回阀	64	一车间 2♯ET 油泵维修处理
61	一车间空压机油箱停车时油过滤	65	一车间水泵房加装窗户
62	一车间 50m³ 氮储罐技术改造,回收利用	66	一车间空压机、膨胀机油泵维修处理
63	一车间 100m³ 液氩储罐检修抽真空	67	一车间室外阀门采购防雨罩

续表

序号	名称	序号	名称
68	一车间软水根据化验结果合理使用	89	二车间 3# 氧压机压盖需修理
69	一车间空压机合理控制导叶开度	90	二车间氧压机(1#、2#)曲轴箱油需修理
70	一车间电脑显示器及时关闭	91	二车间 4500m³/h 氧压机膨胀机 1# 油泵需修理
71	一车间更衣室、厕所灯	92	二车间 3400m³/h 氧压机空分加热器 3# 风炉需修理
72	一车间 4# 氮管道焊接维修	93	车间 1000m³/h 空压机、增压机电机需修理
73	一车间四氯化碳合理使用,储存密封严	94	二车间 1000m³/h 精氩泵需修理
74	一车间冷却泵更换动密封填料	95	二车间 3400m³/h 1# 喷淋泵需修理
75	一车间新氮压机间需加装电葫芦	96	二车间 3400m³/h 空压机电机需修理
76	二车间 2# 氮压机法兰垫修理	97	二车间北院 550m³ 2# 三级冷却器上压盖需修理
77	二车间 4500m³/h 氧压机 2# 二级中间体需修理	98	二车间北院大水泵 4# 需修理
78	二车间膨胀机东侧油泵需修理	99	二车间万立氩罐充装阀需修理
79	二车间空压机油泵漏油需修理	100	二车间 1# 氮压机监水糟回水管需修理
79	二车间空压机油泵漏油需修理	101	二车间液氧泵需修理
80	二车间 2# 膨胀机更换过滤器	102	二车间 3400m³/h 循环水泵房照明分开控制
81	二车间排烟风机回油管修理	103	二车间 3400m³/h 膨胀机油冷却器需修理
82	二车间 2# 氧压机油泵修理	104	二车间使用空调时合理设定温度
83	二车间 1#、2# 氮压机曲轴箱需修理	105	二车间 6500m³/h 楼梯口明确使用时间及负责人
84	二车间 4500m³/h 空压机增速器需修理	106	二车间北院女更衣室灯明确使用时间及负责人
85	二车间 10000m³ 液氧水浴中水阀需更换	107	二车间 6500m³/h 更衣室内自来水关紧
86	二车间北院 1#、2# 氧压机一级排气管道需修理	108	二车间办公楼一楼内水阀明确使用时间及负责人
87	二车间 4500m³/h 空分设备十字换热器需修理	109	二车间 6500m³/h 十字换热器更换
88	二车间 6500m³/h 空分设备膨胀机需修理	110	二车间车间 3 台凉水塔百叶窗加导流板
公司			
111	北区污水零排放		

第四节　审核

本阶段是在前两阶段工作的基础上对确定的审核重点依据三个思路,八条途径,通过物料平衡,进行由大而小、由粗而细、由表及里的分析,进而发现审核重点在废物产生和资源利用效率方面存在的问题,并分析产生问题的原因。因此这个阶段的工作是预审核工作的逻辑延伸,分析问题的目的是为了解决问题,因此又是审核下一阶段方案产生的前提。

为翔实、准确地掌握审核重点的物流状况,根据××钢铁整个南区能源消耗的生产特性和存在问题,在分析研究各厂生产工艺物料流程的基础上,决定将审核重点放在:

① 南区水平衡;

② 南区煤气平衡;

③ 南区硫平衡。

一、水平衡

2011 年 3 月通过对××钢铁整个南区的取水、各系统用水进行测量和统计，考虑各种水量损失和用水工况的变化，得出南区主要耗水情况。我公司南区各厂取水、用水数据和结果见表 6-18。（注：制氧用水含在炼钢里）。

表 6-18　××钢铁南区水平衡输入输出表　　　　　　　　2011 年 3 月

编号	输入/(m³/h)		编号	输出/(m³/h)	
1	地下水	499	1	轧钢一、二车间	30
			2	薄板厂	59
			3	第一炼铁厂	120
			4	第一炼钢厂	90
			5	生活用水	200
			6	深度处理站	751
2	外购中水 污水处理站回水	1134 410	7	轧钢一、二车间	30
			8	第一炼铁厂	251
			9	薄板厂	308
			10	第一炼钢厂	204
合计		2043	合计		2043

××钢铁南区各单元用水输入输出情况见表 6-19。

表 6-19　××钢铁南区各单元水平衡输入输出表

单元名称	输入/(m³/h)		输出/(m³/h)		损耗/(m³/h)
轧钢一、二车间	地下水	30	污水处理站	15	50
	中水	30			
	预除盐水	5			
薄板厂	地下水	59	污水处理站	150	245
	中水	308			
	预除盐水	28			
制氧一车间	预除盐水	26	污水处理站	5	21
第一炼铁厂	地下水	120	污水处理站	130	699
	中水	251			
	预除盐水	261			
	浓盐水	150			
	除盐水	37			
第一炼钢厂	地下水	90	污水处理站	110	325
	中水	204			
	预除盐水	115			
	除盐水	26			
生活用水	地下水	200	外排	27	173
深度处理站	中水	751	预除盐水	435	—
			浓盐水	253	
			除盐水	63	

××钢铁南区水平衡见图 6-5。

××钢铁南区水平衡图整理得××钢铁南区各类用水情况分析表，见表 6-20。

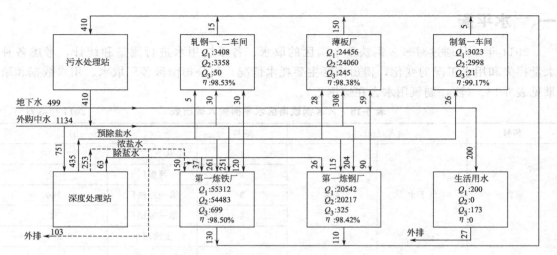

注：图中单位为 m³/h；Q_1 为总用水量；Q_2 为循环水量；Q_3 为损耗水量；η 为水循环利用率

图 6-5　××钢铁南区水平衡图

表 6-20　××钢铁南区各厂用水情况分析表　　　　　　单位：t/h

项目	总用水量	取水量		循环水量	损耗水量	水循环利用率	排水量	排水去向
		地下水	中水					
第一炼铁厂	55312	120	251	54483	699	98.5%	130	污水处理站
第一炼钢厂	20542	90	204	20217	325	98.42%	110	污水处理站
轧钢一、二车间	3408	30	30	3358	50	98.53%	15	污水处理站
薄板厂	24456	59	308	24060	245	98.38%	150	污水处理站
制氧一车间	3023	(含在炼钢)	—	2998	21	99.17%	5	污水处理站

南区各厂生产使用地下水 299m³/h 及浓盐水外排，作为审核的关注重点。

二、煤气平衡

2011 年 3 月通过对××钢铁整个南区的煤气产生及使用情况进行测量和统计，考虑煤气的外调和放散变化，得出南区煤气产生和使用情况。南区煤气产生和使用数据和结果见表 6-21。

表 6-21　××钢铁南区煤气平衡输入输出表

序号	来源	总产生量/(10^4m³/月)	
		高炉煤气	转炉煤气
1	第一炼铁厂	89363	—
2	第一炼钢厂	—	6840
	合计	89363	6840

序号	用户	消耗量(10^4m³/月)	
		高炉煤气	转炉煤气
1	一铁烧结	4090	—
2	高炉自用	40757	—
3	燃气锅炉	15767	4129
4	轧钢	3662	—
5	卷板	10164	—
6	炼钢烤包	—	1296

续表

序号	来源	总产生量/(10^4 m^3/月)	
		高炉煤气	转炉煤气
7	放散	7745	1415
8	调出	7178	—
	总计	89363	6840

由表 6-21 可知，公司南区煤气产生量为 96203×10^4 m^3/月，其中高炉煤气 89363×10^4 m^3/月，转炉煤气 6840×10^4 m^3/月；煤气放散量共计 9160×10^4 m^3/月，占煤气产生量的 9.52%，其中高炉煤气放散 7745×10^4 m^3/月，转炉煤气放散 1415×10^4 m^3/月。目前煤气放散的原因是因为煤气柜容量及公司煤气需用量的限制，当煤气柜满之后，富余煤气因没有使用部位只能放散，存在较大清洁生产审核潜力。

××钢铁南区煤气平衡图见图 6-6。

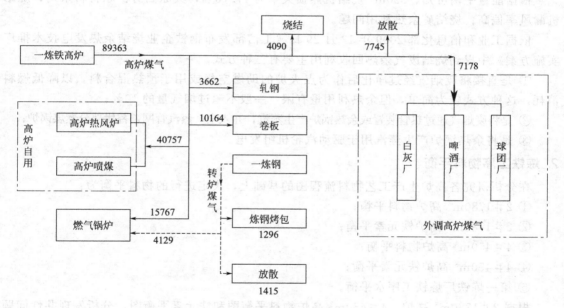

图 6-6　××钢铁南区煤气平衡图

注：单位：×10^4 m^3/月——高炉煤气——·——转炉煤气

三、各工序物料平衡

为保证输入输出物料数据的准确、可靠，对输入输出物料数据的获得，各个工序均采取现有工艺计量统计数据与实测相结合的方法进行物料平衡的连续 72h 平衡测试。各工序物料平衡概况见下，具体内容详见各工序分报告。

1. 烧结工序物料平衡

烧结工序结合生产的工艺特点，建立了审核重点 230m^2 烧结机的物料平衡、铁平衡和热平衡。

（1）物料平衡

（输入－输出）/输入＝（57431.91t－56681.94t）/57431.91t＝1.31%＜5%，此平衡成立。

发现问题：进厂的熔剂质量差，造成在使用过程中配加量上升，熔剂（CaO）消耗量偏高，烧结矿的品位也略有降低，230m² 烧结机冷筛筛板由于长时间磨损，造成筛板筛孔（5mm），孔隙增大。把＞5mm 的烧结矿返回到烧结返矿中，严重时返矿中＞5mm 的烧结矿比例占返矿总量的 30％，返矿配比增加 6％～8％，致使烧结吨矿燃耗升高。

建议措施：提高烧结矿品位；提高白灰质量，使白灰粒度达到生产要求，能够在短时间内完全消化；提高返矿率，最直接的就是加强冷筛筛板的维护。

（2）铁平衡

铁平衡表收入项与支出项差值为（45.75/79.96－54.55）＝2.66％，小于 5％，说明此平衡符合清洁生产要求。出现 2.66％损失的原因是公司料场提供的烧损及残存值与实际的烧损及残存值不一致，料场提供的残存值为 79.96％，实际的残存值为 83.86％，如果按照实际的残存值进行计算没有铁元素的损失。

（3）热平衡

根据能量平衡可知，230m² 烧结机热损失率为 17.76％，其原因有：原材料采购；烧结机漏风率偏高；烧结矿余热利用问题。

依据工业和信息化部 2009 年 12 月 29 日《工信部发布钢铁企业烧结余热发电技术推广实施方案》中提到烧结废气余热回收利用主要有三种方式。

① 是直接将废烟气经过净化后作为点火炉的助燃空气或用于预热混合料，以降低燃料消耗，这种方式较为简单，但余热利用量有限，一般不超过烟气量的 10％；

② 是将废烟气通过热管装置或余热锅炉产生蒸汽，并入全厂蒸汽管网，替代部分燃煤锅炉；

③ 是将余热锅炉产生蒸汽用于驱动汽轮机组发电。

2. 炼铁工序物料平衡

在分析研究各高炉生产工艺物料流程图的基础上，决定进行的物料平衡为：

① 2#1780m³ 高炉物料平衡；

② 2#1780m³ 高炉铁元素平衡；

③ 4#450m³ 高炉物料平衡；

④ 4#450m³ 高炉铁元素平衡；

⑤ 第一炼铁厂炼铁工序水平衡。

根据 2#1780m³ 高炉、4#450m³ 高炉物料平衡图和铁元素平衡图，分析发现共性问题如下：

① 物料平衡输出部分中，生铁是主产品，在输入物料不变的条件下，应尽量提高生铁的回收量；重力灰、布袋灰和炉渣属于炼铁过程中的副产品，虽可回收利用，但价值不高，应采取措施减少生成量；

② 炉前装炮泥过程中，每次打泥炮头都要挤出一部分，虽加装了回收箱，但并没有回收利用；

③ 炉前渣中带铁，属于铁元素损耗；布袋灰、重力灰含铁较高，说明入炉原料含粉末较多，造成吹出量大；

④ 炉前除尘灰含铁较高。

根据以上发现的问题，提出改进方案如下：

① 提高烧结矿的入炉品位，适当增加外矿的配比；适当提高炉顶压力，适当调整料制，减少炉尘灰吹出量；

② 结合生产车间、设备科和炮泥厂家，回收的炮泥是否可以回收利用；

③ 炉前主沟加化渣消泡剂，增加炉渣的活性，减少渣中带铁，降低铁损；

④ 布袋灰、重力灰含铁较高，说明入炉原料含粉末较多，造成吹出量大。

下一步加强糟下筛分工作，控制下料速度，筛去小于 5mm 粒度料，同时结合机修改大仓下料嘴闸门方式；炉前除尘灰含铁较高，下一步从铁口操作和泡泥质量方面查找原因，减少开口后铁口的喷溅；三天实测中，干渣量为零，今后工作中还应总结经验，加强炉前管理，杜绝干渣外运。

根据水平衡图可以看出，水蒸发量较大，主要原因在于水温度较高，设备老化腐蚀严重等，针对以上问题，提出了风机泵站冷却塔改造方案，从而实现节水、节约成本的目标。

3. 炼钢工序物料平衡

根据第一炼钢厂能源消耗的生产特性和存在问题，在分析研究各转炉生产工艺物料流程图的基础上，决定将物料平衡的重点放在

① 120t 转炉炼钢平衡；

② 第一炼钢厂水平衡两个环节上。

根据物料平衡提出的方案有：转炉造渣制度优化，减少转炉终渣的产生量，以减少炉渣和渣钢的产生量；中包铸余较多，下一步与厂家结合改善中包流场，从而降低中包铸余的产生量；改用新型 1.9mm 割嘴，使割嘴的宽度减小，且割口表面光滑割痕变浅，进而降低铸坯的浪费，提高钢坯成材率；优化 SPHC 钢渣系统方案，通过优化造渣及供氧制度，准确计量炼钢入炉的主辅材料，并控制入炉量的质量，降低每一炉的炉渣，降低最终炉渣量，进而降低钢铁料的消耗；优化转炉底吹程序方案，通过优化转炉底吹模式和底吹气体氩气和氮气的转换时间，降低转炉终渣氧化铁；为进一步降低除尘灰，提出改进措施：对 80t 一次除尘进行改造，二次除尘改进和三次除尘改进，提高三座转炉同时运行时的二次除尘效率，解决我厂屋顶没有收尘装置，外溢烟尘的问题。

通过对第一炼钢厂全厂各工区的水平衡测试汇总可以看出，总用水量为 20542t/h，其中新鲜水用量为 325t/h，补充中水用量为 563t/h，重复用水量为 20217t/h，排入公司中水处理站的水量为 563t/h，这部分水量全部循环使用，不外排，蒸发损耗量 325t/h，重复用水率为 98.42%。表明整个取水、用水系统的严密性较好，隐蔽性渗漏较少。造成水量不平衡的原因主要是由测量仪表、测量方法误差和测量条件局限性造成的。水源井的新鲜用水全部为职工日常生活用水，水的损耗量主要是循环冷却蒸发消耗，冷却塔为最主要的蒸发消耗设备。

针对水平衡分析，提出的方案有：优化全厂用水，进行降级使用水资源；循环利用汽化排污水方案；对 80t 炉体中压水在对风机喷淋冲洗后由公司中水处理站改进浊环系统，节约部分水资源和电能；对中水补水分开计量。

建议对所有补水点加装流量计，争取加装到每一个水池，确保补水测量准确。

4. 轧钢工序物料平衡

根据轧钢南区能源消耗的生产特性和存在问题，在分析研究各单元生产工艺物料流程图的基础上，决定将物料平衡的重点放在

① 轧钢一车间卷板生产线平衡；

② 轧钢一车间水平衡；

③ 轧钢二车间棒材（螺纹钢）生产线平衡；

④ 轧钢二车间水平衡四个环节上。

两个车间物料平衡测试损耗原因：钢坯在加热炉中加热产生氧化铁，钢坯在炉内运动过程中会有部分氧化铁掉在炉中，无法清理测量；在轧制过程中形成的氧化铁不可能全部掉入冲渣沟中，无法全部清理干净；旋流井抓渣不能保证100％抓干净，存在误差。

解决措施：公司于2010年开始新建加热炉一座，目前正在实施，新建加热炉后，氧化烧损可降至1％以下，热效率达到62％，同时蒸汽可全部回收用于公司发电。

提出建议：轧线温度监控方案，通过增设轧线自动监控设备方案，对在线钢坯实施全程监控，生产组织更加合理、准确，杜绝低温轧制断辊事故的发生。

轧钢一车间用新鲜水量710t/d，蒸发量573t/d，重复用水率98.86％。轧钢二车间用新鲜水量443t/d，补充中水水量93t/d，蒸发量289t/d，重复用水率97.23％。轧钢一、二车间排入市政管网的水主要是冲厕所的水、气化排污的水及其他生活污水，由于一、二车间厂区分散，污水回公司污水处理站的管网铺设不经济，所以排入市政管网后，由其污水处理站处理后再供××使用。

通过对轧钢第一、第二车间水平衡分析，提出建议：轧钢一车间除尘水由净环水改用浊环水；轧钢一、二车间的加热炉蒸汽冬天用于供暖，夏天全部放散，建议对这部分蒸汽进行回收利用。目前轧钢一车间正在新建一座加热炉，建成后放散水蒸气172t/d将全部回收，由公司用来发电。

5. 薄板厂物料平衡

审核小组根据薄板厂实际，将物料平衡的重点放在一车间1＃生产线输入输出物料平衡、水平衡。

（1）一车间1＃生产线物料平衡

物料平衡测试损耗原因：钢坯在加热炉中加热产生氧化铁，钢坯在炉内运动过程中会有部分氧化铁掉在炉中，无法清理测量；在轧制过程中形成的氧化铁不可能全部掉入冲渣沟中，无法全部清理干净；轧钢过程中产生一定量的氧化铁皮细小颗粒，成无组织排放，散落在车间，这部分无法进行计量。

针对物料平衡提出的方案：设备维护；钢坯预处理；加热炉改造为蜂窝体。

（2）一车间1＃生产线水平衡

1＃线生产总用水量为17527m³/h，新水用量为528m³/h，水重复利用量15219m³/h，重复利用率为96.99％，生产用水主要为设备冷却水、板坯除鳞、卷板冷却控制，生产废水外排至高炉冲渣，用水比较合理。生产用水主要为设备冷却水、板坯除鳞、卷板冷却控制，生产废水外排至高炉冲渣，均为重复利用，在使用中只以蒸汽形式损失，不进行外排，部分污水排进平流池进行沉淀，沉淀后注入浊环水系统继续进行使用。

6. 制氧厂物料平衡

审核小组结合制氧厂实际，将物料平衡的重点放在一车间6500m³/h制氧机输入输出物料平衡。

物料平衡分析：一车间2＃机组共使用空气1401936m³、生产氧气272434m³、氮气357000m³、液氧1080m³、液氮1800m³、液氩6248m³供用户使用，再生气335687m³、进冷水塔氮气176400m³、污氮249158m³工艺使用；（输入－输出）/输入＝0.16％＜5％，符合清洁生产物料平衡中误差不超过 5% 的要求。

提出方案：因液体储糟保温效果不好汽化放空，需要对 $200m^3$ 液氮储糟进行大修处理；低温液体管道改造。

第五节　方案产生及筛选

一、方案产生和汇总

公司以各工序班组为单位共征集到《清洁生产合理化建议调查表》4021 份，其中，第一炼铁厂 759 份（包括一铁烧结），第二炼铁厂 1837 份（包括二铁烧结），第一炼钢 180 份，第二炼钢厂 105 份，轧钢第一、第二车间 750 份，轧钢第三、第四车间 46 份，薄板厂 175 份，制氧厂 169 份。

从原辅材料和能源、技术、设备、过程控制、产品、废物、管理和员工八个方面，通过对各工序合理化建议的整理和初步筛选，审核小组最终提出备选方案提交公司领导和专业技术人员审定。

××钢铁公司最终汇总了 303 项清洁生产方案。依据公司实际情况，确定 10 万元以下为低费方案，10 万元以上为中高费方案。××钢铁公司方案汇总表见表 6-22，各工序方案汇总表见表 6-23。

表 6-22　××钢铁公司方案汇总表

方案编号	方案名称	内容简介	预计投资/万元	环境效益	经济效益/(万元/a)	备注
F01	煤气发电项目	建设 2 台 220t/h 高温高压燃气锅炉，2 台 50MW 纯凝式汽轮发电机组，配套循环水系统、除盐水系统等，年发电量 $8.6×10^8kW \cdot h$，自身耗电量 $0.6×10^8kW \cdot h$，可供电量 $8.0×10^8kW \cdot h$。本项目用煤气发电，可节标煤量 $319766.5×10^4t/a$。电价为 0.538 元/kW·h。经济效益：0.538 元/kW·h $×(8.0×10^8kW \cdot h/a)=43040$ 万元/a	31079.78	可供电量 $8.0×10^8kW \cdot h/a$，节标煤量 $319766.5×10^4t/a$	43040	可行
F02	北区污水零排放	通过对污水外排口封堵及堵塞管道疏通，实现北区生产废水的零排放	0	实现北区生产废水的零排放	无明显经济效益	可行
F03	440T 双膜法水处理工程	整套工艺采用双膜法进行处理，反渗透产水回用，浓水与厂区其他设备排放的浓水收集在一起，再经过反渗透处理，产水继续回用，浓水则到炼铁工序用于高炉冲渣。原排要补充水的，应计算水的效益、环境效益、年节水量	2233.6	浓盐水不外排	无明显经济效益	可行
F04	脱硫方案	对 2 台 $230m^2$ 烧结机烟气采用石灰——石膏湿法脱硫工艺，二机一塔的脱硫方式进行烟气脱硫，脱硫剂采用石灰粉，脱硫浆液吸收烟气中的 SO_2 后，经氧化生成石膏。项目建成后可减排 $SO_2 45600t/a$，SO_2 排污收费按 960 元/t 计。脱硫运行成本为 3862.7 万元/a，包括药剂费、电费、水费、人工费、废水处理费、石膏运输费等。经济效益：960 元/t×45600t/a－3862.7 万元/a＝514.9 万元/a	5265.511	可减排 $SO_2 45600t/a$	514.9	可行

方案编号	方案名称	内容简介	预计投资/万元	环境效益	经济效益/(万元/a)	备注
F05	烧结余热发电	本项目包括 $2\times230m^2$ 烧结余热发电和 $2\times132m^2$ 烧结余热供汽两部分内容。利用 2 台条 $230m^2$ 烧结环冷机冷却烧结热矿时所产生的废气余热,在每台环冷机旁建设一套双压余热锅炉产生高压和低压过热蒸汽,然后引至汽轮发电机组做功后进行发电;利用 2 台条 $132m^2$ 烧结环冷机冷却烧结热矿时所产生的废气余热,在每台环冷机旁建设一套双压余热锅炉产生高压和低压过热蒸汽,供厂区生产使用。该项目完成后,扣除自身用电量,余热电站年外供电量 $7229.8\times10^4kW\cdot h$,年外供蒸汽 25.56×10^4t,年节标煤 6.39×10^4t,年减少 CO_2 排放量 15.9×10^4t。电价为 0.538 元/$kW\cdot h$。经济效益:0.538 元/$kW\cdot h\times7229.8\times10^4kW\cdot h/a=3889.6$ 万元/a	12380.41	外供电量 $7229.8\times10^4kW\cdot h/a$,减少 CO_2 排放量 $15.9\times10^4t/a$	3889.6	可行
F06	料场挡风抑尘墙	料场新建挡风抑尘墙:挡风抑尘墙将现有原料场封闭,范围:北侧由 №23 转运站至由 №10 转运站,东侧由 №10 转运站至由 №1 转运站,南侧由 №1 转运站至由 №33 转运站,西侧由 №33 转运站至由 №23 转运站,球团区。挡风抑尘墙高度为 15m,遮挡长度约为 4274m,挡风抑尘墙选用 1.2mm 镀锌铝板	2180	减少二次扬尘	无明显经济效益	可行

表 6-23　××钢铁各工序方案汇总表(部分方案)

类型	方案编号	方案名称	预计投资/万元	环境效益	经济效益/(万元/a)	备注
第一炼铁厂烧结工序						
原辅材料和能源	F01	原料控制	0			可行
	F02	白灰进料把关	0	减少粉尘排放量 4.29t/a	11.583	可行
	F03	四辊辊皮采购	0	控制焦粉粒度	0.383256	可行
	F04	配加钢渣	0	—		可行
	F05	配加轧钢氧化铁皮	0			可行
	F06	优化配矿	0			可行
	F07	$230m^2$ 烧结机加料控制	0	保障运行		可行
工艺技术	F08	烧结机采用高铬铸钢算条	234	间接环境效益	190	可行
	F09	$72m^2$ 烧结机铺底料回收技改	50	间接环境效益	65	可行
	F10	加强漏风检测和处理	0	间接环境效益	64	可行
	F11	皮带联动改造	0	节电	18	可行
	F12	烧结矿余热发电项目	—	—	—	可行
	F13	提高四辊破碎及除尘效率	0	—	1	可行
	F14	烧结烟气循环富集技术		减少废气排放量		不可行
	F15	$72m^2$ 烧结机点火器喷嘴改造改造	5	间接环境效益	65	可行

续表

类型	方案编号	方案名称	预计投资/万元	环境效益	经济效益/(万元/a)	备注
过程控制	F16	延长托辊使用寿命	0	间接环境效益	2	可行
	F17	泥辊和铺底料摆动漏斗轴承优化	0	减少费油产生	0.003	可行
	F18	冷筛筛板加强维护	0.96	减少粉尘排放量	730	可行
	F19	调整托辊与皮带架间隙	0	间接环境效益	0.6	可行
	F20	及时维护皮带托辊	0	间接环境效益	10	可行
	F21	购买拉紧丝杆	0.08	间接环境效益	3	可行
	F22	230m² 烧结机下料口改造	0.25	间接环境效益	1.5	可行
	F23	230m² 冷筛激振器换稀油润滑激振器	24	减少费油产生	33	可行
	F24	230m² 烧结机更换台车更换栏板	0	间接环境效益	132	可行
	F25	混合机滚筒安装振打锤	3.2	间接环境效益	200	可行
	F26	皮带下料口增设缓冲衬板	0.25	间接环境效益	10	可行
	F27	132m² 烧结两台并列运行的变压器倒为一备一投入运行	—	间接环境效益	0.3	可行
	F28	230m² 水封拉链改为皮带机	109.2	间接环境效益	55	可行
	F29	环冷风机风道改造	0.1	间接环境效益	195	可行
	F30	自制膨胀节	0.48	间接环境效益	5.5	可行
废物管理	F31	废油降级使用	0	间接环境效益	36000	可行
	F32	大块矿料回用	0	间接环境效益	85	可行
	F33	节约照明用电	0	间接环境效益	0.03	可行
	F34	皮带廊掉灰收集	0	防止二次扬尘	2	可行
员工	F35	加强计量管理	0	间接环境效益	—	可行
	F36	员工清洁生产培训	0	间接环境效益	—	可行
	F37	加强料场管理	0	间接环境效益	—	可行
	F38	加强巡检,减少跑冒滴漏	0	间接环境效益	—	可行
	F39	建立清洁生产管理制度	0	间接环境效益	—	可行
第一炼铁厂炼铁工序						
原辅材料	F01	电机加变频	900	节电	10000	可行
	F02	高炉槽下振动筛改造	340	节电	70	可行
工艺技术	F03	保证铁口一次开透率	0	降低铁前消耗	0	可行
	F04	4♯450m³ 高炉更换铜冷却器	6	减少焦炭	1600	可行
	F05	焦炭筛改造、新上焦丁筛分系统	45	降低焦化比	550	可行
	F06	球筛改造	0	减少粉尘	0	可行
	F07	450m³ 高炉喷煤喷吹系统改造	1	保证不间断喷煤	1	可行
	F08	5 炉称量中间仓与1♯2♯下料口结合处改造	0	减少扬尘	—	可行
	F09	3♯4♯焦仓下料口鱼鳞板加装陶瓷衬板	0	节约成本	0.004	可行
过程控制	F10	返矿运输	0	—		可行
	F11	渣铁沟添加膨化剂	500	节约原料	2400	可行
	F12	鼓风机站低压油主泵及备用泵供电改为双路供电	0		8	可行
设备	F13	锅炉热风调节执行器与热源隔离	0	保证锅炉稳定运行	18	可行
废弃物	F14	废油回收	0	减少废油	3	可行
	F15	泥炮改造	0.1	减少废旧泥炮	4	可行
	F16	控制皮带利用	0	节约成本	10	可行
	F17	废旧铁油管再利用	0	降低采购成本	1	可行
	F18	制作皮带拖带滚筒	0.15	节约成本	0.15	可行
	F19	将振筛粉仓衬板改为废旧皮带衬板	0	减少废皮带	2	可行

续表

类型	方案编号	方案名称	预计投资/万元	环境效益	经济效益/(万元/a)	备注
管理	F20	漏料控制	0	减少扬尘	—	可行
	F21	原料堆放	0	减少扬尘	—	可行
员工	F22	提高员工责任意识	0	减少环境污染	—	可行
第一炼钢厂						
原辅材料	F01	碳粉预脱氧	0	节约铝铁消耗	600	可行
	F02	切割车点火装置改造	30	节液化气	180	完成
	F03	烤包器烧嘴改造	60	节电	85	完成
	F04	板坯中包水口烧嘴改造	10	节液化气	150	完成
技术工艺	F05	冷却塔降温风机改为水轮机	95	节电	125	设备已购
	F06	自行研发喷号机	0		3	可行
	F07	照明优化	0	节电	10	可行
	F08	钢包渣脱氧工艺优化	0	节电	450	可行
	F09	改进挡渣方式	0		30	不可行
	F10	改用新型 1.9mm 割嘴	0	提高成材率	3	可行
	F11	80t 转炉本体水冷炉口改造	0		10	可行
	F12	改变除尘灰入储灰罐方式	0.5	节电	4	可行
	F13	精炼电缆加防护	0.1		40	可行
设备	F14	改装电源开关	0.1	节电	1	可行
	F15	电极调节器改造	115	节电	250	完成
	F16	节能灯改造	0.2	节电	5	可行
	F17	加装照明开关	0.01	节电	2	可行
	F18	更改阀门调控方式	0	节电	20	可行
	F19	80t 一次除尘改进	1950	增加除尘能力	75	设备已购
	F20	精炼氮气封堵改进	0	节氮气	0.5	可行
	F21	优化 SPHC 钢渣系统	0	节钢铁料	9	可行
	F22	合理停用天车	0	节电	10	可行
过程控制	F23	优化转炉底吹程序	0	节钢铁料,节氩气	60	可行
	F24	干法分析仪吹扫改进	0	节约氮气	0.05	可行
	F25	合理停开冷风机	0	节电	3	可行
	F26	完善上料系统除尘阀门的电控				不可行
	F27	合理开停 13×10^3 除尘电机	0	节电	40	可行
管理	F28	合理调控转炉煤气用量	0	节煤气	85	可行
	F29	合理调控风机高速运转时间	0	节电	90	可行
员工	F30	提高职工节水、节电意识	0	节电	4	可行
	F31	合理使用废旧拖缆滑线	0	节约拖缆滑线	5	可行
	F32	废油再利用	0	节油	2	可行
	F33	天车托缆利旧	0	节焊把线	5	可行
废气物	F34	建立报废电器回收站	0	—	—	可行
	F35	建立废旧物品回收库房	0.5	—	10	可行
	F36	回收汽包放散的水	1	—	—	不可行
	F37	循环利用汽化排污水	0.2	节水	0.5	可行
	F38	风机冲洗水再利用	0.8	节水	8	可行
轧钢车间						
技术工艺	F01	四辊连轧机导位大弧的改进	0	节约铁板	2	可行

续表

类型	方案编号	方案名称	预计投资/万元	环境效益	经济效益/(万元/a)	备注
设备	F02	三叉区立式减速机地脚改造	1.3	降低成本	65	可行
	F03	液压站串联使用	0.2	节电	15	可行
	F04	加热炉5♯天车大车电机更换	0.45	节约维修费	4	可行
	F05	加热炉辊道改造	0	降低电能	50	可行
	F06	适时关闭送辊电机				不可行
过程控制	F07	废旧换向阀再利用	3	减少备件消耗	40	实施
	F08	高压除鳞水路改造	4	节约用水	7	可行
	F09	节约用水				不可行
废物	F10	废轴甩废再利用	0	减少废轴、甩废	8	可行
	F11	装辊产生的废油再利用	0	减少废油	15	可行
	F12	废辊再加工	5	减少废辊	7	可行
管理	F13	设备由专人管理	0	节电	10	可行

薄板厂

类型	方案编号	方案名称	预计投资/万元	环境效益	经济效益/(万元/a)	备注
设备	F01	把鼓型齿接轴挡板底部和回油箱连通	低费	可以节省稀油	√	
	F02	FH3液压站漏水防护	低费	—	—	
	F03	将密封条剪切制作成密封圈	0.05		√	
	F04	步进梁头或梁尾加手动控制限位块	0		√	
	F05	设备维护	0	减少切头量	√	
	F06	封堵加热炉原管路	低费	节水,减少跑冒滴漏	充分利用资源	
	F07	更改回油管道,加设导油槽	0.5	减少油污污染,降低人员工作强度	9	
	F08	粗除鳞箱及辊道加强严密隔离	低费	提高炉底卫生环境,减少设备损坏	√	
	F09	动力车间泵组改造为节能泵	78.39	节电971395.3kW·h/a	52.26	
	F10	1♯线加热炉改造为蜂窝体	200	节约煤气,降低氧化烧损	753.76	

类型	方案编号	方案名称	预计投资/万元	环境效益	经济效益/(万元/a)	备注
过程控制	F11	安装挡风门防腐	低费	减小阀台及管路被水蒸气腐蚀	√	
	F12	修改粗轧入口和出口侧导板控制程序	0	√	有利于粗轧板型和宽度控制,提高产品质量	
	F13	改进侧导板衬板补焊方法	0	减小工人劳动强度,减少补焊侧导板的次数,减少因补焊不及时对带钢产生边裂的次数。	√	
	F14	钢坯预处理	低费	减少氧化铁皮产生量	√	
	F15	调整润滑油分配器或打油时间	0	保护现场环境卫生,降低成本	√	
	F16	调整干油分配器的出油量和打油时间	0	保护工厂的环境卫生	降低循环水的处理费用,降低生产成本	
	F17	增加润滑系统阀门	0.02	现场设备环境卫生可得到很大改善	13.11	
	F18	在油缸销轴两侧加积油盒	低费	减轻人员劳动强度。就地取材,有效利用废弃干油	1.26	
	F19	加高压阀门	低费	节省轧线干油	36.72	
	F20	修改优化工作辊串辊程序	0	减低辊耗	√	
	F21	修改优化宽度控制程序	0	消除宽度非计划和废钢	√	
	F22	1#生产线投用润滑轧制	150	降低辊耗,降低电耗、油耗	434.3	
废物	F23	提高备件利用率	0	保护现场环境卫生	降低成本	
	F24	短尺带重接二次使用	0	√	√	
	F25	废旧销轴回收加工再利用	低费	避免销轴浪费	节约成本	
	F26	更换下来的阀门挑选出二次利用	0	节油	√	
	F27	喷号漆收集	0	避免倒入下水道影响水质	避免浪费	
	F28	擦机布有效利用	0	废物利用,节省资源	节约成本	
	F29	定期清理轧线辊道废干油	0	避免干油浪费,减少水污染利用	0.93	
	F30	利旧,在平整线安装检斤秤	3	√	16.2	
	F31	用精轧报废的水封胶圈作粗轧工作辊密封圈	低费	√	3.6	

续表

类型	方案编号	方案名称	预计投资/万元	环境效益	经济效益/(万元/a)	备注
管理	F32	完善废油、废油桶处理流程	低费	减少场地占用,消除不安全因素	√	
	F33	办公耗材统一维修	低费	—	降低维修成本,提高工作效率	
	F34	严格巡检,及时发现并处理	0	√	√	
	F35	更换下来的备件妥善处理	低费	√	—	
	F36	勤加油并制定标准	0	减少污染	降低成本	
制氧厂						
设备	F01	一车间氧氮压机三级排气管道更换优质止回阀	低费	√	√	
	F02	一车间空压机油箱停车时油过滤	低费	节油	√	
	F03	一车间 50m³ 氩储罐技术改造,回收利用	低费	√	√	
	F04	一车间 100m³ 液氩储罐检修抽真空	低费	√	√	
	F05	一车间 2♯ET 油泵维修处理	低费	节油	√	
	F06	一车间水泵房加装窗户	低费	√	√	
	F07	一车间空压机、膨胀机油泵维修处理	低费	节油	√	
	F08	一车间室外阀门采购防雨罩	低费	√	√	
	F09	一车间 4♯氮管道焊接维修	低费	√	√	
	F10	一车间冷却泵更换动密封填料	低费	节水	√	
	F11	一车间新氮压机间需加装电葫芦	低费	√	√	
	F12	200m³ 液氮储罐保温效果差大修	中/高费	减少放散	√	
	F13	液体管道保温效果差更换真空管道	中/高费	√	√	
	F14	进口液氧泵改造为国产低温液体泵	中/高费	√	√	
	F15	液氩换热器改造	中/高费		√	
	F16	凉水塔风扇电机驱动改为水轮机驱动	中/高费	节电	√	
	F17	二车间 2♯氮压机法兰垫修理	低费	√	√	
	F18	二车间 4500m³/h 氧压机 2♯二级中间体需修理	低费	节油	√	
	F19	二车间膨胀机东侧油泵需修理	低费	节油	√	

续表

类型	方案编号	方案名称	预计投资/万元	环境效益	经济效益/(万元/a)	备注
设备	F20	二车间空压机油泵漏油需修理	低费	节油	√	
	F21	二车间2♯膨胀机更换过滤器	低费	√	√	
	F22	二车间排烟风机回油管修理	低费	节油	√	
	F23	二车间2♯氧压机油泵修理	低费	节油	√	
	F24	二车间1♯、2♯氮压机曲轴箱需修理	低费	节油	√	
	F25	二车间4500m³/h空压机增速器需修理	低费	节油	√	
	F26	二车间万立液氧水浴中水阀需更换	低费	节水	√	
	F27	二车间北院1♯、2♯氧压机一级排气管道需修理	低费	√	√	
	F28	二车间4500m³/h空压机十字换热器需修理	低费	√	√	
	F29	二车间6500m³/h膨胀机需修理	低费	节油	√	
	F30	二车间氧压机(1♯、2♯)曲轴箱油箱需修理	低费	节油	√	
	F31	二车间4500m²/h膨胀机1♯油泵需修理	低费	节油	√	
	F32	二车间3400m²/h空分加热器3♯风炉需修理	低费	√	√	
	F33	二车间万立空压机、增压机电机需修理	低费	节油	√	
	F34	二车间万立精氩泵需修理	低费	节油	√	
	F35	二车间3400m³/h 1♯喷淋泵需修理	低费	节水	√	
	F36	二车间3400m³/h空压机电机需修理	低费	节油	√	
	F37	二车间北院550m² 2♯三级冷却器上压盖需修理	低费	√	√	
	F38	二车间北院大水泵4♯需修理	低费	节水	√	
	F39	二车间万立氩罐充装阀需修理	低费	√	√	
	F40	二车间1♯氮压机间水槽回水管需修理	低费	节水	√	
	F41	二车间液氧泵需修理	低费	√	√	
	F42	二车间3400m²/h膨胀机油冷却器需修理	低费	节油	√	
	F43	二车间6500m²/h十字换热器更换	中高费	节电	√	
	F44	二车间车间3台凉水塔百叶窗加导流板	低费	节水	√	
过程控制	F45	一车间软水根据化验结果合理使用	低费	√	√	
	F46	一车间空压机合理控制导叶开度	低费	减少放散	√	
	F47	二车间3♯氧压机压盖需修理	低费	节油	√	

续表

类型	方案编号	方案名称	预计投资/万元	环境效益	经济效益/(万元/a)	备注
管理	F48	一车间电脑显示器及时关闭	低费	节电	√	
	F49	一车间更衣室、厕所灯	低费	节电	√	
	F50	一车间四氯化碳合理使用,储存密封严	低费	节约四氯化碳	√	
	F51	二车间3400m³/h循环水泵房照明分开控制	低费	节电	√	
	F52	二车间使用空调时合理设定温度	低费	节电	√	
	F53	二车间6500m³/h楼梯口灯明确使用时间及负责人	低费	节电	√	
	F54	二车间北院女更衣室灯明确使用时间及负责人	低费	节电	√	
	F55	二车间6500m³/h更衣室内自来水关紧	低费	节水	√	
	F56	二车间办公楼一楼内水阀明确使用时间及负责人	低费	节水	√	

二、 方案筛选

××钢铁领导审核小组和各工序审核工作小组针对以上所产生的清洁生产方案,结合目前生产实际运转现状,从技术、环境、经济、可实施的复杂程度多方面进行讨论和分析,对方案进行了初步筛选,其结果见表6-24、表6-25。

表6-24　××钢铁方案筛选结果汇总表

工序名称		无低费方案/个	中高费方案/个	不可行方案/个	小计/个
公司		1	5	0	6
烧结工序	一铁烧结	33	5	1	39
	二铁烧结	20	—	—	20
炼铁工序	第一炼铁厂	18	4		22
	第二炼铁厂	32		1	33
炼钢工序	第一炼钢厂	29	6	3	38
	第二炼钢厂	11	—	3	14
轧钢工序	第一、二车间	21	3	2	26
	第三、四车间	11		2	13
薄板厂		33	3	—	36
制氧厂		50	4	2	56
合计		259	30	14	303

表6-25　××钢铁方案归类整理表

	原辅材料和能源	技术工艺	设备	过程控制	管理	员工	产品	废物
数量(个)	13	51	82	58	30	12	6	43

××钢铁中高费方案见表6-26,各工序中高费方案具体内容详见各工序分报告。

表 6-26　××钢铁中高费方案一览表

序号	工序名称	方案编号	方案名称
1	烧结工序	F08	烧结机采用高铬铸钢箅条
2		F09	72m² 烧结机铺底料回收技改
3		F12	烧结矿余热发电项目
4		F20	230m² 冷筛激振器换稀油润滑激振器
5		F25	230m² 水封拉链改为皮带机
6	炼铁工序	F01	电机加变频
7		F02	高炉槽下振动筛改造
8		F05	焦炭筛改造、新上焦丁筛分系统
9		F11	渣铁沟添加膨化剂
10	炼钢工序	F02	切割车点火装置改造
11		F03	烤包器烧嘴改造
12		F04	板坯中包水口烧嘴改造
13		F05	冷却塔降温风机改为水轮机
14		F15	电极调节器改造
15		F19	80t 一次除尘改进
16	轧钢工序	F01	冲渣泵材质改造
17		F08	轧线温度监控
18		F19	更换倒水泵
19	薄板工序	F09	动力车间泵组改造为节能泵
20		F10	1♯线加热炉改造为蜂窝体
21		F22	1♯生产线投用润滑轧制
22	制氧工序	F12	200m³ 液氮储罐保温效果差大修
23		F13	液体管道保温效果差更换真空管道
24		F14	进口液氧泵改造为国产低温液体泵
25		F43	二车间 6500m³/h 十字换热器更换
26	公司	F01	煤气发电项目
27		F03	440T 双膜法水处理工程
28		F04	脱硫方案
29		F05	烧结余热发电
30		F06	料场挡风抑尘墙

公司中高费方案权重总和计分排序筛选表见表 6-27。

表 6-27　公司中高费方案权重总和计分排序筛选法

权重因素方案名称	方案得分 (R=1~10)	减少环境危害 权重值 (W)=10	经济可行性 权重值 (W)=10	技术可行性 权重值 (W)=8	可实施性 权重值 (W)=6	总分(∑W×R)	排序
F01 煤气发电项目		70	90	80	60	300	1
F03 440t 双膜法水处理工程		70	60	72	54	256	5
F04 脱硫方案		60	80	72	60	272	3
F05 烧结余热发电		70	90	72	54	286	2
F06 料场挡风抑尘墙		80	60	72	48	260	4

三、　方案研制

公司中高费方案说明表见表 6-28～表 6-32。

表 6-28　煤气发电项目方案说明表

方案编号	F01
方案名称	煤气发电项目

续表

方案编号	F01
方案内容	建设 2×220t/h 全烧煤气高温高压锅炉及 2×50MW 纯凝式汽轮发电机组;配套的循环水系统;配套除盐水系统;煤气管网系统、电气外网系统
主要设备	鼓风机、高压系统电动给水泵、除氧器、高压加热器、汽轮机、冷凝器、射水泵等
预计投资及经济效益	预计投资:31079.78 万元 经济效益 43040 万元/年
可能的环境影响	噪声污染,将对设备及放散管经厂房、隔音罩、消声器、减震、绿化带吸声等措施,岗位工必要时佩戴耳塞。可节标煤量 319766.5×10⁴t/a

表 6-29   440T 双膜法水处理工程方案说明表

方案编号	F03
方案名称	440T 双模法水处理工程
方案内容	反渗透水处理系统设计总出力为:440m³/h。其中超滤净出水为 590m³/h。预留 2 台处理量 2×200m³/h 浓水反渗透及配套设施
主要设备	反渗透膜、超过滤器、自清洗器等
预计投资及经济效益	预计投资:2233.6 万元 经济效益:环境效益增加污水处理能力,防止浓盐水外排
可能的环境影响	无

表 6-30   脱硫方案说明表

方案编号	F04
方案名称	脱硫方案
方案内容	对 2 台 230m² 烧结机烟气采用石灰——石膏湿法脱硫工艺、二机一塔的脱硫方式进行烟气脱硫,脱硫剂采用石灰粉,脱硫浆液吸收烟气中的 SO_2 后,经氧化生成石膏
主要设备	增压风机、循环泵、脱硫塔、氧化风机等
预计投资及经济效益	预计投资:5265.511 万元 经济效益:960 元/t×45600t/a－3862.7 万元/a=514.9 万元/a
可能的环境影响	可减排 $SO_2$45600t/a

表 6-31   烧结余热发电项目方案说明表

方案编号	F05
方案名称	烧结余热发电
方案内容	本项目包括 2×230m² 烧结余热发电和 2×132m² 烧结余热供汽两部分内容。利用 2 台条 230m² 烧结环冷机冷却烧结热矿时所产生的废气余热,在每台环冷机旁建设一套双压余热锅炉产生高压和低压过热蒸汽,然后引至汽轮发电机组做功后进行发电;利用 2 台条 132m² 烧结环冷机冷却烧结热矿时所产生的废气余热,在每台环冷机旁建设一套双压余热锅炉产生高压和低压过热蒸汽,供厂区生产使用(2011 年 3 月～2012 年 3 月)
主要设备	烧结机、双压余热锅炉、汽轮发电机
预计投资及经济效益	预计投资:12380.41 万元 经济效益:0.538 元/kW·h×7229.8 万 kW·h/a=3889.6 万元/a
可能的环境影响	外供电量 7229.8 万 kW·h/a,减少 CO_2 排放量 15.9×10⁴t/a

表 6-32   料场挡风抑尘墙方案说明表

方案编号	F06
方案名称	料场挡风抑尘墙
方案内容	料场新建挡风抑尘墙:挡风抑尘墙将现有原料场封闭,范围:北侧由 No23 转运站至由 No10 转运站,东侧由 No10 转运站至由 No1 转运站,南侧由 No1 转运站至由 No33 转运站,西侧由 No33 转运站至由 No23 转运站,球团区。挡风抑尘墙高度为 15m,遮挡长度约为:4274m,挡风抑尘墙选用 1.2mm 镀锌铝板

续表

方案编号	F06
主要设备	挡风抑尘板
预计投资及经济效益	预计投资:2180 万元 无明显经济效益
可能的环境影响	减少二次扬尘

各工序中高费方案说明汇总见表 6-33，具体内容详见各工序分报告。

表 6-33 各工序中高费方案说明表

工序	序号	编号	方案名称	方案要点	投入/万元	环境效益	经济效益/(万元/a)
烧结工序	1	F08	烧结机采用高铬铸钢箅条	第一炼铁厂烧结机现使用箅条材质为(高铬铸铁含铬≥23%),隔热垫材质为(QT400-15),将烧结机箅条材质进行改变为高铬铸钢(含铬≥27%),隔热垫材质改为高铬铸铁(含铬≥25%),这样可以减少烧结机箅条、隔热垫的消耗,而且可以提高烧结矿的产量和质量	234	减少烧结过程烟尘产生量	193.16
	2	F09	72m² 烧结机铺底料回收技改	72m² 烧结机在生产过程中,每次顶车机都要掉落 50kg 左右的铺底料,铺底料是符合高炉生产的最佳粒度,撒落的铺底料不仅增加水封拉链负荷,而且降低了产量。检修车间在降尘管下方安装皮带机一台,把掉落的铺底料运至二皮带	50	—	64.8
	3	F12	烧结矿余热发电项目	见公司方案 F05	—	—	—
	4	F23	230m² 冷筛激振器换稀油润滑激振器	230m² 烧结冷筛激振器现为干油润滑方式,现将 230m² 冷筛激振器换稀油润滑激振器,能够保证激振器的正常使用	24	—	32.556
	5	F28	230m² 水封拉链改为皮带机	230m² 烧结 1 期烧结机共有水封拉链 2 条,每条长 274m,经研究分析,将每台烧结机拉链取消拆除,安装两台宽 650mm×长 274m 的皮带机取代水封拉链,增加 66 个双重卸灰阀就可以将烟道内返矿和机头电场灰直接运至混合料中,效果非常好	109.2	—	55.2

续表

工序	序号	编号	方案名称	方案要点	投入/万元	环境效益	经济效益/(万元/a)
炼铁工序	6	F01	电机加变频	目前有部分电机使用工频,耗电量大,11处电机安装节能设备变频器,安装可节电18%~56%	911	节电 $1.9×10^8$ kW·h/a	10222
	7	F02	高炉槽下振动筛改造	将原有的高炉槽下振动筛(ZSJ2B-13×30)改造为节能环保型振动筛(XBSFJ-1),节电,筛体电机由原来的4kW×2台改为3kW×2台,并且将振动给料机取消2台0.75kW振动电机	340	节电 $133.2×10^4$ kW·h/a	71.7
	8	F05	焦炭筛改造、新上焦丁筛分系统	将1♯~4♯450m³高炉的焦炭筛筛板孔径改为φ25mm,返焦由5♯450m³高炉建立的焦粉筛分系统,进行分级,在分别给4座高炉进行分吃,可降低焦比	45.8		556.8
	9	F11	渣铁沟添加膨化剂	主沟中加膨化剂,增加炉渣的活性,促进渣铁分离,降低物料消耗。炉内操作控制合适的炉渣碱度,保证炉渣的流动性,铁水回收率提高,物料消耗降低	556.416	节约原料	2392.5
炼钢工序	10	F02	切割车点火装置改造	连铸机火焰切割机,原设计供货的切割机点火是长明火,燃气消耗较高。增加点火设备和自动化控制系统,实现自动控制点火时间,在不切割的时候熄灭,需要的时候自动点火	30	节液化气 35112Nm³/a	180.62
	11	F03	烤包器烧嘴改造	目前烤包器烧嘴为风机助燃式,改为无风机辅助自吸式,使煤气燃烧的更充分,降低备件消耗,节约电能源,节约助燃风系统备件消耗	60	节电56.94万 kW·h/a	85.02
	12	F04	板坯中包水口烧嘴改造	目前烤包器使用液化气烘烤,改为我厂自产转炉煤气烘烤,减少外购液化气消耗每天用量150m³。液化气单价为7元/m³,共有4台烤包器	10	节液化气 $21.6×10^4$ Nm³/a	151.2
	13	F05	冷却塔降温风机改为水轮机	目前厂冷却塔降温装置一直是电机、减速机带扇叶降温,损耗电能,引进技术将其改为水轮机,取消外供电源	95	节电 $232.848×10^4$ kW·h/a	125.27
	14	F15	电极调节器改造	增加罗氏线圈、CPU317模块 CPU414-2DP模块 MMC存储卡(1MB)优化程序,调整稳定弧压弧流正负3度之间,提高精炼效果	115	节电 $500×10^4$ kW·h/a	250
	15	F19	80吨一次除尘改进	80吨转炉一次除尘系统对车间内喷淋塔(改喷枪,介质由蒸汽改为氮气)、二文喉口、脱水器结构(并加大),风机前联接管道(直径加大到1520~1620mm),车间外风机转子等系统改造,确保满足冶炼过程产生的较多烟尘处理。除尘风机改造将原风量 $9.9×10^4$ m³/h 提高到 $(12~12.8)×10^4$ m³/h,全压保持原有27kPa。炉口微差压伺服装置投入使用,根据炉口压力调整喉口开度,稳定烟气流速	1950	增加除尘能力	74.5

续表

工序	序号	编号	方案名称	方案要点	投入/万元	环境效益	经济效益/(万元/a)
轧钢工序	16	F01	冲渣泵材质改造	10LPT-35×2冲渣泵维修次数多,费用高,每年至少维修6次。将10LPT-35×2冲渣泵泵体、叶轮及轴材质改为耐磨合金,每台年减少维修4次	16		32
	17	F08	轧线温度监控	生产过程中钢坯温度不能在线监控,只能靠加热炉炉温组织生产,炉温与钢坯温度波动较大,现增设轧线自动监控设备,对在线钢坯实施全程监控,给生产提供准确钢温数据,以便合理组织生产	10	减少甩废360t/a	102
	18	F19	更换倒水泵	旋流井两台90kW倒水泵耗电量高,更换一台132kW倒水泵	10	节电120.89×10⁴kW·h/a	65.039
薄板厂	19	F22	1#生产线投用润滑轧制	轧辊表面质量是决定卷板表面质量的关键控制环节。润滑轧制功能不仅能够满足对产品表面质量的更高要求,同时能够有效地降低轧制消耗	150	节电、节油	434.4
	20	F10	1#线加热炉改造为蜂窝体	陶瓷蓄热小球改为蜂窝体,充分利用高温空气燃烧理论,减少空气的供给量的同时使煤气更能充分燃烧;发挥流体在较高小孔流速的情况下,对于炉况的对流传热改善;黑度在蓄热室的较大提高,增大热传递效率	200	减少CO、NOₓ的排放,节约煤气6000×10⁴m³/a	470.14
	21	F09	动力车间泵组改造为节能泵	高效节能水泵,系统总管压力达到0.3~0.35MPa,总管流量达到700~720m³/h。通过变频系统,变频控制根据生产需要压力自动调节,到达节电效果;通过对泵重新设计,改进泵叶轮曲线,提高效率,降低能耗	3年节电50%的资金作为改造费用	节电	52.26
制氧厂	22	F12	200m³液氮储罐保温效果差大修	一车间200m³液氮储罐保温效果差,液氮气化量较大,液氮消耗每天3t左右。进行大修处理,扒出保温材料检查更换新保温材料,减少液氮汽化消耗	10	减少液氮汽化量	98.55
	23	F13	液体管道保温效果差更换真空管道	现氧氮氩液体管道用的全是不锈钢管聚氨酯保温,保温效果不好,管道表面结霜,液体汽化量较大,改为低温不锈钢真空管道,无汽化和结霜	47.25		146
	24	F14	进口液氧泵改造为国产低温液体泵	现有两台瑞士离心式低温液氧泵,每次启动都要预冷30min,消耗一定的氧气;泵的启动电流较高,消耗一定的电能;维修困难,没有专用工具和试验场地。计划改用国产活塞式低温液体泵,备件价格较低、维修方便;启动时冷泵时间10min即可,可根据压力情况调节转速	16.4	减少预冷时液体损耗	6
	25	F43	二车间6500m³/h十字换热器更换	二车间6500m³/h制氧十字换热器内漏无法正常使用,改变工艺操作方法,空气与污氮换热通道关闭,走旁通使用,增加了电加热炉的功率	10	节电72.27万kW·h/a	39.31

第六节　可行性分析

一、××钢铁公司中高费方案可行性分析

（一）××钢铁公司中高费方案技术评估

1. 煤气发电项目技术评估

（1）项目工艺流程

① 煤气输送。煤气发电站燃气锅炉使用的煤气由钢铁厂低压高炉煤气管网接入，再通过架空敷设管道引至炉前。为保证锅炉运行的安全性与稳定性，在锅炉房前的煤气管道上装有压力上、下限控制器，以保证燃气压力在煤气锅炉燃烧器要求的压力范围之内；另外，燃气管道上还设置输水点（各输水点均安装水封装置）、安全阀、放散阀、阻火器、蒸汽吹扫口和水封装置等措施。

② 燃烧系统。煤气经净化装置净化，并经调压站调压后，由煤气管道输送至炉前，煤气分别从锅炉两侧的燃烧器送入炉膛燃烧。煤气燃烧所需要的空气由送风机供给，送风机先把冷空气送到空气预热器加热后，再通过热风道将热空气送入炉膛。锅炉燃烧生成的烟气经过热器、省煤器、空气预热器换热后由引风机抽出，经100m高烟囱排放。

③ 发电系统。锅炉内水冷壁吸收煤气燃烧放出的热量，产生饱和蒸汽，饱和蒸汽经过热器进一步吸收热量变为过热蒸汽，由主蒸汽管道进入汽轮机房。来自主蒸汽管道的过热蒸汽进入汽轮机膨胀做功，汽轮机带动发电机将机械能变为电能。汽轮机乏气进入凝汽器，凝结为凝结水，而后进入除氧器，最后再进入锅炉循环使用。

（2）技术评估结论

本项目符合国家产业政策，选用的生产工艺及设备先进，采取的污染防治措施成熟可靠。

此方案技术先进，技术评估为可行。

2. 440T 双膜法水处理工程技术评估

① 工艺流程（见图6-7）。厂区带压排水总管，经泵提升进入自清洗过滤器，通过自清洗过滤器作用截留细小砂粒，自清洗过滤器出水经超滤（UF）系统，通过微孔截留作用去除更多的有机物和悬浮物，去除废水中的胶体物质及大分子有机物，保护后续RO反渗透单元的运行安全，超滤（UF）系统出水自流汇入超滤产水池，之后经加压泵提升至保安过滤器，保安过滤器出水经高压泵加压后进入反渗透（RO）系统，通过反渗透膜去除水中剩余的有机物、悬浮物等无机盐，反渗透系统产水汇入反渗透产水池备用，以供生产使用。RO反渗透膜组件运行过程中产生的浓水自流汇入浓水池，与厂区内其他设备产生的浓水收集在反渗透浓水池中，再经过浓水回收反渗透系统，产水汇入上一级反渗透系统，浓水排入炼铁工序用于高炉冲渣。

② 废水处理系统所需药剂通过药剂槽、药剂泵和控制系统连续自动投加；对于需现场配置药剂，配备药剂溶解池及药剂输送泵。

③ 机械过滤器通过PLC控制系统拖动自动运行，即当过滤压力达到高限时，压力传感器输出信号至PLC系统，PLC发出指令，控制电磁阀、反洗水泵及反洗风机按预先设定程

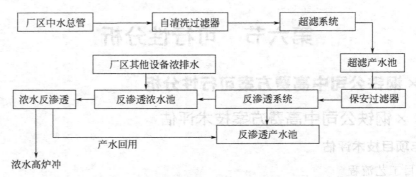

图 6-7　440T 双膜法水处理工艺流程图

序工作，待反洗完成，自动转入正常工作状态，依此循环运行。

④ UF 膜组件及 RO 膜组件通过 PLC 控制系统拖动按预先设定程序自动运行，可通过压力控制或时间控制自动完成正洗、反洗及加药清洗操作。当 UF 及 RO 膜组件运行较长时间后，发生严重的通量衰减或脱盐率降低时，可进行人工在线清洗或离线清洗，以恢复其处理效率。

此方案技术先进，技术评估为可行。

3. 脱硫方案技术评估

① 工艺原理。脱硫剂采用石灰粉（150 目以上，含钙率≥80％，筛余量≤5％），脱硫浆液吸收烟气中的 SO_2 后，经氧化生成石膏。

② 石灰-石膏湿法脱硫工艺物料流程如图 6-8 所示。

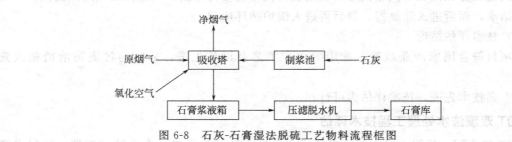

图 6-8　石灰-石膏湿法脱硫工艺物料流程框图

③ 工艺技术完全成熟，装置运行安全可靠，有多套成熟业绩。

④ 系统适应性强，完全适应烧结机烟气流量及二氧化硫含量的变化。

⑤ 脱硫吸收塔现场制作，碳钢内衬玻璃鳞片防腐。

⑥ 在装置停运期间，各个设备包括石灰浆液或石膏浆液管道和其他所有与石灰或石膏浆液接触的设备和系统能够实现快速冲洗和排水。

⑦ 吸收塔内喷淋层喷嘴采用独有的布置形式。

⑧ 采用成熟的喷淋层调节烟气流场技术。

⑨ 氧化空气曝气与塔侧搅拌器配合使用。

⑩ 喷淋层浆液喷嘴采用国外进口、实心中空喷嘴，所喷出的实心锥状液膜气液接触效率高，无结垢，无沉淀堵塞。

⑪ 脱硫副产物石膏经过脱水处理后达到工业应用级别，可以做建材、建材添加剂、矿

井回填等。

此方案技术先进，技术评估为可行。

4. 烧结余热发电技术评估

余热发电工艺流程如下。

在每台环冷机一段和二段高温段风箱对应的上部风罩顶部分别设置集气烟筒。在烟筒顶部设置电动蝶阀。在风罩适合位置设置烟气连通管，再在一段高温段风箱对应的上部风罩顶部增开 1 个取风口，更有效的利用高温烟气。将环冷机一段和二段高温段风箱的温度较高的热废气分别送进余热锅炉。

余热锅炉生产时，烟筒顶部电动蝶阀关闭，使环冷机一段和二段高温段风箱的全部废气都进入余热锅炉。余热锅炉系统发生故障时，烟筒顶部电动蝶阀开启排气，使环冷机能照常生产。

余热锅炉排出的 140℃ 烟气，通过烟道送至引风机。使之经引风机增压后，重新回到环冷机一段。余热锅炉正常运行时，环冷机一段鼓风机停运。

经过烟气热平衡计算，从 230m² 烧结环冷机一段、二段抽出的热烟气量总计为 400000m³/h，从一、二段抽出的热烟气分别引入余热锅炉，余热锅炉排烟温度为 140℃，烟气量为 400000m³/h；从 132m² 烧结环冷机一段、二段抽出的热烟气量总计为 210000m³/h，从一、二段抽出的热烟气分别引入余热锅炉，余热锅炉排烟温度为 140℃，烟气量为 210000m³/h。

在每台余热锅炉出口烟道设置一台引风机，分别将烟气回到一段鼓风机出口处，形成热风再循环。在余热锅炉运行时，烧结环冷机一段鼓风机停运，作为备用风机，余热锅炉事故和检修时，启动鼓风机。通过热风再循环，从而提高进入余热锅炉的热风温度，多产蒸汽（一般可提高 5%～10%）。

热风再循环技术可提高蒸汽量，从而多发电，但会使环冷机一段冷却的矿料出口温度略有提高，是烧结工艺允许的。

由 1#、2# 余热锅炉生产出来的过热蒸汽经管网送至汽机间。

由 3#、4# 余热锅炉生产出来的过热蒸汽经管网送至厂区。

此方案技术成熟、先进，技术评估为可行。

5. 料场挡风抑尘墙技术评估

料场新建挡风抑尘墙：挡风抑尘墙将现有原料场封闭。范围：北侧由№23 转运站至由№10 转运站，东侧由№10 转运站至由№1 转运站，南侧由№1 转运站至由№33 转运站，西侧由№33 转运站至由№23 转运站，球团区。挡风抑尘墙高度为 15m，遮挡长度约为 4274m，挡风抑尘墙选用 1.2mm 镀锌铝板。

此方案技术成熟，技术评估为可行。

（二）　××钢铁公司中高费方案环境评估

1. 煤气发电项目环境评估

① 利用清洁能源高炉煤气、转炉煤气发电，且煤气燃烧后外排污染物少；

② 可节标煤 319766.5×10⁴t/a，可以大大节省资源能源消耗，减少污染物排放；

③ 该项目采取的污染防治措施成熟可靠，废气、废水、噪声等污染物均能达标排放，

无固体废物产生，项目完成后，全厂污染物排放总量控制指标不变。

本方案实施后具有极大的环境效益，环境评估可行。

2. 440T 双膜法水处理工程环境评估

对预除盐水进行进一步处理，避免了浓盐水外排。

本方案实施后具有极大的环境效益，环境评估可行。

3. 脱硫方案环境评估

① 满足 SO_2 排放控制要求，实现烟气达标排放；

② 采用技术先进、效率高、性能好的设备，以节约能源；

③ 加强脱硫系统的水务管理，与全厂用水统一调度、综合平衡、统一规划设计，达到一水多用、综合利用、重复利用、降低钢厂耗水及耗电指标。

本方案实施后具有极大的环境效益，环境评估可行。

4. 烧结余热发电环境评估

① 余热发电项目实施后每年可节省标准煤约 6.39×10^4 t，减少温室气体 CO_2 排放量约 15.9×10^4 t；

② 该项目不仅充分利用了现有的能源，实现了资源的综合利用，而且还可以为烧结生产提供充足的、可靠的、廉价的电能，使其产品的成本降低；

③ 年外供电量为 7229.8×10^4 kW·h/a，年外供蒸汽 25.56×10^4 t；

④ 本工程不产生新的粉尘，不产生新的污水，本生产过程因回收原直接外排废气显热，减少热污染，无废气外排。

本方案实施后具有极大的环境效益，环境评估可行。

5. 料场挡风抑尘墙环境评估

大大减少了厂区内的扬尘，避免了二次扬尘，极大改善了厂区环境。

本方案实施后具有极大的环境效益，环境评估可行。

（三）××钢铁公司中高费方案经济评估

1. 煤气发电项目经济评估

经计算该项目总投资为 31079.78 万元，年运行费用总节省 43040 万元，净利润为 33188.809 万元，年增加现金流量 34742.798 万元，投资偿还期 0.895 年，净现值：441085.268 万元，内部收益率大于 40%，该项目具有很高的经济效益，经济评估可行。

2. 烧结余热发电经济评估

经计算该项目总投资为：12380.41 万元，年运行费用总节省：3889.6 万元，净利润：2616.463 万元，年增加现金流量：3235.484 万元，投资偿还期 3.826 年，净现值：31590.788 万元，内部收益率 25.87%，该项目具有很高的经济效益，经济评估可行。

因 440T 双膜法水处理工程、脱硫方案和料场挡风抑尘墙均为污染源控制方案，其社会、环境效益明显，有一定的经济效益，但不明显，所以三个方案不再进行经济评估。

（四）××钢铁公司中高费方案确定

综上，从技术、环境、经济角度考虑得出确定推荐方案的评估结论。公司方案经济评估指标汇总表见表 6-34。

表 6-34 方案经济评估指标汇总表

经济评价指标	煤气发电	440T 双膜法水处理工程	脱硫方案	烧结余热发电	料场挡风抑尘墙
(1)总投资费用(I)/万元	31079.78	2233.6	5265.511	12380.41	2180
(2)年运行费用总节省(P)/万元	43040	0	514.9	3889.6	0
(3)新增设备年折旧费(D)/万元	1553.989	—	—	619.021	—
(4)应税利润/万元	41486.011	—	—	3270.579	—
(5)净利润/万元	33188.809	—	—	2616.463	—
(6)年增加现金流量(F)/万元	34742.798	—	—	3235.484	—
(7)投资偿还期(N)I/F	0.895	—	—	3.826	—
(8)净现值(NPV)	441085.268	—	—	31590.788	—
(9)净现值率(NPVR)	1419.20%	—	—	255.17%	—
(10)内部收益率(IRR)	>40%	—	—	25.87%	—

注：440T 双膜法水处理工程、脱硫方案和料场挡风抑尘墙为污染削减方案。

二、 ××钢铁公司各工序中高费方案可行性分析汇总

××钢铁各工序中高费方案简述及可行性分析结果汇总见表 6-35，具体内容详见各工序分报告。

表 6-35 ××钢铁各工序中高费方案可行性分析结果一览表

工序	序号	编号	方案名称	技术评估	环境评估	经济评估	结论
烧结工序	1	F08	烧结机采用高铬铸钢箅条	将烧结机箅条材质改变为高铬铸钢(含铬≥27%)，隔热垫材质改为高铬铸铁(含铬≥25%)，减少烧结机箅条、隔热垫的消耗，提高烧结矿的产量和质量。改造完成后箅条变形几乎没有，而且可以减少糊箅条现象，箅条、隔热垫的烧损减小，箅条、隔热垫使用寿命增加	减少烧结粉尘的产生，并且增加烧结矿产量；没有新的污染物的产生	投资偿还期1.47年，净现值；1027.63万元,内部收益率大于40%	该方案技术评估、环境评估、经济评估均可行
	2	F09	72m² 烧结机铺底料回收技改	72m² 烧结机在生产过程中,每次顶车机都要掉落 50kg 左右的铺底料,铺底料是符合高炉生产的最佳粒度,撒落的铺底料不仅增加水封拉链负荷,而且降低了产量。检修车间在降尘管下方安装皮带机一台,把掉落的铺底料运至二皮带	有效较少洒落铺底料,增加烧结矿产量;减轻了水封拉链的负担	投资偿还期0.95年,净现值；368.73万元,内部收益率大于40%	该方案技术评估、环境评估、经济评估均可行
	3	F12	烧结矿余热发电项目	见公司方案 F05	—	—	—
	4	F20	230m² 冷筛激振器换稀油润滑激振器	230m² 烧结冷筛激振器现为干油润滑方式,现将 230m² 冷筛激振器换稀油润滑激振器,能够保证激振器的正常使用	没有新的污染物产生,建成后节省干油1年可节约10500kg,有效减少了危险废物费油的产生	投资偿还期0.9年,净现值；186.19万元,内部收益率大于40%	该方案技术评估、环境评估、经济评估均可行
	5	F25	230 水封拉链改为皮带机	230m² 烧结1期烧结共有水封拉链2条,每条长274m,经研究分析,将整台烧结机拉链取消拆除,安装两台宽650mm×长274m的皮带机取代水封拉链,增加66个双重卸灰阀就可以将烟道内返矿和机头电场灰直接运至混合料中,效果非常好	没有新的污染物产生,并且减少因水封拉链事故引起的停机,减少维修人员在维修时的安全隐患	投资偿还期2.36年,净现值；258.05万元,内部收益率大于40%	该方案技术评估、环境评估、经济评估均可行

工序	序号	编号	方案名称	技术评估	环境评估	经济评估	结论
	6	F01	电机加变频	我厂目前有部分电机使用工频,耗电量大,11处电机有安装节能设备变频器潜力,安装可节电18%~56%	安装可节电18%~56%,年可节电1.9亿kW·h	投资偿还期为0.11年,净现值(NPV)为65564.48万元,内部收益率大于40%	该方案技术评估、环境评估、经济评估均可行
炼铁工序	7	F02	高炉槽下振动筛改造	450m³高炉初期槽下均安装老式振动筛和给料机配套使用,其缺点是设备故障率高,原有四台电机功率9.5kW耗电量大,改造后的电机功率共6kW,原有一套振筛共四个激振器维修率高且增加费用,改造后激振器故障率低。另造后的振筛大大提高筛分效率,改善入炉料的粒度减少粉末保证顺行提高产量	降低入炉含粉量,使高炉顺行、高产有了前提保障,节电133.2×10⁴kW·h,减少了二次扬尘	投资偿还期为5.3年,净现值(NPV)为168.43万元,内部收益率为13.6%,大于10%	该方案技术评估、环境评估、经济评估均可行
	8	F05	焦炭筛改造、新上焦丁筛分系统	以前高炉槽下为筛孔径15mm树脂筛板,筛下物是高炉返焦,给烧结作为燃料,结合其他厂的实践和本厂实践,在这部分返焦中仍有一部分可以利用的焦丁,将1#~4#450m³高炉的焦炭筛筛板孔径改为φ25mm,返焦由5#450m³高炉建立的焦丁筛分系统进行分级,在分给4座高炉进行分吃,即可以提高烧结矿层在炉中的透气性提高高炉稳定性又可以节省部分消耗,降低焦比	在减少筛子体积的情况下,振幅加大,而且密封效果好,降低噪声	投资偿还期为0.1年,净现值(NPV)为1945.36万元,内部收益率IRR>40%>贷款利率	该方案技术评估、环境评估、经济评估均可行
	9	F11	渣铁沟添加膨化剂	1780m³高炉建设之初,由于场地限制,主铁沟长度相对于出铁速度较短,渣铁分离效果较差,造成渣中带铁严重,下渣沟中经常可看到铁花,铁进入渣中是一种资源浪费。该技术就是采用主沟中加膨化剂,即在铁水渣表面施加化渣消泡剂,保护炉渣温度,降低炉渣黏度,促进渣铁分离,提高铁水收得率,降低物料消耗	减少了主铁沟结壳量,从而达到提高生铁回收降低铁损的目的。此产品燃烧、分解释放过程一部分进入炉渣中产生硅酸盐类物质,一部分变成气态主要以CO₂形式存在	投资偿还期为0.29年,净现值(NPV)为24478.19万元,内部收益率IRR>40%>贷款利率	该方案技术评估、环境评估、经济评估均可行

续表

工序	序号	编号	方案名称	技术评估	环境评估	经济评估	结论
炼钢工序	10	F02	切割车点火装置改造	中断切割枪长期燃烧;增加的控制设备,简单,体积小,不影响原有的生产工艺;给出切割信号(预压定尺信号);待机时不燃烧,可延长设备的使用寿命	缩短燃气燃烧时间,减少燃烧废气排放。节液化气35112Nm³/a	投资偿还期0.207年,净现值:1146.86万元,内部收益率大于40%	该方案技术评估、环境评估、经济评估均可行
	11	F03	烤包器烧嘴改造	使用射流引风型烧嘴,是内燃形式,附带自动配风装置,使混合气体在燃烧器内就已燃烧,没有燃烧不充分现象,加快了燃烧反应,提高煤气利用效果,节约煤气消耗,烤包温度在1000℃左右,大大提高包温,有利于实际生产的需要,降低出钢温度,省去了辅助风机助燃设备,及相关的备件消耗;使用过程中,无其他辅助设备,安全,有效,不用人工启动设备等,不存在任何操作,运行等安全隐患;改造后,对烤包工序及相关的生产工艺没有任何影响	无需鼓风,燃气燃烧充分,没有燃烧不充分的气体排出;节电56.94×10⁴kW·h/a;无鼓风设备,降低燃烧的热能外溢,对生产环境,场地环境大大改善和提高	投资偿还期0.889年,净现值:487.453万元,内部收益率大于40%	该方案技术评估、环境评估、经济评估均可行
	12	F04	板坯中包水口烧嘴改造	将燃气改变,液化气改为煤气;煤气烧嘴结构简单,应用广泛,安全实用;增加煤气检测仪器,方便检测煤气泄漏;煤气烧嘴结构为内燃式,使气体燃烧充分,无未燃烧气体排放;工作场地增加防护罩	用煤气替代液化气,节液化气21.6×10⁴Nm³/a;内燃烧型烧嘴,使气体充分燃烧,无未燃烧气体外排	投资偿还期0.083年,净现值:972.717万元,内部收益率大于40%	该方案技术评估、环境评估、经济评估均可行
	13	F05	冷却塔降温风机改为水轮机	改造后冷却塔降温装置不再使用电机、利用水泵压力,将水提升至水轮机,减速机带扇叶降温,节约电能,取消外供电源	在保证降温效果情况下,取消电动机,节电232.848×10⁴kW·h/a;依靠水力作用,驱动降温风扇,合理利用水资源	投资偿还期0.930年,净现值:733.253万元,内部收益率大于40%	该方案技术评估、环境评估、经济评估均可行
	14	F15	电极调节器改造	增加罗氏线圈、CPU317模块CPU414-2DP模块MMC存储卡(1MB)优化程序,调整稳定弧压弧流正负3度之间,提高精炼效果	节电500×10⁴kW·h/a	投资偿还期0.568年,净现值:1525.835万元,内部收益率大于40%	该方案技术评估、环境评估、经济评估均可行
	15	F19	80t一次除尘改进	对两文三脱喷嘴进行改进,机前管道由1320mm加粗到1620mm,风机能力由9.9×10⁴Nm³提高到12.5×10⁴Nm³,风速控制在22m/s以内	使浊环水利用充分,解决因烟气带泥过多,造成的风机频繁做动平衡问题;进一步提高一次除尘效率	—	该方案技术评估、环境评估均可行。因该方案为污染控制类方案,无明显经济效益

工序	序号	编号	方案名称	技术评估	环境评估	经济评估	结论
轧钢工序	16	F01	冲渣泵材质改造	10LPT-35×2冲渣泵泵体、叶轮及轴材质改为高铬合金,高铬合金中存在大量的碳铬化合物,硬度高,耐磨性好。减少了磨损损耗,提高了使用寿命	减少了泵体、叶轮、轴等失效零件的废物产生,降低2/3以上;减少了修理消耗的电能;无新的污染物产生	投资偿还期0.617年,净现值:194.23万元,内部收益率大于40%	方案技术评估、环境评估、经济评估均可行
	17	F08	轧线温度监控	原理:一切高于绝对温度的物质都在不停地向周围空间发出红外辐射能量,物体的红外辐射能量的大小及其按波长分布——与它的表面温度有着十分密切的关系,因此通过对物体自身辐射的红外能量的测量便能准确的测定它的表面温度。红外测温仪就是测量物体的红外辐射能量来测定温度。加热后的钢坯,温度高不适合接触测温,红外测温仪是一种很好的选择,红测温输出电信号便于传输和电脑连续记录	减少了钢坯、轧辊、轴承等原料和设备所需资源的消耗,所产生的废物由其原生产厂家回收;减少了处理事故所需的电能和乙炔气体消耗;无新的污染物产生	投资偿还期0.122年,净现值:653.47万元,内部收益率大于40%	方案技术评估、环境评估、经济评估均可行
	18	F19	更换倒水泵	132kW倒水泵小时倒水量与两台90kW倒水泵的倒水量相同,只是扬程不同,倒水由于落差小不需要大扬程。旋流井两台90kW倒水泵耗电量高,更换一台132kW倒水泵	减少了对电能的消耗。每运行1h比以前少消耗48kW·h;无新的污染物产生	投资偿还期0.191年,净现值:413.63万元,内部收益率大于40%	方案技术评估、环境评估、经济评估均可行
薄板厂	19	F22	1#生产线投用润滑轧制	轧辊表面质量是决定卷板表面质量的关键控制环节。润滑轧制功能不仅能够满足对产品表面质量的更高要求,同时能够有效地降低轧制消耗	节电、节油	投资偿还期0.43年,净现值:2627.66万元,内部收益率IRR985.46%大于40%	方案技术评估、环境评估、经济评估均可行
	20	F10	1#线加热炉改造为蜂窝体	陶瓷蓄热小球改为蜂窝体,充分利用高温空气燃烧理论,减少空气的供给量的同时使煤气更能充分燃烧;发挥流体在较高小孔流速的情况下,对于炉况的对流传热改善;黑度在蓄热室的较大提高,增大热传递效率	减少CO、NOx的排放,节约煤气6000×10⁴m³/a	投资偿还期0.53年,净现值:2812.16万元,内部收益率IRR139.90%大于40%	方案技术评估、环境评估、经济评估均可行
	21	F09	动力车间泵组改造为节能泵	高效节能水泵,系统总管压力达到0.3~0.35MPa,总管流量达到700~720m³/h。通过变频系统,变频控制根据生产需要压力自动调节,到达节电效果;通过对泵重新设计,改进泵叶轮曲线,提高效率,降低能耗	节电	投资偿还期1.81年,净现值:188.14万元,内部收益率IRR为62.09%大于40%	方案技术评估、环境评估、经济评估均可行

续表

工序	序号	编号	方案名称	技术评估	环境评估	经济评估	结论
制氧厂	22	F12	200m³液氮储罐保温效果差大修	一车间 200m³ 液氮储罐保温效果差,液氮气化量较大,液氮消耗每天 3t 左右。进行大修处理,扒出保温材料检查更换新保温材料,减少液氮汽化消耗	减少液氮汽化量	投资偿还期 0.13 年,净现值: 475.67 万元,内部收益率 IRR790.4% >10%	方案技术评估、环境评估、经济评估均可行
	23	F13	液体管道保温效果差更换真空管道	现氧氮氩液体管道用的全是不锈钢管聚氨酯保温,保温效果不好,管道表面结霜,液体汽化量较大,改为低温不锈钢真空管道,无汽化和结霜	管道表面不结霜、结冰	投资偿还期 0.4 年,净现值: 476.24 万元,内部收益率 IRR249.19% >10%	方案技术评估、环境评估、经济评估均可行
	24	F14	进口液氧泵改造为国产低温液体泵	现有两台瑞士离心式低温液氧泵,每次启动都要预冷 30min,消耗一定的氧气;泵的启动电流较高,消耗一定的电能;维修困难,没有专用工具和试验场地。计划改用国产活塞式低温液体泵,备件价格较低、维修方便,启动时冷泵时间 10min 即可,可根据压力情况调节转速	减少预冷时液体损耗	投资偿还期 3.2 年,净现值: 15.11 万元,内部收益率 IRR28.77 >10%	方案技术评估、环境评估、经济评估均可行
	25	F43	二车间 6500m³/h 十字换热器更换	二车间 6500m³/h 制氧十字换热器内漏无法正常使用,改变工艺操作方法,空气与污氮换热通道关闭,走旁通使用,增加了电加热炉的功率	节电 72.27 ×10⁴kW·h/a	投资偿还期 0.32 年,净现值: 182.45 万元,内部收益率 IRR313.2% >10%	方案技术评估、环境评估、经济评估均可行

第七节　方案实施

一、 方案实施

　　××钢铁本轮清洁生产审核共筛选出无低费方案 259 项,其中公司 1 项,烧结工序 53 项,炼铁工序 50 项,炼钢工序 40 项,轧钢工序 33 项,薄板工序 33 项,制氧工序 50 项。针对无低费方案易实施、见效快的特点,本着边审核、边实施的原则,截至 2011 年 5 月底,所有无低费方案已全部实施完毕,并取得了较好的环境效益和经济效益。

　　本轮审核××钢铁共筛选出中高费方案 30 项,其中公司 5 项,烧结工序 5 项,炼铁工序 4 项,炼钢工序 6 项,轧钢工序 3 项,薄板工序 3 项,制氧工序 4 项。中高费方案的实施需要一定资金的支持,公司领导十分重视中高费方案的实施进展,对于本轮审核最终确定的中高费方案,从各方面予以支持,切实保证资金的及时到位,最终确定的可行方案实施所涉及的资金,全部由公司自筹解决。

　　各工序中高费方案实施的进度和实施完成情况见表 6-36。

表 6-36　××钢铁中高费方案实施进度及完成情况一览表

工序	序号	方案名称	实施计划	责任部门	结果
公司	1	煤气发电项目		公司	实施中
	2	440T 双膜法水处理工程			实施中
	3	脱硫方案			实施中
	4	烧结余热发电	2011 年 3 月～2012 年 3 月	一铁烧结设备科	实施中
	5	料场挡风抑尘墙			实施中
烧结工序	6	烧结机采用高铬铸钢箅条	2011 年 2 月～4 月底	一铁烧结设备科	已完成
	7	72m² 烧结机铺底料回收技改	2011 年 2 月底	一铁烧结设备科	已完成
	8	烧结矿余热发电项目	见公司方案 F05	—	—
	9	230m² 冷筛激振器换稀油润滑激振器	2011 年 2 月～4 月底	一铁烧结设备科	已完成
	10	230m² 水封拉链改为皮带机	2011 年 2 月底	一铁烧结设备科	已完成
炼铁工序	11	电机加变频	2011 年 2 月～4 月底	机动部	已完成
	12	高炉糟下振动筛改造	2011 年 3 月～4 月底	一铁一车间	已完成
	13	焦炭筛改造、新上焦丁筛分系统	2011 年 2 月～4 月底	一铁一车间	已完成
	14	渣铁沟添加膨化剂	2011 年 2 月～4 月底	一铁一车间	已完成
炼钢工序	15	切割车点火装置改造	2011 年 3 月～6 月底	一钢设备科、连铸车间	已完成
	16	烤包器烧嘴改造	2011 年 2 月～4 月底	一钢设备科、辅助车间	已完成
	17	板坯中包水口烧嘴改造	2011 年 3 月～6 月	一钢设备科、连铸车间	已完成
	18	冷却塔降温风机改为水轮机	2011 年 4 月～11 月底	一钢设备科、连铸车间	实施中
	19	电极调节器改造	2011 年 5 月～12 月	一钢设备科、连铸车间	已完成
	20	80t 一次除尘改进	2011 年 5 月～12 月	一钢设备科、连铸车间	实施中
轧钢工序	21	冲渣泵材质改造	2011 年 2 月～3 月底	轧钢一车间机电班	已完成
	22	轧线温度监控	2011 年 2 月～3 月底	轧钢设备科、机电班	已完成
	23	更换倒水泵	2011 年 2 月～5 月底	轧钢设备科、机电班	已完成
薄板工序	24	1#生产线投用润滑轧制	2011 年 3 月～9 月底	轧钢技术科	实施中
	25	1#线加热炉改造为蜂窝体	2011 年 3 月～5 月底	轧钢设备科	已完成
	26	动力车间泵组改造为节能泵	2011 年 3 月～6 月底	机动部	已完成

续表

工序	序号	方案名称	实施计划	责任部门	结果
制氧工序	27	200m³ 液氮储罐保温效果差大修	2011 年 6 月～8 月底	制氧厂设备科	实施中
	28	液体管道保温效果差更换真空管道	2011 年 5 月～9 月底	制氧厂设备科	实施中
	29	进口液氧泵改造为国产低温液体泵	2011 年 4 月～6 月底	制氧厂设备科	已完成
	30	二车间 6500m³/h 十字换热器更换	2011 年 5 月～8 月底	制氧厂设备科	实施中

二、 汇总已实施无低费方案成果

在本轮审核中，各工序审核小组本着边审核边实施的原则，所有无/低费方案全部实施完毕，并获得较好经济效益和环境效益。为便于比较，已实施能统计经济效益的无/低费方案经济效益/环境效益对比一览表见表（表略）。

三、 验证已实施中高费方案的成果

××钢铁已实施完的中高费方案实施效果见表 6-37。

表 6-37　　××钢铁已实施完的中高费方案经济、环境效果一览表

工序	序号	编号	方案名称	环境效益削减量				经济效益/(万元/a)			
				节电/(×10⁴kW·h/a)	节液化气/(m³/a)	节标煤/(×10⁴t/a)	其他	电费	液化气费	标煤费	其他
烧结工序	1	F08	烧结机采用高铬铸钢箅条				增加矿产量 69432t/a				193.16
	2	F09	72m² 烧结机铺底料回收技改				增加矿产量 12960t/a				64.8
	3	F23	230m² 冷筛激振器换稀油润滑激振器				节润滑油 10.5t/a				32.556
	4	F28	230m² 水封拉链机为皮带机				—				55.2
			小计								345.716
炼铁工序	5	F01	电机加变频	19000				10222			
	6	F02	高炉槽下振动筛改造	133.2				71.7			
	7	F05	焦炭筛改造、新上焦丁筛分系统				—				556.8
	8	F11	渣铁沟添加膨化剂				—				2392.5
			小计	19133.2				10293.7			2949.3

续表

工序	序号	编号	方案名称	环境效益削减量				经济效益/(万元/a)			
				节电/(×10⁴kW·h/a)	节液化气/(m³/a)	节标煤/(×10⁴t/a)	其他	电费	液化气费	标煤费	其他
炼钢工序	9	F02	切割车点火装置改造		35112				180.62		
	10	F03	烤包器烧嘴改造	56.94				85.02			
	11	F04	板坯中包水口烧嘴改造		216000				151.2		
	12	F15	电极调节器改造	500				250			
			小计	556.94	251112			335.02	331.82		
轧钢工序	13	F01	冲渣泵材质改造				减少备件消耗				32
	14	F08	轧线温度监控				减少甩废360t/a				102
	15	F19	更换倒水泵	120.89				65.039			
			小计	120.89				65.039			134
薄板工序	16	F10	1#线加热炉改造为蜂窝体				节约煤气:6000万m³				470.14
	17	F09	动力车间泵组改造为节能泵	97.14				52.26			
			小计	97.14				52.26			470.14
制氧工序	18	F14	进口液氧泵改造为国产低温液体泵	1.38				9			0.74
			小计	1.38				9			0.74
			合计	19909.55	251112			10755.019	331.82		3899.896

总经济效益为:14986.735 万元/a

四、 分析总结已实施方案对企业的影响

1. 汇总经济效益和环境效益

本轮清洁生产审核中××钢铁共实施无低费方案 260 项,已完成中高费方案 19 项,取得经济效益 14986.735 万元/a。其中,××钢铁公司共实施 1 项无/低费方案,无需投入,实现了北区生产废水的零排放。共实施 5 项中高费方案,投入 53139.301 万元,该 5 项方案都正在实施中,预计经济效益为 47444.5 万元/a,主要是这些方案都具有显著的环境效益,如实现南区浓盐水的零排放,原放散的高炉煤气和转炉煤气用来发电,减少 SO_2 排放量 $4.56×10^4$ t/a,减少 CO_2 排放量 $15.9×10^4$ t/a,避免了原料场的二次扬尘。

其余××钢铁各工序方案经济效益和环境效益的汇总详见各工序分报告。

2. 汇总统计清洁生产目标完成情况

××钢铁清洁生产近期目标完成情况见表 6-38。

表 6-38　××钢铁集团清洁生产近期目标完成情况一览表

工序	序号	项目		现状	预计审核效果		审核后实际效果	
					变化量	相对量/%	变化量	相对量/%
烧结工序	1	工序能耗/(kgce/t)		59.5	削减11.1	20.18	削减11.1	20.18
	2	固体燃料消耗/(kgce/t)		49.16	削减2.30	4.89	削减2.30	4.89
炼铁工序	3	工序能耗	450m³高炉	383.6	削减6.6	1.75	削减6.9	1.8
	4	/(kgce/t)	1780m³高炉	365.94	削减5.94	1.6	削减6.12	1.7
	5	高炉喷	450m³高炉	149.68	增加5.32	3.5	增加6.26	4.2
	6	煤量/(kg/t)	1780m³高炉	165.08	增加2.92	1.77	增加3.45	2.1
	7	高炉煤气放散率/%		4.5	削减0.5	11	削减0.6	13.3
	8	入炉焦比	450m³高炉	385.77	削减368	4.6	削减18.51	4.8
	9	/(kg/t)	1780m³高炉	366.62	削减349	4.8	削减18.03	4.9
炼钢工序	10	钢铁料消耗/(kg/t)		1086.07	削减9.07	0.84	削减9.08	0.84
	11	氧气消耗量/(m³/t)		55.03	削减2.03	3.69	削减2.03	3.69
	12	水耗/(m³/t)		0.67	削减0.12	17.91	削减0.14	20.90
	13	电耗/(kW·h/t)		81.08	削减10.85	13.38	削减13.41	16.54
	14	工序能耗/(kgce/t)		−10.28	削减1.66	16.15	削减1.68	16.34
轧钢工序	15	一车间工序能耗/(kgce/t)		45.69	削减0.59	1.29	削减0.60	1.29
	16	二车间工序能耗/(kgce/t)		53.68	削减0.52	0.97	削减0.52	0.97
薄板工序	17	工序能耗/(kgce/t)		56.1	削减0.8	1.41	削减3.47	6.18
	18	电力单耗/(kW·h/t)		111.25	削减4.04	3.63	削减5.29	4.76
	19	合格率/%		99.97	增加0.06	0.06	增加0.06	0.06
	20	氧化铁皮产生量/(t/a)		1.33	削减0.1	7.52	削减0.1	7.52

3. 审核前后清洁生产指标变化情况

××钢铁清洁生产指标变化情况一览表见表 6-39。

表 6-39　××钢铁清洁生产指标变化情况一览表

工序	序号	指标名称	行业标准	指标值		指标级别	
				审核前	审核后	审核前	审核后
烧结工序	1	工序能耗/(kgce/t)	《清洁生产标准　钢铁行业（烧结）》(HJ/T 426—2008)	59.9	48.4	等外	二级
	2	固体燃料消耗/(kgce/t)		49.16	46.86	等外	三级
炼铁工序	3	450m³高炉喷煤量/(kg/t)	《清洁生产标准钢铁行业（炼铁）》(HJ/T 428—2008)	149.68	155.94	三级	二级
	4	1780m³高炉入炉焦比/(kg/t)		366.62	348.59	三级	二级
炼钢工序	5	钢铁料消耗/(kg/t)	《清洁生产标准钢铁行业（炼钢）》(HJ/T 428—2008)	1086.07	1076.99	不入级	二级
公司	6	连铸坯热送热装	《清洁生产标准钢铁行业》(HJ/T 189—2006)	热装温度≥400℃，热装比≥50%	轧钢一、二车间近期拆除	三级	二级
	7	钢铁料消耗/(kg/t)		1086.07	1076.99 kg/t	三级	二级

注：轧钢、薄板和制氧无国家行业清洁生产标准，我们采用与同行业的横向对标，具体内容详见分报告。

综上，××钢铁与《清洁生产标准钢铁行业》（HJ/T 189—2006）进行对比，整体清洁生产水平由审核前的全公司清洁生产三级水平提升为审核后的清洁生产二级水平。

五、 ××钢铁清洁生产审核末期污染源现状

1. 污染源废气现状监测

根据审核需要，公司委托省环境监测中心站依据"××钢铁有限公司污染源监测方案"，于 2011 年 5 月 25 日至 2011 年 5 月 26 日对公司污染源进行了监测。

××钢铁废气监测执行标准见表 6-40。

表 6-40　××钢铁废气监测执行标准

序号	监测项目	执行标准号及标准值
1	二氧化硫	《工业炉窑大气污染物排放标准》(GB 9078—1996)表 4 Ⅱ级标准
2	烟尘	《工业炉窑大气污染物排放标准》(GB 9078—1996)表 2 Ⅱ级标准 100mg/m³
3	工业粉尘	《工业炉窑大气污染物排放标准》(GB 9078—1996)表 2 Ⅱ级标准 100mg/m³
4	氮氧化物	《钢铁工业污染物排放标准》(DB 37/990—2008)

××钢铁废气监测结果见表（表略）。

由表可知，公司废气排放烟囱高度为 $13 \sim 110m$，粉尘排放浓度均小于 $100mg/m^3$，SO_2 和 NO_x 也均符合相应标准范围，因此，烟粉尘、SO_2 和 NO_x 排放浓度达标。

2. ××钢铁噪声现状监测

2011 年 1 月 14 日，环保监测站对公司南区厂界噪声达标情况进行了监测，监测结果见表 6-10（表略）。

《工业企业厂界环境噪声排放标准》（GB 12348—2008）表 1 中 4 类声环境功能区对应标准白天 70dB，晚上 55dB，由上表可知，公司南区厂界噪声达标。

第八节　持续清洁生产

一、 建立和完善清洁生产组织

1. 设立清洁生产机构

为了将清洁生产工作持续地开展下去，根据持续清洁生产的需要和上级的要求，××钢铁成立清洁生产领导小组，并将可持续清洁生产办公室设在公司环保监察部，同时设置了清洁生产管理岗位和职责。清洁生产领导小组由总经理助理安环部部长负责日常工作，保留原清洁生产审核小组的主要成员，同时各工序也分别成立可持续清洁生产分支机构，各工序主管领导接受清洁生产办公室的安排，在以后的审核工作中积极配合，并在平时的日常生产中持续做好宣传和教育工作，协助清洁生产办公室，按计划组织培训。

清洁生产组织机构见表 6-41。

表 6-41　清洁生产组织机构

组织机构名称	清洁生产办公室
行政归属	公司环保监察部
主要任务职责	(1)日常清洁生产工作 (2)提出清洁生产工作计划建议 (3)监督和管理已落实的清洁生产方案的持续实施,保证其正常稳定运行 (4)做好下一轮清洁生产审核的准备工作 (5)搞好员工的清洁生产培训教育

2. 明确持续清洁生产任务和分工

各工序持续清洁生产分支机构负责清洁生产推行的日常管理和组织，监督和管理已落实的清洁生产方案的运行；公司持续清洁生产办公室组建清洁生产技术研究、开发队伍，负责

并组织对公司干部职工的清洁生产思想、技能的培训和教育，继续推行清洁生产审核工作，根据新一轮的清洁生产的特点及时调整和补充审核小组清洁生产计划，选定新一轮清洁生产审核重点，并负责启动新一轮清洁生产审核。

二、 建立完善清洁生产制度

1. 巩固清洁生产审核成果

清洁生产方案中提出了许多关于加强管理方面的建议和改进措施，列出需要制定制度的内容。

公司针对本轮清洁生产审核，制定了《环保管理制度》和《合理化建议管理制度》。

2. 建立和完善清洁生产激励机制

为认真贯彻落实《清洁生产促进法》和《清洁生产审核暂行办法》，持续推进清洁生产和清洁生产审核工作，××钢铁制定激励决策、制度如下。

① 制定了《清洁生产方案管理制度》和《清洁生产成果奖励制度》，鼓励和奖励全厂员工参与清洁生产。

② 结合生产例会，将持续清洁生产工作融入企业日常管理和决策。

③ 将清洁生产与环境保护培训纳入公司培训计划，加强对员工清洁生产和清洁生产审核的培训和教育，提高认识，自觉参与。

④ 结合生产实际，确定新的节能减排目标，并加以落实。

⑤ 为鼓励广大职工积极参与清洁生产活动，多提一些合理的建议或方案，公司决定由工会负责根据有关合理化建议奖励制度，对清洁生产工作中提出的合理化建议或方案被采纳以及研究开发出清洁生产新技术的员工，将给予精神表彰和物质奖励。

3. 保证清洁生产资金的来源

节能减排是国家的一项重要政策，也是清洁生产的目标。

经公司决策的清洁生产中/高费方案，由公司负责资金筹措。

经各工序决策的清洁生产中/高费方案所需资金，向公司统一申报，由公司负责资金筹措。

各工序实施的清洁生产无/低费方案所需资金，由各工序负责投入。

三、 持续清洁生产计划

1. 持续清洁生产计划

××钢铁持续清洁生产审核办公室和各工序持续清洁生产分支机构为了有效地将清洁生产在全公司中有组织、有计划地推进下去，制定出持续清洁生产计划，见表6-42。

表 6-42　××钢铁持续清洁生产计划

分类	序号	主要内容	时间安排	负责部门
本轮审核中未完成的中高费方案	1	煤气发电项目	～2013年12月	××钢铁持续清洁生产办公室
	2	440T双膜法水处理工程	～2012年年底	
	3	脱硫方案	～2012年10月	
	4	烧结余热发电	～2012年3月	
	5	料场挡风抑尘墙	～2012年10月	
	6	冷却塔降温风机改为水轮机	～2011年11月底	炼钢工序持续清洁生产分办公室
	7	80t一次除尘改进	～2011年12月	
	8	1#生产线投用润滑轧制	～2011年9月底	薄板厂持续清洁生产分办公室
	9	200m³液氮储罐保温效果差大修	～2011年8月底	制氧厂持续清洁生产分办公室
	10	液体管道保温效果差更换真空管道	～2011年8月底	
	11	二车间6500m³/h十字换热器更换	～2011年8月底	

续表

分类	序号	主要内容	时间安排	负责部门
各工序持续清洁生产计划	12	风机泵站冷却塔改造,以减少预除盐水的使用量,节约水资源	~2012 年 10 月	炼铁工序持续清洁生产分办公室
	13	用水口无流量计处,需加流量计。保证用水的准确计量和出现问题时及时维修		
	14	二钢优化煤气脱水器排污阀防冻保温措施	~2012 年年底	炼钢工序持续清洁生产分办公室
	15	二次除尘改进		
	16	三次除尘改进		
	17	80t 转炉下料溜管、炉体水冷水管加流量计		
	18	钢包渣脱氧工艺优化		
	19	完善上料系统除尘阀门的电控		
	20	回收汽包放散的水		
公司清洁生产计划	21	××钢铁南区综合治理项目——除尘改造、物流运输改造等	2011 年 7 月~2013 年 12 月	××钢铁持续清洁生产办公室促进方案实施
	22	××钢铁北区工区城市搬迁项目——新建 500 万吨钢铁项目		
	23	××钢铁南区拆迁项目——2×72m³ 烧结、1×450m³ 高炉、1×80t 转炉、轧钢厂第一、第二车间		
	24	冷却塔改造(有高温水需降温的,冷却方式的改造)		
培训计划		全员开展清洁生产知识培训,对相关技术人员进行清洁生产知识和审核技术培训,将清洁生产与公司的环保体系有机地结合起来。每年开展两次	2011 年 7 月~2013 年 12 月	××钢铁持续清洁生产办公室

2. 持续清洁生产应重点关注的新技术

参照国家钢铁行业清洁生产推行的先进技术,结合公司的生产实际情况,在技术服务公司的指导下,公司在持续清洁生产中应重点关注一下新技术,见表 6-43。

表 6-43　钢铁行业清洁生产技术推行方案

序号	技术名称	适用范围	技术主要内容	解决的主要问题
1	转底炉处理含铁尘泥生产技术	适用于大中型钢铁联合企业,经济规模为处理尘泥在 20 万吨以上	将含铁尘泥加上结合剂按照配比进行润磨混合,造球。经过干燥装入转底炉,利用炉内约 1300℃ 高温还原性气氛及球团中的碳产生还原反应,将氧化铁还原为金属化铁,同时将氧化锌的大部分亦还原为锌,回收	转底炉主要处理钢铁厂高炉、转炉、烧结生产过程中产生的各种以氧化物为主的含铁除尘灰、尘泥等固体废物,同时有效回收锌资源
2	钢渣微粉生产技术	适用于转炉炼钢企业	钢渣微粉的生产是水泥粉磨技术与选矿技术相结合的边缘技术,其核心技术就是渣与钢的分离粉磨技术和分级磁选技术。为了实现渣与钢的分离,采用选矿生产中常用的预粉磨技术;为了实现钢渣微粉的分离,采用风力分级与磁选相组合的工艺路线	此项技术不仅解决了钢渣中铁金属的回收利用,而且为钢渣尾渣找到了规模化、高附加值利用的最佳途径
3	烧结烟气循环富集技术	大中型烧结机	该技术是指将烧结总废气流中分出一部分返回烧结工艺的技术。具有大幅度减少废气排放量,并实现了废热再利用,减少 CO_2 排放	大幅度减少废气量,节省对粉尘、重金属、二噁英、SO_x、NO_x、HCl 和 HF 等末端治理的投资和运行成本。实现分段废气循环、组合废气循环或选择废气循环

续表

序号	技术名称	适用范围	技术主要内容	解决的主要问题
4	高炉喷吹废塑料技术	适用于钢铁联合企业	对回收废塑料经过颗粒加工预处理,类似高炉喷煤进行高炉喷吹。质地较硬的废塑料采取直接破碎的方法加工预处理;质地较软的废塑料采取熔融造粒的方法	消纳社会废塑料,节约煤粉消耗,减排CO_2

第九节　结论

2010 年 11 月~2011 年 6 月,按照××钢铁的工作部署,在外部专家指导下,制定了清洁生产审核运行计划,开展了清洁生产审核。遵循《清洁生产审核暂行办法》及《清洁生产审计手册》,经审核领导小组和审核小组的努力,调动了全公司厂职工的积极性,对生产工艺各环节,从八个方面挖掘潜力,投入资金,更新设施,淘汰落后技术,实施了 260 项无/低费方案和 30 项中/高费方案,较好地改善了我厂能源消耗现状,解决了煤气放散、浓盐水外排、水消耗高等主要问题,达到了提高系统效率、减少资源消耗、降低环境污染的效果,起到了节煤气、节电、节水、减污、增效的作用,取得了较好的经济效益和环境效益,为促进我公司清洁生产、节约生产、安全生产奠定了基础。

通过进行清洁生产审核,公司烧结工序能耗、烧结工序固体燃料消耗、450m³ 高炉喷煤量、1780m³ 高炉入炉焦比、炼钢工序钢铁料消耗等,均比审核前有了一定量的降低,高炉煤气和转炉煤气外排量全部用于发电,预除盐水经处理后的原外排浓盐水到高炉车间作为冲渣用,南区生产用水全部使用中水,公司整体清洁生产水平由审核前的不入级达到审核后的二级水平。共实施 260 项无/低费方案;已完成中高费方案 19 项,取得经济效益14986.735 万元/a。

但在总结成绩的同时,也清醒地看到自身还存在着环境保护、技术开发、工艺优化、员工综合素质提高等问题,还有许多清洁生产的潜力与机会等待我们去努力挖掘和实现。有针对性地提出多项可持续的清洁生产方案,主要有:本轮审核中未完成的中高费方案;炼铁工序的风机泵站冷却塔改造方案;炼钢工序二钢优化煤气脱水器排污阀防冻保温措施、二次除尘改进、三次除尘改进、80t 转炉下料溜管和炉体水冷水管加流量计、钢包渣脱氧工艺优化、完善上料系统除尘阀门的电控以及回收汽包放散的水等。

在持续清洁生产中,重点关注转底炉处理含铁尘泥生产技术、钢渣微粉生产技术、烧结烟气循环富集技术以及高炉喷吹废塑料技术等一系列先进生产技术,使我公司生产进一步节能、降耗。

附　录

附录1　中华人民共和国清洁生产促进法

（中华人民共和国主席令第五十四号）

《全国人民代表大会常务委员会关于修改〈中华人民共和国清洁生产促进法〉的决定》已由中华人民共和国第十一届全国人民代表大会常务委员会第二十五次会议于 2012 年 2 月 29 日通过，现予公布，自 2012 年 7 月 1 日起施行。

中华人民共和国主席　胡锦涛

2012 年 2 月 29 日

中华人民共和国清洁生产促进法

（2002 年 6 月 29 日第九届全国人民代表大会常务委员会第二十八次会议通过根据 2012 年 2 月 29 日第十一届全国人民代表大会常务委员会第二十五次会议《关于修改〈中华人民共和国清洁生产促进法〉的决定》修正）

目录

第一章　总则

第一条　为了促进清洁生产，提高资源利用效率，减少和避免污染物的产生，保护和改善环境，保障人体健康，促进经济与社会可持续发展，制定本法。

第二条　本法所称清洁生产，是指不断采取改进设计、使用清洁的能源和原料、采用先进的工艺技术与设备、改善管理、综合利用等措施，从源头削减污染，提高资源利用效率，减少或者避免生产、服务和产品使用过程中污染物的产生和排放，以减轻或者消除对人类健康和环境的危害。

第三条　在中华人民共和国领域内，从事生产和服务活动的单位以及从事相关管理活动的部门依照本法规定，组织、实施清洁生产。

第四条 国家鼓励和促进清洁生产。国务院和县级以上地方人民政府，应当将清洁生产促进工作纳入国民经济和社会发展规划、年度计划以及环境保护、资源利用、产业发展、区域开发等规划。

第五条 国务院清洁生产综合协调部门负责组织、协调全国的清洁生产促进工作。国务院环境保护、工业、科学技术、财政部门和其他有关部门，按照各自的职责，负责有关的清洁生产促进工作。

县级以上地方人民政府负责领导本行政区域内的清洁生产促进工作。县级以上地方人民政府确定的清洁生产综合协调部门负责组织、协调本行政区域内的清洁生产促进工作。县级以上地方人民政府其他有关部门，按照各自的职责，负责有关的清洁生产促进工作。

第六条 国家鼓励开展有关清洁生产的科学研究、技术开发和国际合作，组织宣传、普及清洁生产知识，推广清洁生产技术。

国家鼓励社会团体和公众参与清洁生产的宣传、教育、推广、实施及监督。

第二章 清洁生产的推行

第七条 国务院应当制定有利于实施清洁生产的财政税收政策。

国务院及其有关部门和省、自治区、直辖市人民政府，应当制定有利于实施清洁生产的产业政策、技术开发和推广政策。

第八条 国务院清洁生产综合协调部门会同国务院环境保护、工业、科学技术部门和其他有关部门，根据国民经济和社会发展规划及国家节约资源、降低能源消耗、减少重点污染物排放的要求，编制国家清洁生产推行规划，报经国务院批准后及时公布。

国家清洁生产推行规划应当包括：推行清洁生产的目标、主要任务和保障措施，按照资源能源消耗、污染物排放水平确定开展清洁生产的重点领域、重点行业和重点工程。

国务院有关行业主管部门根据国家清洁生产推行规划确定本行业清洁生产的重点项目，制定行业专项清洁生产推行规划并组织实施。

县级以上地方人民政府根据国家清洁生产推行规划、有关行业专项清洁生产推行规划，按照本地区节约资源、降低能源消耗、减少重点污染物排放的要求，确定本地区清洁生产的重点项目，制定推行清洁生产的实施规划并组织落实。

第九条 中央预算应当加强对清洁生产促进工作的资金投入，包括中央财政清洁生产专项资金和中央预算安排的其他清洁生产资金，用于支持国家清洁生产推行规划确定的重点领域、重点行业、重点工程实施清洁生产及其技术推广工作，以及生态脆弱地区实施清洁生产的项目。中央预算用于支持清洁生产促进工作的资金使用的具体办法，由国务院财政部门、清洁生产综合协调部门会同国务院有关部门制定。

县级以上地方人民政府应当统筹地方财政安排的清洁生产促进工作的资金，引导社会资金，支持清洁生产重点项目。

第十条 国务院和省、自治区、直辖市人民政府的有关部门，应当组织和支持建立促进清洁生产信息系统和技术咨询服务体系，向社会提供有关清洁生产方法和技术、可再生利用的废物供求以及清洁生产政策等方面的信息和服务。

第十一条 国务院清洁生产综合协调部门会同国务院环境保护、工业、科学技术、建设、农业等有关部门定期发布清洁生产技术、工艺、设备和产品导向目录。

国务院清洁生产综合协调部门、环境保护部门和省、自治区、直辖市人民政府负责清洁生产综合协调的部门、环境保护部门会同同级有关部门，组织编制重点行业或者地区的清洁生产指南，指导实施清洁生产。

第十二条　国家对浪费资源和严重污染环境的落后生产技术、工艺、设备和产品实行限期淘汰制度。国务院有关部门按照职责分工，制定并发布限期淘汰的生产技术、工艺、设备以及产品的名录。

第十三条　国务院有关部门可以根据需要批准设立节能、节水、废物再生利用等环境与资源保护方面的产品标志，并按照国家规定制定相应标准。

第十四条　县级以上人民政府科学技术部门和其他有关部门，应当指导和支持清洁生产技术和有利于环境与资源保护的产品的研究、开发以及清洁生产技术的示范和推广工作。

第十五条　国务院教育部门，应当将清洁生产技术和管理课程纳入有关高等教育、职业教育和技术培训体系。

县级以上人民政府有关部门组织开展清洁生产的宣传和培训，提高国家工作人员、企业经营管理者和公众的清洁生产意识，培养清洁生产管理和技术人员。

新闻出版、广播影视、文化等单位和有关社会团体，应当发挥各自优势做好清洁生产宣传工作。

第十六条　各级人民政府应当优先采购节能、节水、废物再生利用等有利于环境与资源保护的产品。

各级人民政府应当通过宣传、教育等措施，鼓励公众购买和使用节能、节水、废物再生利用等有利于环境与资源保护的产品。

第十七条　省、自治区、直辖市人民政府负责清洁生产综合协调的部门、环境保护部门，根据促进清洁生产工作的需要，在本地区主要媒体上公布未达到能源消耗控制指标、重点污染物排放控制指标的企业的名单，为公众监督企业实施清洁生产提供依据。

列入前款规定名单的企业，应当按照国务院清洁生产综合协调部门、环境保护部门的规定公布能源消耗或者重点污染物产生、排放情况，接受公众监督。

第三章　清洁生产的实施

第十八条　新建、改建和扩建项目应当进行环境影响评价，对原料使用、资源消耗、资源综合利用以及污染物产生与处置等进行分析论证，优先采用资源利用率高以及污染物产生量少的清洁生产技术、工艺和设备。

第十九条　企业在进行技术改造过程中，应当采取以下清洁生产措施：

（一）采用无毒、无害或者低毒、低害的原料，替代毒性大、危害严重的原料；

（二）采用资源利用率高、污染物产生量少的工艺和设备，替代资源利用率低、污染物产生量多的工艺和设备；

（三）对生产过程中产生的废物、废水和余热等进行综合利用或者循环使用；

（四）采用能够达到国家或者地方规定的污染物排放标准和污染物排放总量控制指标的污染防治技术。

第二十条　产品和包装物的设计，应当考虑其在生命周期中对人类健康和环境的影响，优先选择无毒、无害、易于降解或者便于回收利用的方案。

企业对产品的包装应当合理，包装的材质、结构和成本应当与内装产品的质量、规格和成本相适应，减少包装性废物的产生，不得进行过度包装。

第二十一条　生产大型机电设备、机动运输工具以及国务院工业部门指定的其他产品的企业，应当按照国务院标准化部门或者其授权机构制定的技术规范，在产品的主体构件上注明材料成分的标准牌号。

第二十二条　农业生产者应当科学地使用化肥、农药、农用薄膜和饲料添加剂，改进种植和养殖技术，实现农产品的优质、无害和农业生产废物的资源化，防止农业环境污染。

禁止将有毒、有害废物用作肥料或者用于造田。

第二十三条　餐饮、娱乐、宾馆等服务性企业，应当采用节能、节水和其他有利于环境保护的技术和设备，减少使用或者不使用浪费资源、污染环境的消费品。

第二十四条　建筑工程应当采用节能、节水等有利于环境与资源保护的建筑设计方案、建筑和装修材料、建筑构配件及设备。

建筑和装修材料必须符合国家标准。禁止生产、销售和使用有毒、有害物质超过国家标准的建筑和装修材料。

第二十五条　矿产资源的勘查、开采，应当采用有利于合理利用资源、保护环境和防止污染的勘查、开采方法和工艺技术，提高资源利用水平。

第二十六条　企业应当在经济技术可行的条件下对生产和服务过程中产生的废物、余热等自行回收利用或者转让给有条件的其他企业和个人利用。

第二十七条　企业应当对生产和服务过程中的资源消耗以及废物的产生情况进行监测，并根据需要对生产和服务实施清洁生产审核。

有下列情形之一的企业，应当实施强制性清洁生产审核：

（一）污染物排放超过国家或者地方规定的排放标准，或者虽未超过国家或者地方规定的排放标准，但超过重点污染物排放总量控制指标的；

（二）超过单位产品能源消耗限额标准构成高耗能的；

（三）使用有毒、有害原料进行生产或者在生产中排放有毒、有害物质的。

污染物排放超过国家或者地方规定的排放标准的企业，应当按照环境保护相关法律的规定治理。

实施强制性清洁生产审核的企业，应当将审核结果向所在地县级以上地方人民政府负责清洁生产综合协调的部门、环境保护部门报告，并在本地区主要媒体上公布，接受公众监督，但涉及商业秘密的除外。

县级以上地方人民政府有关部门应当对企业实施强制性清洁生产审核的情况进行监督，必要时可以组织对企业实施清洁生产的效果进行评估验收，所需费用纳入同级政府预算。承担评估验收工作的部门或者单位不得向被评估验收企业收取费用。

实施清洁生产审核的具体办法，由国务院清洁生产综合协调部门、环境保护部门会同国务院有关部门制定。

第二十八条　本法第二十七条第二款规定以外的企业，可以自愿与清洁生产综合协调部门和环境保护部门签订进一步节约资源、削减污染物排放量的协议。该清洁生产综合协调部门和环境保护部门应当在本地区主要媒体上公布该企业的名称以及节约资源、防治污染的成果。

第二十九条　企业可以根据自愿原则，按照国家有关环境管理体系等认证的规定，委托经国务院认证认可监督管理部门认可的认证机构进行认证，提高清洁生产水平。

第四章　鼓励措施

第三十条　国家建立清洁生产表彰奖励制度。对在清洁生产工作中做出显著成绩的单位和个人，由人民政府给予表彰和奖励。

第三十一条　对从事清洁生产研究、示范和培训，实施国家清洁生产重点技术改造项目和本法第二十八条规定的自愿节约资源、削减污染物排放量协议中载明的技术改造项目，由县级以上人民政府给予资金支持。

第三十二条　在依照国家规定设立的中小企业发展基金中，应当根据需要安排适当数额用于支持中小企业实施清洁生产。

第三十三条　依法利用废物和从废物中回收原料生产产品的，按照国家规定享受税收优惠。

第三十四条　企业用于清洁生产审核和培训的费用，可以列入企业经营成本。

第五章　法律责任

第三十五条　清洁生产综合协调部门或者其他有关部门未依照本法规定履行职责的，对直接负责的主管人员和其他直接责任人员依法给予处分。

第三十六条　违反本法第十七条第二款规定，未按照规定公布能源消耗或者重点污染物产生、排放情况的，由县级以上地方人民政府负责清洁生产综合协调的部门、环境保护部门按照职责分工责令公布，可以处十万元以下的罚款。

第三十七条　违反本法第二十一条规定，未标注产品材料的成分或者不如实标注的，由县级以上地方人民政府质量技术监督部门责令限期改正；拒不改正的，处以五万元以下的罚款。

第三十八条　违反本法第二十四条第二款规定，生产、销售有毒、有害物质超过国家标准的建筑和装修材料的，依照产品质量法和有关民事、刑事法律的规定，追究行政、民事、刑事法律责任。

第三十九条　违反本法第二十七条第二款、第四款规定，不实施强制性清洁生产审核或者在清洁生产审核中弄虚作假的，或者实施强制性清洁生产审核的企业不报告或者不如实报告审核结果的，由县级以上地方人民政府负责清洁生产综合协调的部门、环境保护部门按照职责分工责令限期改正；拒不改正的，处以五万元以上五十万元以下的罚款。

违反本法第二十七条第五款规定，承担评估验收工作的部门或者单位及其工作人员向被评估验收企业收取费用的，不如实评估验收或者在评估验收中弄虚作假的，或者利用职务上的便利谋取利益的，对直接负责的主管人员和其他直接责任人员依法给予处分；构成犯罪的，依法追究刑事责任。

第六章　附则

第四十条　本法自 2003 年 1 月 1 日起施行。

附录2　清洁生产审核办法

中华人民共和国国家发展和改革委员会　中华人民共和国环境保护部令　第38号

为落实《中华人民共和国清洁生产促进法》（2012年），进一步规范清洁生产审核程序，更好地指导地方和企业开展清洁生产审核，我们对《清洁生产审核暂行办法》进行了修订。现将修订后的《清洁生产审核办法》予以发布，并于2016年7月1日起正式实施，2004年8月16日颁布的《清洁生产审核暂行办法》（国家发展和改革委员会、原国家环境保护总局第16号令）同时废止。

国家发展和改革委员会主任：徐绍史

环境保护部部长：陈吉宁

2016年5月16日

清洁生产审核办法

第一章　　总则

第一条　为促进清洁生产，规范清洁生产审核行为，根据《中华人民共和国清洁生产促进法》，制定本办法。

第二条　本办法所称清洁生产审核，是指按照一定程序，对生产和服务过程进行调查和诊断，找出能耗高、物耗高、污染重的原因，提出降低能耗、物耗、废物产生以及减少有毒有害物料的使用、产生和废物资源化利用的方案，进而选定并实施技术经济及环境可行的清洁生产方案的过程。

第三条　本办法适用于中华人民共和国领域内所有从事生产和服务活动的单位以及从事相关管理活动的部门。

第四条　国家发展和改革委员会会同环境保护部负责全国清洁生产审核的组织、协调、指导和监督工作。县级以上地方人民政府确定的清洁生产综合协调部门会同环境保护主管部门、管理节能工作的部门（以下简称"节能主管部门"）和其他有关部门，根据本地区实际情况，组织开展清洁生产审核。

第五条　清洁生产审核应当以企业为主体，遵循企业自愿审核与国家强制审核相结合、企业自主审核与外部协助审核相结合的原则，因地制宜、有序开展、注重实效。

第二章　　清洁生产审核范围

第六条　清洁生产审核分为自愿性审核和强制性审核。

第七条　国家鼓励企业自愿开展清洁生产审核。本办法第八条规定以外的企业，可以自愿组织实施清洁生产审核。

第八条　有下列情形之一的企业，应当实施强制性清洁生产审核：

（一）污染物排放超过国家或者地方规定的排放标准，或者虽未超过国家或者地方规定的排放标准，但超过重点污染物排放总量控制指标的；

（二）超过单位产品能源消耗限额标准构成高耗能的；

（三）使用有毒有害原料进行生产或者在生产中排放有毒有害物质的。其中有毒有害原料或质包括以下几类：

第一类，危险废物。包括列入《国家危险废物名录》的危险废物，以及根据国家规定的危险废物鉴别标准和鉴别方法认定的具有危险特性的废物。

第二类，剧毒化学品、列入《重点环境管理危险化学品目录》的化学品，以及含有上述化学品的物质。

第三类，含有铅、汞、镉、铬等重金属和类金属砷的物质。

第四类，《关于持久性有机污染物的斯德哥尔摩公约》附件所列物质。

第五类，其他具有毒性、可能污染环境的物质。

第三章　清洁生产审核的实施

第九条　本办法第八条第（一）款、第（三）款规定实施强制性清洁生产审核的企业名单，由所在地县级以上环境保护主管部门按照管理权限提出，逐级报省级环境保护主管部门核定后确定，根据属地原则书面通知企业，并抄送同级清洁生产综合协调部门和行业管理部门。

本办法第八条第（二）款规定实施强制性清洁生产审核的企业名单，由所在地县级以上节能主管部门按照管理权限提出，逐级报省级节能主管部门核定后确定，根据属地原则书面通知企业，并抄送同级清洁生产综合协调部门和行业管理部门。

第十条　各省级环境保护主管部门、节能主管部门应当按照各自职责，分别汇总提出应当实施强制性清洁生产审核的企业单位名单，

由清洁生产综合协调部门会同环境保护主管部门或节能主管部门，在官方网站或采取其他便于公众知晓的方式分期分批发布。

第十一条　实施强制性清洁生产审核的企业，应当在名单公布后一个月内，在当地主要媒体、企业官方网站或采取其他便于公众知晓的方式公布企业相关信息。

（一）本办法第八条第（一）款规定实施强制性清洁生产审核的企业，公布的主要信息包括：企业名称、法人代表、企业所在地址、排放污染物名称、排放方式、排放浓度和总量、超标及超总量情况。

（二）本办法第八条第（二）款规定实施强制性清洁生产审核的企业，公布的主要信息包括：企业名称、法人代表、企业所在地址、主要能源品种及消耗量、单位产值能耗、单位产品能耗、超过单位产品能耗限额标准情况。

（三）本办法第八条第（三）款规定实施强制性清洁生产审核的企业，公布的主要信息包括：企业名称、法人代表、企业所在地址、使用有毒有害原料的名称、数量、用途，排放有毒有害物质的名称、浓度和数量，危险废物的产生和处置情况，依法落实环境风险防控措施情况等。

（四）符合本办法第八条两款以上情况的企业，应当参照上述要求同时公布相关信息。企业应对其公布信息的真实性负责。

第十二条　列入实施强制性清洁生产审核名单的企业应当在名单公布后两个月内开展清洁生产审核。

本办法第八条第（三）款规定实施强制性清洁生产审核的企业，两次清洁生产审核的间隔时间不得超过五年。

第十三条　自愿实施清洁生产审核的企业可参照强制性清洁生产审核的程序开展审核。

第十四条　清洁生产审核程序原则上包括审核准备、预审核、审核、方案的产生和筛选、方案的确定、方案的实施、持续清洁生产等。

第四章　清洁生产审核的组织和管理

第十五条　清洁生产审核以企业自行组织开展为主。实施强制性清洁生产审核的企业，如果自行独立组织开展清洁生产审核，应具备本办法第十六条第（二）款、第（三）款的条件。

不具备独立开展清洁生产审核能力的企业，可以聘请外部专家或委托具备相应能力的咨询服务机构协助开展清洁生产审核。

第十六条　协助企业组织开展清洁生产审核工作的咨询服务机构，应当具备下列条件：

（一）具有独立法人资格，具备为企业清洁生产审核提供公平、公正和高效率服务的质量保证体系和管理制度。

（二）具备开展清洁生产审核物料平衡测试、能量和水平衡测试的基本检测分析器具、设备或手段。

（三）拥有熟悉相关行业生产工艺、技术规程和节能、节水、污染防治管理要求的技术人员。

（四）拥有掌握清洁生产审核方法并具有清洁生产审核咨询经验的技术人员。

第十七条　列入本办法第八条第（一）款和第（三）款规定实施强制性清洁生产审核的企业，应当在名单公布之日起一年内，完成本轮清洁生产审核并将清洁生产审核报告报当地县级以上环境保护主管部门和清洁生产综合协调部门。

列入第八条第（二）款规定实施强制性清洁生产审核的企业，应当在名单公布之日起一年内，完成本轮清洁生产审核并将清洁生产审核报告报当地县级以上节能主管部门和清洁生产综合协调部门。

第十八条　县级以上清洁生产综合协调部门应当会同环境保护主管部门、节能主管部门，对企业实施强制性清洁生产审核的情况进行监督，督促企业按进度开展清洁生产审核。

第十九条　有关部门以及咨询服务机构应当为实施清洁生产审核的企业保守技术和商业秘密。

第二十条　县级以上环境保护主管部门或节能主管部门，应当在各自的职责范围内组织清洁生产专家或委托相关单位，对以下企业实施清洁生产审核的效果进行评估验收：

（一）国家考核的规划、行动计划中明确指出需要开展强制性清洁生产审核工作的企业。

（二）申请各级清洁生产、节能减排等财政资金的企业。

上述涉及本办法第八条第（一）款、第（三）款规定实施强制性清洁生产审核企业的评估验收工作由县级以上环境保护主管部门牵头，涉及本办法第八条第（二）款规定实施强制性清洁生产审核企业的评估验收工作由县级以上节能主管部门牵头。

第二十一条　对企业实施清洁生产审核评估的重点是对企业清洁生产审核过程的真实性、清洁生产审核报告的规范性、清洁生产方案的合理性和有效性进行评估。

第二十二条　对企业实施清洁生产审核的效果进行验收，应当包括以下主要内容：

（一）企业实施完成清洁生产方案后，污染减排、能源资源利用效率、工艺装备控制、产品和服务等改进效果，环境、经济效益是否达到预期目标。

（二）按照清洁生产评价指标体系，对企业清洁生产水平进行评定。

第二十三条　对本办法第二十条中企业实施清洁生产审核效果的评估验收，所需费用由组织评估验收的部门报请地方政府纳入预算。承担评估验收工作的部门或者单位不得向被评估验收企业收取费用。

第二十四条　自愿实施清洁生产审核的企业如需评估验收，可参照强制性清洁生产审核的相关条款执行。

第二十五条　清洁生产审核评估验收的结果可作为落后产能界定等工作的参考依据。

第二十六条　县级以上清洁生产综合协调部门会同环境保护主管部门、节能主管部门，应当每年定期向上一级清洁生产综合协调部门和环境保护主管部门、节能主管部门报送辖区内企业开展清洁生产审核情况、评估验收工作情况。

第二十七条　国家发展和改革委员会、环境保护部会同相关部门建立国家级清洁生产专家库，发布行业清洁生产评价指标体系、重点行业清洁生产审核指南，组织开展清洁生产培训，为企业开展清洁生产审核提供信息和技术支持。

各级清洁生产综合协调部门会同环境保护主管部门、节能主管部门可以根据本地实际情况，组织开展清洁生产培训，建立地方清洁生产专家库。

第五章　奖励和处罚

第二十八条　对自愿实施清洁生产审核，以及清洁生产方案实施后成效显著的企业，由省级清洁生产综合协调部门和环境保护主管部门、节能主管部门对其进行表彰，并在当地主要媒体上公布。

第二十九条　各级清洁生产综合协调部门及其他有关部门在制定实施国家重点投资计划和地方投资计划时，应当将企业清洁生产实施方案中的提高能源资源利用效率、预防污染、综合利用等清洁生产项目列为重点领域，加大投资支持力度。

第三十条　排污费资金可以用于支持企业实施清洁生产。对符合《排污费征收使用管理条例》规定的清洁生产项目，各级财政部门、环境保护部门在排污费使用上优先给予安排。

第三十一条　企业开展清洁生产审核和培训的费用，允许列入企业经营成本或者相关费用科目。

第三十二条　企业可以根据实际情况建立企业内部清洁生产表彰奖励制度，对清洁生产审核工作中成效显著的人员给予奖励。

第三十三条　对本办法第八条规定实施强制性清洁生产审核的企业，违反本办法第十一条规定的，按照《中华人民共和国清洁生产促进法》第三十六条规定处罚。

第三十四条　违反本办法第八条、第十七条规定，不实施强制性清洁生产审核或在审核中弄虚作假的，或者实施强制性清洁生产审核的企业不报告或者不如实报告审核结果的，按照《中华人民共和国清洁生产促进法》第三十九条规定处罚。

第三十五条　企业委托的咨询服务机构不按照规定内容、程序进行清洁生产审核，弄虚作假、提供虚假审核报告的，由省、自治区、直辖市、计划单列市及新疆生产建设兵团清洁生产综合协调部门会同环境保护主管部门或节能主管部门责令其改正，并公布其名单。造成严重后果的，追究其法律责任。

第三十六条　对违反本办法相关规定受到处罚的企业或咨询服务机构，由省级清洁生产综合协调部门和环境保护主管部门、节能主管部门建立信用记录，归集至全国信用信息共享平台，会同其他有关部门和单位实行联合惩戒。

第三十七条　有关部门的工作人员玩忽职守，泄露企业技术和商业秘密，造成企业经济损失的，按照国家相应法律法规予以处罚。

第六章　附则

第三十八条　本办法由国家发展和改革委员会和环境保护部负责解释。

第三十九条　各省、自治区、直辖市、计划单列市及新疆生产建设兵团可以依照本办法制定实施细则。

第四十条　本办法自 2016 年 7 月 1 日起施行。原《清洁生产审核暂行办法》（国家发展和改革委员会、国家环境保护总局令第 16 号）同时废止。

附录 3 调查工作用表

工作表 1-1 审计小组成员表

姓名	审计小组职务	来自部门及职务职称	专业	职责	应投入的时间

制表：_____ 审核_____ 第_____页 共_____页

注：若仅设立一个审计小组，则依次填写即可，若分别设立了审计领导小组和工作小组，则可分成两表或在一表内隔开填写。

工作表 1-2 审计工作计划表

阶段	工作内容	完成时间	责任部门及负责人	考核部门及人员	产出
1. 筹划和组织					
2. 预评估					
3. 评估					
4. 方案产生和筛选					
5. 中期审计报告					
6. 可行性分析					
7. 方案实施					
8. 持续清洁生产					
9. 审计报告					

制表：_____ 审核_____ 第_____页 共_____页

工作表 2-1 企业简述

企业名称：_____ 所属行业：_____

企业类型：_____ 法人代表：_____

地址及邮政编码_____

电话及传真：_____ 联系人：_____

主要产品、生产能力及工艺：

关键设备

年末职工总数：_____ 技术人员总数：_____

企业固定资产总值：_____

企业年总产值：_____ 年总利税：_____

建厂日期：_____ 投产日期：_____

其他：

制表：_____ 审核_____ 第_____页 共_____页

工作表 2-2　资料收集名录

序号	内容	可否获得（是或否）	来源	获取方法	备注
1	平面布置图				
2	组织机构图				
3	工艺流程图				
4	物料平衡资料				
5	水平衡资料				
6	能源衡算资料				
7	产品质量记录				
8	原辅材料消耗及成本				
9	水、燃料、电力消耗及其成本				
10	企业环境方面的资料				
11	企业设备及管线资料				
12	生产管理资料				

制表：_____　审核_____　第_____页　共_____页

工作表 2-3　环保设施状况表

设施名称_____处理废物种类_____建成时间_____折旧年限_____
建设投资_____（万元）设计处理量_____实际处理量_____年运行费_____（万元）
年耗电量_____（千瓦时）运行天数_____（天/年）_____（天/月）监测频率_____（次/月）
设施运行效果

污染物名称	实际处理量		入口浓度			出口浓度			污染物去除量	说明
	平均值	最大值	平均值	最高值	最低值	平均值	最高值	最低值		

处理方法及工艺流程简图

制表：_____　审核_____　第_____页　共_____页
注：环保设施包括废水、废气、固废、噪声处理设施以及综合利用设施

工作表 2-4　企业环保达标及污染事故调查表

一、环保达标情况
1. 采取的标准

2. 达标情况

3. 排污费
4. 罚款与赔偿

二、重大污染事故
1. 简述
2. 原因分析
3. 处理与善后措施

制表：_____　审核_____　第_____页　共_____页

工作表 2-5　工段生产情况表

工段名称:＿＿＿＿＿＿＿＿＿＿＿＿＿＿＿＿＿＿＿＿＿＿＿＿＿＿

工段简述:

工段生产类型　　　　　　　　　　　　□连续
　　　　　　　　　　　　　　　　　　□间歇加工
　　　　　　　　　　　　　　　　　　□批量生产
　　　　　　　　　　　　　　　　　　□其他＿＿＿＿＿

制表:＿＿＿＿＿＿　审核＿＿＿＿＿＿　第＿＿＿＿页　共＿＿＿＿页

工作表 2-6　产品设计信息

产品名称＿＿＿＿＿＿＿＿＿＿＿＿＿＿

问题	描述
1. 产品能满足哪些功能?	
2. 产品是否进行转变或功能改进?	
3. 其功能能否更符合保护环境的要求?	
4. 使用哪些物料(包括新的物料)?	
5. 现用物料对环境有何影响?	
6. 今后使用的物料对环境有何影响?	
7. 产品(产品设计)是否便于拆卸和维修?	
8. 包括多少组件?	
9. 拆卸需要多少时间?	
10. 不拆卸对废物处理有什么后果?	
11. 使用期限有多长?	
12. 哪些组件决定其使用期限?	
13. 那些决定使用期限的组件是否易于更换?	
14. 产品/物料使用后有多大的回用可能性?	
15. 产品组件或物料有多大的回用可能性?	
16. 如何提高产品/物料回用的可能性?	
17. 提高产品/物料回用存在的问题?	
18. 能否减少或消除这些问题?	
19. 能否通过贴标签增强对物料的识别? 需要什么样的机会?	
20. 这样做对环境和能源方面有什么影响?	

制表:＿＿＿＿＿＿　审核＿＿＿＿＿＿　第＿＿＿＿页　共＿＿＿＿页

工作表 2-7　输入物料汇总表

工段名称＿＿＿＿＿＿＿＿＿＿＿＿＿＿

项目		物料		
		物料号:	物料号:	物料号:
物料种类				
名称				
物料功能				
有害成分及特性				
活性成分及特性				
有害成分浓度				
年消耗量	总计			
	有害成分			
单位价格				
年总成本				
输入方法				

续表

项目	物料		
	物料号：	物料号：	物料号：
包装方法			
储存方法			
内部运输方法			
包装材料管理			
库存管理			
储存期限			
可能的替代物料			
供应商是否回收　到储存期限的物料			
包装材料			
可能选择的供应商			
其他资料			

制表：_____ 审核_____ 第_____页 共_____页

注：（1）按照工段分别填写

（2）"输入物料"指生产中使用的所有物料，其中有些未包含在最终产品中，如清洁剂、润滑油脂等。

（3）物料号应尽量与工艺流程图中的号相一致。

（4）"物料功能"，指原料、产品、清洁剂、包装材料等。

（5）"输送方式"指管线、槽车、卡车等。

（6）"包装方式"指200升容器、纸袋、罐等。

（7）"储存方式"指又掩盖、仓库、无掩盖、地上等。

（8）"内部运输方式"，指用泵、叉车、气动运送、输送带等

（9）"包装材料管理"，指排放、清洁后重复使用、退回供应商、押金系统等。

（10）"库存管理"，指先进先出或后进后出。

工作表 2-8　产品汇总

工段名称_____

项目	产品		
	物料号：	物料号：	物料号：
产品种类			
名称			
有害成分特性			
年产量　　总计			
有害成分			
运输方法			
包装方法			
就地储存方法			
包装能否回收（是/否）			
储存期限			
客户是否准备　接受其他规格的产品			
接受其他包装方式			
其他资料			

制表：_____ 审核_____ 第_____页 共_____页

注：这些产品号应尽量与工艺流程图上的号相一致。

工作表 2-9　废物特性

工段名称＿＿＿＿＿＿＿＿＿＿＿

1. 废物名称＿＿＿＿＿＿＿＿＿＿＿＿＿＿＿＿＿＿＿＿＿＿＿＿＿＿＿＿＿＿
2. 废物特性＿＿＿＿＿＿＿＿＿＿＿＿＿＿＿＿＿＿＿＿＿＿＿＿＿＿＿＿＿＿＿＿

化学和物理特性简介（如有分析报告请附上）＿＿＿＿＿＿＿＿＿＿＿＿＿＿

有害成分＿＿＿＿＿＿＿＿＿＿＿＿＿＿＿＿＿＿＿＿＿＿＿＿＿＿＿＿＿

有害成分浓度（如有分析报告请附上）＿＿＿＿＿＿＿＿＿＿＿＿

有害成分及废物所执行的环境标准/法规＿＿＿＿＿＿＿＿＿＿＿

有害成分及废物所造成的问题＿＿＿＿＿＿＿＿＿＿＿＿＿＿＿＿

3. 排放种类

□连续

□不连续

类型　　　　　　　　　□周期性＿＿＿＿＿＿＿＿＿　　　□周期时间＿＿＿＿＿＿＿＿＿＿

　　　　　　　　　□偶尔发生（无规律）

4. 产生量

5. 排放量

最大＿＿＿＿＿＿＿＿＿＿　　　平均＿＿＿＿＿＿＿＿＿＿＿＿＿＿＿

6. 处理处置方式＿＿＿＿＿＿＿＿＿＿＿＿＿＿＿＿＿＿＿＿＿＿＿＿＿＿＿

7. 发生源＿＿＿＿＿＿＿＿＿＿＿＿＿＿＿＿＿＿＿＿＿＿＿＿＿＿＿＿＿

8. 发生形式＿＿＿＿＿＿＿＿＿＿＿＿＿＿＿＿＿＿＿＿＿＿＿＿＿＿＿＿＿

9. 是否分流

　　□是

□否，与何种废物合流＿＿＿＿＿＿＿＿＿＿＿＿＿＿＿＿＿＿＿＿＿＿

制表：＿＿＿＿＿＿　审核＿＿＿＿＿＿　第＿＿＿＿＿页　共＿＿＿＿＿页

工作表 2-10　企业历年原辅材料和能源消耗表

主要原辅材料和能源	单位	使用部位	近三年年消耗量			近三年单位产品消耗量			备注
						实耗		定额	

制表：＿＿＿＿＿＿　审核＿＿＿＿＿＿　第＿＿＿＿＿页　共＿＿＿＿＿页

注：备注栏中填写与国内外同类先进企业的对比情况。

工作表 2-11　企业历年产品情况表

产品名称	生产车间	产品单位	近三年年产量			近三年年产值			占总产值比例			备注

制表：＿＿＿＿＿＿　审核＿＿＿＿＿＿　第＿＿＿＿＿页　共＿＿＿＿＿页

工作表 2-12　企业历年废物流情况表

类别	名称	近三年年排放量			近三年单位产品消耗量			备注
					实排		定额	
废水	废水量							
废气	废气量							
固废	总废渣量							
	有毒废渣							
	炉渣							
	垃圾							
其他								

制表：_____　审核_____　第_____页　共_____页

注：(1) 备注栏中填写与国内外同类先进企业的对比情况。

(2) 其他栏中可填写物料流失情况

工作表 2-13　企业废物产生原因分析表

主要废弃物产生源	原因分类							
	原辅材料和能源	技术工艺	设备	过程控制	产品	废物特性	管理	员工

制表：_____　审核_____　第_____页　共_____页

工作表 3-1　设计重点资料收集名录

序号	内容	可否获得（是或否）	来源	获取方法	备注
1	平面布置图				
2	组织机构图				
3	工艺流程图				
4	各单元操作工艺流程图				
5	工艺设备流程图				

续表

序号	内容	可否获得 (是或否)	来源	获取方法	备注
6	输入物料汇总				参见工作表 2-7
7	产品汇总				参见工作表 2-8
8	废物特性				参见工作表 2-9
9	历年原辅材料和能源消耗表				参见工作表 2-10
10	历年产品情况表				参见工作表 2-11
11	历年废物流情况表				参见工作表 2-12

制表：_____ 审核_____ 第_____页 共_____页

注：审计重点的许多检查表与预评估阶段各工段检查表（如工作表 2-7 至工作表 2-12）的形式完全一样，只是把内容由"工段"细化为审计重点的"操作单元"即可，以后表格不再重复列出。

工作表 3-2　审计重点单元操作功能说明表

单元操作名称	功能

制表：_____ 审核_____ 第_____页 共_____页

工作表 3-3　审计重点物流实测准备表

序号	监测点位置及名称	检测项目及频率								备注
		项目	频率	项目	频率	项目	频率	项目	频率	

制表：_____ 审核_____ 第_____页 共_____页

工作表 3-4　审计重点物流实测数据表

序号	监测点名称	取样时间	实测结果		备注

制表：_____ 审核_____ 第_____页 共_____页

注：备注栏中填写取样时的工矿条件。

工作表 3-5　审计重点废物产生原因分析表

废物产生部位	废物名称	影响因素							
		原辅材料和能源	技术工艺	设备	过程控制	产品	废弃物特性	管理	员工

制表：_____　审核_____　第_____页　共_____页

工作表 4-1　清洁生产合理化建议表

姓名_____　部门_____　联系电话_____

建议的主要内容：

可能产生的效益估算：

所需的投入估算

制表：_____　审核_____　第_____页　共_____页

工作表 4-2　方案汇总表

方案类型	方案编号	方案名称	方案简介	预计投资	预计效果	
					环境效益	经济效益
原辅材料和能源替代						
技术工艺改造						
设备维护和更新						
过程优化控制						
产品更换或改进						
废物回收利用和循环使用						
加强管理						
员工素质的提高及积极性的激励						

制表：_____　审核_____　第_____页　共_____页

工作表 4-3　方案的权重总和计分排序表

权重因素	权重值 (W)	方案得分($R=1\sim10$)			
		名称：	名称：	名称：	名称：
环境效果					
经济可行性					
技术可行性					
可实施性					

权重因素	权重值 (W)	方案得分 (R=1~10)			
		名称：	名称：	名称：	名称：
总分 ($\sum W \times R$)					
排序					

制表：_____　审核_____　第_____页　共_____页

工作表 4-4　方案筛选结果汇总表

筛选结果	方案编号	方案名称
可行的无/低费方案		
初步可行的中/高费方案		
不可行方案		

制表：_____　审核_____　第_____页　共_____页

工作表 4-5　方案说明表

方案编号及名称	
要点	
主要设备	
主要技术经济指标(包括费用及效益)	
可能的环境影响	

制表：_____　审核_____　第_____页　共_____页

工作表 4-6　无/低费方案实施效果的核定与汇总表

方案编号	方案名称	实施时间	投资	运行费	经济效益	环境效果	
	小计						

制表：_____　审核_____　第_____页　共_____页

工作表 5-1　投资费用统计表

1. 基础投资_____

(1)固定资产投资_____

①设备购置_____

②物料和场地准备_____

③与公用设施连接费(配套工程费)_____

(2)无形资产投资_____

①专利或技术转让费_____

②土地使用费_____

③增容费_____

(3)开办费_____

①项目前期费用_____

②筹建管理费_____

③人员培训费_____

④试车和验收的费用_____

(4)不可预见费_____

2. 建设期利息_____

3. 项目流动资金_____

(1)原材料、燃料占用资金的增加_____

(2)在制品占用资金的增加_____

(3)产成品占用资金的增加_____

(4)库存现金的增加_____

(5)应收账款的增加_____

(6)应付账款的增加_____

总投资汇总 1+2+3 _____

4. 补贴_____

总投资费用 1+2+3 _____

制表：_____　审核_____　第_____页　共_____页

工作表 5-2 运行费用和收益统计表

可行性分析方案名称：

1. 年运行费用总节省金额(P)＿＿＿＿＿＿＿＿＿＿＿

$P=(1)+(2)$＿＿＿＿＿＿＿＿＿＿＿

(1)收入增加额＿＿＿＿＿＿＿＿＿＿＿

①由于产量增加的收入＿＿＿＿＿＿＿＿＿＿＿

②由于质量提高,价格提高的收入增加＿＿＿＿＿＿＿＿＿＿＿

③专项财政收益＿＿＿＿＿＿＿＿＿＿＿

④其他收入增加额＿＿＿＿＿＿＿＿＿＿＿

(2)总运行费用的减少额＿＿＿＿＿＿＿＿＿＿＿

①原材料消耗的减少＿＿＿＿＿＿＿＿＿＿＿

②动力和燃料费用的减少＿＿＿＿＿＿＿＿＿＿＿

③工资和燃烧费用的减少＿＿＿＿＿＿＿＿＿＿＿

④其他运行费用的减少＿＿＿＿＿＿＿＿＿＿＿

⑤废物处理/处置费用的减少＿＿＿＿＿＿＿＿＿＿＿

⑥销售费用的减少＿＿＿＿＿＿＿＿＿＿＿

2. 新增设备年折旧费(D)＿＿＿＿＿＿＿＿＿＿＿

3. 应税利润(T)$=P-D$ ＿＿＿＿＿＿＿＿＿＿＿

4. 净利润＝应税利润－各项应纳税金＿＿＿＿＿＿＿＿＿＿＿

①增值税＿＿＿＿＿＿＿＿＿＿＿

②所得税＿＿＿＿＿＿＿＿＿＿＿

③城建税和教育附加税＿＿＿＿＿＿＿＿＿＿＿

④资源税＿＿＿＿＿＿＿＿＿＿＿

⑤消费税＿＿＿＿＿＿＿＿＿＿＿

制表：＿＿＿＿＿＿＿ 审核＿＿＿＿＿＿＿ 第＿＿＿＿＿页 共＿＿＿＿＿页

注：(1)"收入增加额"为负则表示收入减少；

(2)"总运行费用的减少额"为负则表示总运行费用增加。

工作表 5-3 方案经济评估指标汇总表

经济评价指标	方案：	方案：	方案：
1. 总投资费用(I)			
2. 年运行费用总节省金额(P)			
3. 新增设备年折旧费			
4. 应税利润			
5. 净利润			
6. 年增加现金流量(F)			
7. 投资偿还期(N)			
8. 净现值(NPV)			
9. 净现值率(NPVR)			
10. 内部收益率(IRR)			

制表：＿＿＿＿＿＿＿ 审核＿＿＿＿＿＿＿ 第＿＿＿＿＿页 共＿＿＿＿＿页

工作表 5-4　方案简述及可行性分析结果表

方案名称/类型

方案的基本原理：

方案简述：

获得何种效益

国内同行业水平

方案投资

影响下列废物

影响下列原料和添加剂

影响下列产品

技术评估结果简述：

环境评估结果简述

经济评估结果简述

制表：_____　审核_____　第_____页　共_____页

工作表 5-4　持续清洁生产计划

计划分类	主要内容	开始时间	结束时间	负责部门
下一轮清洁生产审计工作计划				
本轮审计清洁生产方案的实施计划				
清洁生产新技术的研究与开发计划				
企业职工的清洁生产培训计划				

制表：_____　审核_____　第_____页　共_____页

附录 4　部分行业清洁生产标准

钢铁行业（烧结）清洁生产标准 HJ/T 426-2008

表 1　钢铁行业（烧结）清洁生产标准

清洁生产指标等级	一级	二级	三级
一、生产工艺与装备要求			
1. 小球烧结	采用该技术		—
2. 厚料层操作	≥700mm	≥600mm	≥500mm
3. 烧结铺底料	采用该技术		
4. 低温烧结工艺	采用该技术		—
5. 各系统除尘设施	配备有齐全的除尘装置，除尘设施同步运行率达100%		
二、资源能源利用指标			
1. 工序能耗/(kgce/t)	≤47	≤51	≤55
2. 固体燃料消耗/(kgce/t)	≤40	≤43	≤47
3. 生产取水量/(m³/t)	≤0.25	≤0.30	≤0.35
4. 烧结矿返矿率/%	≤8	≤10	≤15
5. 水重复利用率/%	≥95	≥93	≥90
6. 烧结矿显热回收	采用该技术		
7. 烧结原料选取	控制已产生二噁英物质的原料		
三、产品指标			
1. 烧结矿品位/%	≥58	≥57	≥56
2. 转鼓指数/%	≥87	≥80	≥76
3. 产品合格率/%	100	≥99.5	≥94.0
四、污染物产生指标			
1. 烧结机头 SO_2 产生量/(kg/t)	≤0.9	≤1.5	≤3.0
2. 烧结机头烟尘产生量/(kg/t)	≤2.0	≤3.0	≤4.0
3. 烧结原燃料场无组织排放控制	对原燃料场无组织粉尘排放浓度进行监测，并达到行业相关标准要求		
	设有挡风抑尘墙和洒水抑尘措施		洒水抑尘措施
五、废物回收利用指标			
1. 烧结粉尘回收利用率/%	100		≥99.5
2. 环境法律法规标准	符合国家和地方有关环境法律、法规，污染物排放达到国家、地方和行业现行排放标准、总量控制和排污许可证管理要求。相应的排放标准包括：GB 8978、GB 9078、GB 13456、GB 16297 等。当新的排放标准替代有关标准时，应执行新标准		
3. 组织机构	建立健全专门环境管理机构和专职管理人员，开展环保和清洁生产有关工作		

清洁生产指标等级	一级	二级	三级
4. 环境审核		按照《钢铁企业清洁生产审核指南》的要求进行了审核；环境管理制度健全，原始记录及统计数据齐全有效	
5. 废物处理		用符合国家规定的废物处置方法处置废物，严格执行国家或地方规定的废物转移制度。对危险废物要建立危险废物管理制度，并进行无害化处理	
6. 生产过程环境管理	按照《钢铁企业清洁生产审核指南》的要求进行了审核，按照 GB/T 24001 建立并有效运行环境管理体系，环境管理手册、程序文件及作业文件齐备	1. 每个生产工序要有操作规程，对重点岗位要有作业指导书；易造成污染的设备和废物产生部位要有警示牌；生产工序能分级考核。 2. 建立环境管理制度其中包括： -开停工及停工检修时的环境管理程序； -新、改、扩建项目管理及验收程序； -储运系统污染控制制度； -环境监测管理制度； -污染事故的应急处理预案并进行演练； -环境管理记录和台账	1. 每个生产工序要有操作规程，对重点岗位要有作业指导书；生产工序能分级考核。 2. 建立环境管理制度，其中包括： -开停工及停工检修时的环境管理程序； -新、改、扩建项目管理及验收程序； -环境监测管理制度； -污染事故的应急程序
7. 相关方环境管理		-原材料供应方的管理； -协作方、服务方的管理程序	-原材料供应方的管理程序

钢铁行业（高炉炼铁）清洁生产标准　HJ/T 427-2008

表2　钢铁行业（高炉炼铁）清洁生产标准

清洁生产指标等级	一级	二级	三级
一、生产工艺与装备要求			
1. 高炉煤气除尘	全干法	干法或湿法	
2. 高炉炉顶煤气余压发电	100%装备	90%装备	
3. 平均热风温度/℃	≥1240	≥1130	≥1100
4. 各系统除尘设备	配备有齐全的除尘装置，除尘设备同步运行率达100%		
二、资源能源利用指标			
1. 工序能耗/(kgce/t)	≤385	≤415	≤430
2. 入炉焦比/(kg/t)	≤280	≤365	≤390
3. 高炉喷煤比/(kg/t)	≥200	≥155	≥140
4. 燃料比/(kg/t)	≤490	≤520	≤540
5. 入炉铁矿品位/%	≥59.80	≥59.20	≥58.00
6. 生产取水量/(m³/t)	≤1.0	≤1.5	≤2.4
7. 水重复利用率/%	≥98		≥97
8. 高炉冲渣水余热回收利用	宜采用该技术		
9. 高炉煤气放散率/%	0	≤5	≤8
三、产品指标			
1. 生铁合格率/%	100		≥99.9
四、污染物产生控制指标			
1. 烟粉尘排放量/(kg/t)	≤0.10	≤0.20	≤0.30
2. SO₂ 产生量/(kg/t)	≤0.02	≤0.05	≤0.10
3. 废水排放量/(m³/t)	0		
4. 无组织排放源控制	对无组织排放源排放粉尘浓度进行检测，并达到行业相关标准要求		
5. 渣铁比/(kg/t)	≤280	≤315	≤350
五、废物回收利用指标			
1. 高炉槽下采取焦丁回收措施	采用该技术		

续表

清洁生产指标等级	一级	二级	三级
2. 高炉渣回收利用率/%		100	≥97.0
3. 高炉瓦斯灰/泥 回收利用率/%		100	≥99.0
六．环境管理要求			
1. 环境法律法规标准	符合国家和地方有关环境法律、法规,污染物排放达到国家、地方和行业现行排放标准、总量控制和排污许可证管理要求。相应的排放标准包括:GB 8978、GB 9078、GB 13456、GB 16297 等。当新的排放标准替代有关标准时,应执行新标准		
2. 组织机构	建立健全专门环境管理机构和专职管理人员,开展环保和清洁生产有关工作		
3. 环境审核		按照《钢铁企业清洁生产审核指南》的要求进行了审核;环境管理制度健全,原始记录及统计数据齐全有效	
4. 废物处理		用符合国家规定的废物处置方法处置废物,严格执行国家或地方规定的废物转移制度。对危险废物要建立危险废物管理制度,并进行无害化处理	
5. 生产过程环境管理	按照《钢铁企业清洁生产审核指南》的要求进行了审核,按照 GB/T 24001 建立并有效运行环境管理体系,环境管理手册、程序文件及作业文件齐备	1. 每个生产工序要有操作规程,对重点岗位要有作业指导书;易造成污染的设备和废物产生部位要有警示牌;生产工序能分级考核。 2. 建立环境管理制度其中包括: -开停工及停工检修时的环境管理程序; -新、改、扩建项目管理及验收程序; -储运系统污染控制制度; -环境监测管理制度; -污染事故的应急处理预案并进行演练; -环境管理记录和台账	1. 每个生产工序要有操作规程,对重点岗位要有作业指导书;生产工序能分级考核。 2. 建立环境管理制度,其中包括: -开停工及停工检修时的环境管理程序; -新、改、扩建项目管理及验收程序; -环境监测管理制度; -污染事故的应急程序
6. 相关方环境管理		-原材料供应方的管理; -协作方、服务方的管理程序	-原材料供应方的管理程序

钢铁行业炼钢　清洁生产标准 HJ/T 428-2008

表 3　钢铁行业炼钢　企业转炉炼钢清洁生产标准

清洁生产指标等级	一级	二级	三级
一、生产工艺与装备要求			
1. 炉衬寿命(炉)	≥15000	≥13000	≥10000
2. 溅渣护炉	采用溅渣护炉工艺技术		
3. 余能回收装置	配置有煤气与蒸汽回收装置,配置率达 100%		
4. 自动化控制	采用基础自动化、生产过程自动化和资源与能源管理等三级计算机管理功能	采用基础自动化和生产过程自动化,并包括部分资源与能源管理等三级计算机管理功能	采用基础自动化和生产过程自动化两级计算机管理功能
5. 煤气净化装置	配备干式净化装置	配备湿式净化装置	
6. 连铸比/%①	100	≥95	≥90
7. 各系统除尘设施	配备有齐全的除尘装置		
	除尘设施同步运行率达 100%		

续表

清洁生产指标等级	一级	二级	三级
二、资源与能源利用指标			
1. 钢铁料消耗/(kg/t)	≤1060	≤1080	≤1086
2. 废钢预处理	对带有涂层及含氯物质的废钢原料进行预处理,以减少二噁英物质的产生		
3. 生产取水量/(m³/t)	≤2.0	≤2.5	≤3.0
4. 水重复利用率/%	≥98	≥97	≥96
5. 氧气消耗/(m³/t)	≤48	≤57	≤60
6. 工序能耗/(kgce/t)	≤−20	≤−8	≤0
7. 煤气和蒸汽回收量/(kgce/t)	≥30		
三、产品指标			
1. 钢水合格率/%	≥99.9	≥99.8	≥99.7
2. 连铸坯合格率/%	100	≥99.85	≥99.70
四、污染物产生指标			
1. 废水及污染物			
(1)废水排放量/(m³/t)	≤1.5		
(2)石油类排放量/(kg/t)	≤0.008	≤0.015	≤0.030
(3)COD 排放量/(kg/t)	≤0.150	≤0.225	≤0.750
2. 废气及污染物			
(1)烟尘排放量/(kg/t)[②]	≤0.06	≤0.09	≤0.18
(2)无组织排放	达到环保相关标准规定要求		
3. 固废产生量			
(1)泥产生量/(kg/t)	≤4	≤10	≤19
(2)渣产生量/(kg/t)	≤46	≤99	≤130
五、废物回收利用指标			
1. 钢渣利用率/%	100	≥95	≥90
2. 尘泥回收利用率/%	100		
六、环境管理要求			
1. 环境法律法规标准	符合国家和地方有关环境法律、法规,污染物排放达到国家、地方和行业现行排放标准、总量控制和排污许可证管理要求。相应的排放标准包括:GB 8978、GB 9078、GB 13456、GB 16297 等。当新的排放标准替代有关标准时,应执行新标准		
2. 组织机构	建立健全专门环境管理机构和专职管理人员,开展环保和清洁生产有关工作		
3. 环境审核		按照《钢铁企业清洁生产审核指南》的要求进行了审核;环境管理制度健全,原始记录及统计数据齐全有效	
4. 废物处理		用符合国家规定的废物处置方法处置废物,严格执行国家或地方规定的废物转移制度。对危险废物要建立危险废物管理制度,并进行无害化处理	
5. 生产过程环境管理	按照《钢铁企业清洁生产审核指南》的要求进行了审核,按照 GB/T 24001 建立并有效运行环境管理体系,环境管理手册、程序文件及作业文件齐备	1. 每个生产工序要有操作规程,对重点岗位要有作业指导书;易造成污染的设备和废物产生部位要有警示牌;生产工序能分级考核。 2. 建立环境管理制度其中包括: -开停工及停工检修时的环境管理程序; -新、改、扩建项目管理及验收程序; -储运系统污染控制制度; -环境监测管理制度; -污染事故的应急处理预案并进行演练; -环境管理记录和台账	1. 每个生产工序要有操作规程,对重点岗位要有作业指导书;生产工序能分级考核。 2. 建立环境管理制度,其中包括: -开停工及停工检修时的环境管理程序; -新、改、扩建项目管理及验收程序; -环境监测管理制度; -污染事故的应急程序
6. 相关方环境管理		-原材料供应方的管理; -协作方、服务方的管理程序	-原材料供应方的管理程序

① 由国家指定生产特殊产品的企业可扣除非连铸产品产量后计算连铸比;

② 含无组织排放量。

钢铁行业炼钢　清洁生产标准 HJ/T 428-2008

表 4　钢铁行业炼钢企业电炉炼钢清洁生产标准要求

清洁生产指标等级	一级	二级	三级
一、生产工艺与装备要求			
1. 电炉优化供电节电技术	采用电炉优化供电节电技术		
2. 自动化控制	采用基础自动化、生产过程自动化和资源与能源管理等三级计算机管理功能	采用基础自动化和生产过程自动化,并包括部分资源与能源管理等三级计算机管理功能	采用基础自动化和生产过程自动化两级计算机管理功能
3. 余热回收	采用烟气、汽化冷却等余热回收技术		
4. 连铸比/%①	100①	≥95	≥90
5. 电炉除尘设装置	采用第四孔+密闭罩+屋顶罩除尘方式,除尘设备同步运行率达100%	采用第四孔+密闭罩或第四孔+屋顶罩除尘方式,除尘设备同步运行率达100%	
6. 除电炉外的各系统除尘设施	配备有齐全的除尘装置		
	除尘设施同步运行率达100%		
二、资源与能源利用指标			
1. 钢铁料消耗/(kg/t)	≤1032	≤1061	≤1095
2. 废钢预处理	对带有涂层及含氯物质的废钢原料进行预处理,以减少二噁英物质的产生		
3. 工序能耗/(kgce/t)	普通电炉②		
	≤90	≤92	≤98
	特钢电炉		
	≤154	≤159	≤171
4. 生产取水量/(m³/t)	≤2.3	≤2.6	≤3.2
5. 水重复利用率/%	≥98	≥96	≥94
三、产品指标			
1. 钢水合格率/%	99.9	≥99.8	≥99.7
2. 连铸坯合格率/%	100	≥99.85	≥99.70
四、污染物产生指标			
1. 废水及污染物			
(1)水排放量/(m³/t)	≤1.2		
(2)石油类排放量/(kg/t)	≤0.006	≤0.012	≤0.024
(3)COD 排放量/(kg/t)	≤0.120	≤0.180	≤0.600
2. 废气污染物			
(1)烟尘排放量/(kg/t)③	≤0.4	≤0.5	≤0.6
(2)无组织排放	达到环保相关标准规定要求		
五、废物回收利用指标			
1. 钢渣利用率/%	100	≥95	≥90
2. 尘泥回收利用率/%	100		
六、环境管理要求			
1. 环境法律法规标准	符合国家和地方有关环境法律、法规,污染物排放达到国家、地方和行业现行排放标准、总量控制和排污许可证管理要求		
2. 组织机构	建立健全专门环境管理机构和专职管理人员,开展环保和清洁生产有关工作		

续表

清洁生产指标等级	一级	二级	三级
3. 环境审核		按照《钢铁企业清洁生产审核指南》的要求进行了审核；环境管理制度健全，原始记录及统计数据齐全有效	
4. 废物处理		用符合国家规定的废物处置方法处置废物，严格执行国家或地方规定的废物转移制度。对危险废物要建立危险废物管理制度，并进行无害化处理	
5. 生产过程环境管理	按照《钢铁企业清洁生产审核指南》的要求进行了审核，按照 GB/T 24001-2004 建立并有效运行环境管理体系，环境管理手册、程序文件及作业文件齐备	1. 每个生产工序要有操作规程，对重点岗位要有作业指导书；易造成污染的设备和废物产生部位要有警示牌；生产工序能分级考核。 2. 建立环境管理制度其中包括： -开停工及停工检修时的环境管理程序； -新、改、扩建项目管理及验收程序； -储运系统污染控制制度； -环境监测管理制度； -污染事故的应急处理预案并进行演练； -环境管理记录和台账	1. 每个生产工序要有操作规程，对重点岗位要有作业指导书；生产工序能分级考核。 2. 建立环境管理制度，其中包括： -开停工及停工检修时的环境管理程序； -新、改、扩建项目管理及验收程序； -环境监测管理制度； -污染事故的应急程序
6. 相关方环境管理		-原材料供应方的管理； -协作方、服务方的管理程序	-原材料供应方的管理程序

① 由国家指定生产特殊产品的企业可扣除非连铸产品产量后计算连铸比。

② 电炉兑热铁水≤300kg/t。

③ 含无组织排放量。

钢铁行业（中厚板轧钢）清洁生产标准　HJ/T 318-2006

表5　钢铁行业（中厚板轧钢）清洁生产标准指标要求

清洁生产指标等级	一级	二级	三级
一、生产工艺装备与技术			
1. 连铸坯热装热送	热装温度≥600℃，热装比≥50%		热装温度≥400℃ 热装比≥50%
2. 加热炉余热回收	双预热蓄热燃烧＋加热炉汽化冷却		双预热蓄热燃烧
二、资源能源利用指标			
1. 生产取水量/(m³/t)	≤0.45	≤0.75	≤1.0
2. 工序能耗/(GJ/t)	≤1.7	≤1.8	≤2.2
三、产品指标			
板材成材率/%	≥94	≥92	≥90
1. 烟尘排放量/(kg/t)	≤0.005	≤0.01	≤0.05
2. SO₂排放量/(kg/t)	≤0.005	≤0.05	≤0.1
四、废物回收利用指标			
1. 氧化铁皮回收率/%	100	100	≥95
2. 废油回收率/%	100	≥95	≥90
3. 生产水复用率/%	≥98	≥96	≥94
五、环境管理要求			
1. 环境法律法规标准	符合国家和地方有关环境法律、法规，污染物排放达到国家、地方和行业现行排放标准、总量控制和排污许可证管理要求		
2. 组织机构	设专门环境管理机构和专职管理人员，开展环保和清洁生产有关工作		

续表

清洁生产指标等级	一级	二级	三级
3. 环境审核		按照《钢铁企业清洁生产审核指南》的要求进行了审核；环境管理制度健全，原始记录及统计数据齐全有效	
4. 废物处理		用符合国家规定的废物处置方法处置废物，严格执行国家或地方规定的废物转移制度。对危险废物要建立危险废物管理制度，并进行无害化处理	
5. 生产过程环境管理	按照《钢铁企业清洁生产审核指南》的要求进行了审核，按照 GB/T 24001 建立并运行环境管理体系，环境管理手册、程序文件及作业文件齐备	1. 每个生产工序要有操作规程，对重点岗位要有作业指导书；易造成污染的设备和废物产生部位要有警示牌；生产工序能分级考核。 2. 建立环境管理制度其中包括： -开停工及停工检修时的环境管理程序； -新、改、扩建项目管理及验收程序； -储运系统污染控制制度； -环境监测管理制度； -污染事故的应急程序； -环境管理记录和台账	1. 每个生产工序要有操作规程，对重点岗位要有作业指导书；生产工序能分级考核。 2. 建立环境管理制度，其中包括： -开停工及停工检修时的环境管理程序； -新、改、扩建项目管理及验收程序； -环境监测管理制度； -污染事故的应急程序
6. 相关方环境管理		-原材料供应方的管理； -协作方、服务方的管理程序	-原材料供应方的管理程序

参考文献

[1] 雷兆武，张俊安，申左元等．清洁生产及应用．北京：化学工业出版社，2013．

[2] 杜静，冯军会等．清洁生产审核实用知识手册．北京：中国环境科学出版社，2009．

[3] 环境保护部清洁生产中心．企业清洁生产审核手册．北京：我国环境出版社，2015．

[4] 段宁．清洁生产、生态工业和循环经济．环境科学研究，2001，14（6）．

[5] 钱易，唐孝炎．环境保护与可持续发展．第2版．北京：高等教育出版社，2010．

[6] 《清洁生产标准炼焦行业》（HJ/T 126—2003）．

[7] 钢铁行业（烧结）清洁生产标准（HJ/T 426—2008）．

[8] 钢铁行业（烧结）清洁生产标准（HJ/T 426—2008）．

[9] 钢铁行业（高炉炼铁）清洁生产标准（HJ/T 427—2008）．

[10] 钢铁行业炼钢　清洁生产标准（HJ/T 428—2008）．

[11] 钢铁行业（中厚板轧钢）清洁生产标准（HJ/T 318—2006）．

[12] 工信部工产业〔2010〕第122号．部分工业行业淘汰落后生产工艺装备和产品指导目录（2010年本）．

[13] 国家发展改革委、环境保护部．发展改革委公告〔2010〕第6号．当前国家鼓励发展的环保产业设备（产品）目录（2010年版）．